U0292856

# 传感器设计与试验技术研究

白　涛　张洪泉　韩云涛　张　凯　王莹莹　著

哈尔滨工程大学出版社
Harbin Engineering University Press

## 内容简介

本书系统地介绍了应用于不同领域中的传感器设计制造工艺与试验方法。其主要内容包括绪论、生物医学领域的光纤式呼吸传感器设计制造工艺与试验方法、海洋水文探测领域的四电极海水电导率检测传感器设计制造工艺与试验方法、环境安全领域的气体传感器设计制造工艺与试验方法、工业流程控制领域的厚膜式压力传感器设计制造工艺与试验方法、交通汽车领域的润滑油质量检测传感器设计制造工艺与试验方法,以及基于 LabVIEW 的传感器数据监测技术。

本书可供高等学校仪器科学与技术专业研究生、教师及从事传感器设计的研究人员参考使用。

**图书在版编目(CIP)数据**

传感器设计与试验技术研究/白涛,等著. —哈尔滨：哈尔滨工程大学出版社,2021.11
ISBN 978 - 7 - 5661 - 3353 - 3

Ⅰ.①传… Ⅱ.①白… Ⅲ.①传感器 - 高等学校 - 教材 Ⅳ.①TP212

中国版本图书馆 CIP 数据核字(2021)第 247873 号

**传感器设计与试验技术研究**
CHUANGANQI SHEJI YU SHIYAN JISHU YANJIU

| | |
|---|---|
| **选题策划** | 史大伟　薛　力 |
| **责任编辑** | 刘海霞　秦　悦 |
| **封面设计** | 李海波 |

| | |
|---|---|
| **出版发行** | 哈尔滨工程大学出版社 |
| **社　　址** | 哈尔滨市南岗区南通大街 145 号 |
| **邮政编码** | 150001 |
| **发行电话** | 0451 - 82519328 |
| **传　　真** | 0451 - 82519699 |
| **经　　销** | 新华书店 |
| **印　　刷** | 哈尔滨午阳印刷有限公司 |
| **开　　本** | 787 mm×1 092 mm　1/16 |
| **印　　张** | 15.25 |
| **字　　数** | 362 千字 |
| **版　　次** | 2021 年 11 月第 1 版 |
| **印　　次** | 2021 年 11 月第 1 次印刷 |
| **定　　价** | 79.00 元 |

http://www.hrbeupress.com
E-mail:heupress@ hrbeu.edu.cn

# 前　　言

随着现代科学技术的迅猛发展,人类对传感器技术的研究取得了丰富的理论和实践成果,这些成果在现代社会的高速发展中正发挥着越来越显著的作用。传感器是各种先进工业技术的基础,因此,指导广大技术人员快速了解传感器的设计与制造方法具有迫切的现实意义。为了更好地适应各应用领域对传感器设计与制造技术的需求,著者对自己在传感器技术方向多年的研究成果及研发经验进行了归纳总结,撰写出这本传感器技术方向专著。

本书共7章,第1章是绪论部分,主要介绍传感器概念、组成、作用、传感器敏感效应及在国民经济各领域的应用;第2章主要介绍生物医学领域的光纤式呼吸传感器设计制造工艺与试验方法;第3章主要介绍海洋水文探测领域的四电极海水电导率检测传感器设计制造工艺与试验方法;第4章主要介绍环境安全领域的气体传感器设计制造工艺与试验方法;第5章主要介绍工业流程控制领域的厚膜式压力传感器设计制造工艺与试验方法;第6章主要介绍交通汽车领域的润滑油质量检测传感器设计制造工艺与试验方法;第7章主要介绍基于LabVIEW的传感器数据监测技术。

在本书的撰写过程中,刘秀杰、王竞翔、黄鑫宇、何俊豪、田蓓、樊容伯、苏东宇等同学参与了本书涉及的多个类型传感器的试验、测试和部分文稿整理工作,在此一并致谢。

本书虽然在内容和体系等方面取得了一些成果,但由于作者水平所限,不足之处在所难免,恳请广大读者批评指正。

著　者
2021 年 9 月

# 目　　录

# 第1章 绪 论

今天,世界已经进入万物互联的信息时代,传感器技术、通信技术和计算机技术作为构成信息技术的三大支柱技术受到了全人类前所未有的重视。传感器作为获取各类信息的终端,具有将各种非电变量转换成能以多种形式传输并被计算机使用的电变量的能力,因此,传感器已经成为现代自动检测和自动控制系统的核心装置,在当代科技发展中发挥着越来越重要的作用。随着科技的进步,新原理、新效应、新材料、新结构、新工艺飞速发展,传感器技术也从单一的物性型传感器阶段发展至功能更强大、技术高度集成的新型传感器阶段。目前,传感器技术已经成为当今世界发展最为活跃的领域之一,是现代科技前沿技术中的关键一环。其水平的高低是衡量一个国家科技发展水平的重要标志,这也是我国打破发达国家技术封锁的关键之一。

自古以来,人类借助视觉、听觉、嗅觉、味觉和触觉从外界直接获取信息,再通过大脑分析和判断后做出相应反应,但随着科学技术的发展和人类社会的进步,人类应用自身感官获取到的信息结构和数量,都已经远远不能满足人类认识和改造自然的需求。因此,一系列代替、加强和补充人类感觉器官功能的方法和手段应运而生,出现了被称为电五官的各类传感器。传感器是人类在信息时代准确、可靠地获取自然和生产领域相关信息的重要工具,它在工农业生产、航空航天、海洋探测与开发、资源环境的保护与利用,以及生物医学工程等诸多领域有着广泛的应用,在提高基础科学研究水平、发展经济和推动社会进步方面发挥着重要的作用。从某种程度上说,机械延伸了人类的体力,计算机延伸了人类的智力,而传感器则延伸了人类的感知力。

## 1.1 传感器概述

### 1.1.1 传感器的定义

传感器技术不是一门独立存在的学科,它是根据检测对象的不同,在各个行业领域中相对独立地发展起来的。从机械制造、化工生产、航空航天、生物工程、医疗医药和信息产业等生产应用领域到各种基础科学研究领域,不同功能和类别的传感器被广泛地研究、开发和使用。传感器在不同的行业和领域中有着不同的称谓,表1-1给出了传感器在国内外的一些标准名称。

表 1 - 1　传感器在国内外的标准名称

| 国外 | Transducer、Sensor、Transduction Element、Converter、Gauge、Transponder、Transmitter、Detector、Pick - up、Probe、X - meter |
| --- | --- |
| 国内 | 传感器、换能器、变换器、敏感器件、探测器、检出器、检测器、加速度计 |

因此,综合考虑传感器在不同领域中的名称及其所体现出的应用特点,可以将传感器进行如下定义,即传感器是一种以一定的精确度,把被测量的信息量转换为与之有确定关系的、便于应用的某种物理量的测量器件或装置。

上述定义包含了以下含义:

①传感器是测量装置,能完成检测任务;

②其输入量是某种被测量,可能是物理量,也可能是化学量、生物量等;

③其输出量是某种便于传输、转换、处理和显示的物理量,如气、光、电量等,目前主要指电量;

④输出量与输入量有单值确定的对应关系,并且具有一定的精确度。

## 1.1.2　传感器的组成

传感器一般由敏感元件和转换元件两部分组成,但由于传感器输出信号的数量级一般都很小,需要相应转换电路将其变为易于传输、转换、处理和显示的物理量形式,因此,通常需要为能量转换型传感器添加转换电路和辅助电源。传感器的组成框图如图 1 - 1 所示。

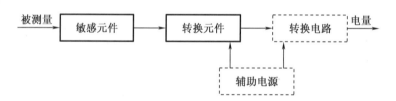

图 1 - 1　传感器的组成框图

下面根据图 1 - 1 给出的传感器各组成部分进行定义阐述。

敏感元件:传感器中能直接感受或响应测量对象的被测量部分,它的功能是直接感受被测量并输出与之有确定关系的另一类物理量。例如,温度传感器的敏感元件的输入量是温度,它的输出量则应是温度以外的某类物理量,传感器的工作原理一般由敏感元件的工作原理决定。

转换元件:有时需要将敏感元件的输出转换为电参量(电压、电流等),以便于进一步处理,转换元件是传感器中将敏感元件的输出转换为电参量的部分。

转换电路:如果转换元件的输出信号很微弱,或者不是易于处理的电压或电流信号,而是其他电参量,则需要相应转换电路将其变为易于传输、转换、处理和显示的形式(一般为电压或电流信号)。转换电路的功能就是把转换元件的输出量转变为易于处理、显示、记录和控制的信号。

有的传感器将转换电路、敏感元件和转换元件集成在一起,有的则是分开的。

辅助电源:某些传感器需外加电源工作,辅助电源就是提供传感器正常工作所需能量的电源部分,它有内部供电和外部供电两种形式。

如图1-2所示为电阻应变片式测力传感器,弹性体是敏感元件,它感受被测力 $F$ 并将它转换成应变;电阻应变片是转换元件,它将弹性体输出的应变转换成电阻值的变化;电桥是转换电路,它将电阻值的变化转换成电压 $U$ 输出;电源是辅助电源,它为电桥供电。

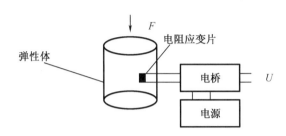

图1-2 电阻应变片式测力传感器

实际上,有些传感器的敏感元件和转换元件的区别并不明显,甚至是合二为一的。如图1-3所示为热电偶传感器,两种金属材料 A 和 B,其中一端连接在一起放在被测温度为 $T_H$ 的环境中,称作热端;另一端为冷端,放在参考环境中。$V_C$ 表示冷端环境温度为 $T$ 时,热电偶的输出电压;$V_0$ 表示冷端环境温度为 $T_0(0℃)$ 时,热电偶的输出电压。这样在测量回路中将有反映 $T$ 与 $T_0$ 温差的电势产生,利用这个电势就可以进行温度测量了。

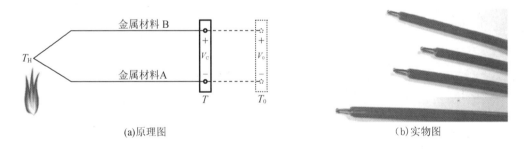

(a)原理图　　　　　　　　　(b)实物图

图1-3 热电偶传感器

综上可见,对一个传感器而言,敏感元件和转换元件是必不可少的,而转换电路和辅助电源则不是必须有的。一般来说,敏感元件和转换元件在结构上通常组装在一起,而转换电路和辅助电源则视具体情况,有时组装在一起,有时装在另外一个独立的电箱中工作。

### 1.1.3 传感器的工作原理

传感器的工作原理一般是指其所使用的敏感元件的工作原理。由前文可知,传感器通常由敏感元件、转换元件、转换电路和辅助电源组成。其中敏感元件是传感器最关键的部件,不同的传感器具有不同的敏感元件,而传感器的其他组成部件则可以是相同或相似的。

有些传感器的敏感元件和转换元件是一体的,它既能感受被测的输入量又能通过转换电路输出与被测量有确定关系的电参量,然后这个电参量能够通过安装在传感器或后续二次仪表中的转换电路得到便于处理的模拟或数字信号。可见,不同类型的传感器具有不同的工作原理,本书将在后续章节中具体介绍。

### 1.1.4 现代传感器的分类

传感器技术是现代科技的前沿技术,与传统的传感器技术相比,现代传感器技术的典型特征是微型化、多功能化、数字化、智能化、系统化和网络化。目前,现代传感器的开发和应用被公认是现代检测仪器仪表的核心和关键,现代传感器已经在传统产业改造、新型工业发展和国防建设等重要领域中发挥了先导和促进作用,必将成为 21 世纪信息产业新的增长点,促进新的经济变革。

本书将从现代传感器和传统传感器的对比入手,对现代传感器的分类和特点进行介绍。

现代传感器与传统传感器相比典型的区别如下:

①现代传感器涉及多个领域的科学技术,这些技术相互融合、互相渗透。

②MEMS 技术的发展和成熟促进了传感器水平的不断提升,使得现代传感器的性能和功能出现了革命性的突破。

③纳米技术的出现,催生了大量高性能传感器的问世,解决了传统传感器的灵敏度问题和选择性问题。

由于传感器的种类繁多、功能各异、应用领域广泛,因此,对于同一种被测量可用不同转换原理来实现测量,利用同种原理又可以设计出检测不同被测量的传感器,所以传感器有许多不同的分类方法(表 1-2)。

表 1-2 传感器的分类

| 分类方法 | 传感器的种类 | 说明 |
|---|---|---|
| 按依据的效应分类 | 物理传感器<br>化学传感器<br>生物传感器等 | 基于物理效应,如光、电、声、磁、热效应等的物理传感器;基于化学效应,如化学吸附、选择性化学反应等的化学传感器;基于生物效应,如酶、抗体、激素等分子识别和选择功能的生物传感器 |
| 按工作原理分类 | 应变式传感器、电容式传感器、电感式传感器、电磁式传感器、压电式传感器、热电式传感器、光电式传感器等 | 传感器依据其工作原理命名 |
| 按被测量分类 | 位移传感器、速度传感器、温度传感器、压力传感器、气体成分传感器、浓度传感器等 | 传感器依据被测量命名 |

表1-2(续)

| 分类方法 | 传感器的种类 | 说明 |
|---|---|---|
| 按使用的敏感材料分类 | 半导体传感器、光纤传感器、复合材料传感器、金属传感器、陶瓷传感器、高分子材料传感器等 | 传感器依据使用的材料命名 |
| 按能量关系分类 | 能量转换型传感器 能量控制型传感器 | 能量转换型传感器直接将被测量转换为输出量的能量;能量控制型传感器由外部提供能量,而由被测量控制输出量的能量 |
| 按构成原理分类 | 结构型传感器 物性型传感器 | 结构型传感器通过敏感元件结构参数变化实现信息转换;物性型传感器通过敏感元件材料物理性质的变化实现信息转换 |
| 按输出信号分类 | 数字式传感器 模拟式传感器 | 数字式传感器输出为数字量 模拟式传感器输出为模拟量 |

## 1.1.5 传感器的作用

现代科学技术使人类社会进入了信息时代,而传感技术、通信技术和计算机技术已经成为现代信息产业的三大技术支柱,它们分别构成了信息系统的"感官""神经"和"大脑"。传感器的主要作用包括信息的收集(如计量测试、状态监测用的传感器)、信息的交换(如读取磁盘和光盘数据的传感器)和控制信息的采集(如各种自动控制系统中用于读取反馈信息的传感器)。在信息时代,人们的社会活动主要依靠对信息资源的开发、获取、传输和处理,而传感器是信息采集系统和信息数据交换系统的首要部件,也是自动控制系统获得控制信息的重要环节,它在很大程度上影响和决定了整个系统的功能,如在生产技术自动化过程中,没有合适的传感器就无法建立自动化的生产系统。

传感器的重要性还体现在它广泛地应用于各个学科领域。目前,传感器已经不仅是计算机、机器人、自动化设备的"感官"及机电结合的接口,它已经深入国防和人类生命、生活的各个领域中,从太空探测到海洋开发,从各种复杂的系统工程到人们日常生活的衣食住行,都离不开各式各样的传感器。

(1)传感器在工业检测和自动控制系统中的应用

在机械加工、石油、化工、电力、钢铁等工业生产中需要检测各种工艺参数的信息,通过电子计算机或者控制器对生产过程进行自动控制。

(2)传感器在汽车领域的应用

传感器不仅能测量汽车的行驶速度、行驶距离、发动机转速和燃料消耗量等相关参数,而且在新型汽车的安全气囊、防盗抢、防碰撞、电子变速控制、防滑、电子燃料喷射等功能装置中都起到了非常重要的作用。

(3)传感器在家用电器领域的应用

现代家用电器中,空调、冰箱、洗衣机、热水器、照相机、安全报警器、厨房用具等都用到了各种各样的传感器,以构成智慧家居、智慧厨房等现代化家庭管理系统。

(4)传感器在医疗仪器和设备中的应用

各种医疗仪器和设备应用传感器对人体的温度、血压、心脑电波等信息进行准确的监测,为患者的治疗和康复提供依据。

(5)传感器在机器人中的应用

随着机器人技术的快速发展,为了让机器人具有更多的功能,人类在机器人身上集成了具有多种功能的多个类别的传感器,如位置传感器、速度传感器、触觉传感器、视觉传感器、嗅觉传感器等。

(6)传感器在资源和环境保护中的应用

在对大气、水质及人类生活环境的保护中,能够监测大气污染浓度、水质级别及噪声分贝的传感器广泛应用于资源和环境保护的各个领域中。

(7)传感器在航空航天中的应用

在飞机、火箭等飞行器上,必须使用多种精确且先进的传感器对飞行速度、加速度、飞行方向、飞行距离和飞行姿态进行及时、准确的测量,否则会发生不可预计的事故。

(8)传感器在军事方面的应用

现代战争中,军队利用红外探测传感器可以观测地形、地貌及各种敌方军事目标,利用雷达可以搜索、跟踪飞行目标,利用红外传感器可以实现导弹的制导,红外夜视传感器可以用于侦察,在飞机及卫星等飞行器上利用紫外传感器、微波传感器能够探测海洋和地面军事装备调动等情况,传感器已成为现代战争中的先锋。

综上所述,传感器的发展推动着生产和科技的进步,生产和科技的进步也促进着传感器的发展和进步,可以说,没有传感器就没有现代化的科学技术和人类舒适的生活环境。

## 1.2  传感器与物理基本定律

只有符合自然界的各种基本定律和基本法则,传感器才能够准确感受到被测信息并将其正确转换为被测信号,这些定律和法则包括自然界中的守恒定律、物质作用定律和物质定律等。

### 1.2.1  守恒定律

守恒定律是自然界最基本的规则,其中能量守恒定律、动量守恒定律和电荷量守恒定律最为著名。研究者们通常根据这些定律分析和解释传感器的工作情况。

例如,当依据能量守恒定律解释陶瓷材料压电效应中的能量转换关系时,可以用机电耦合系数反映压电陶瓷材料的机械能与电能之间的耦合效应。机电耦合系数是一个无量纲物理量,它表示压电陶瓷完成力—电转换(正压电效应)或电—应变转变(逆压电效应)时,输入能与输出能的比值关系。按能量守恒观点,输出能应与输入能相等,但实际上,必然会有一部分输入能在转换过程中损耗,导致输出能总是少于输入能。这种因机械缺失而导致的能量损耗,是由于在外力作用产生应变的过程中存在晶格间内摩擦,摩擦力做功转变成热能,从而损耗掉一部分输入能。

下面以电荷耦合器件(CCD)为例进行简单介绍。

电荷耦合器件生成光敏电荷,若要在相邻间距极小且依次排列的势阱中转移光生电荷,则这个转移过程必然要遵循电荷量守恒定律。在电荷的 $n$ 次转移过程中,总有部分光生电荷损失掉,虽然在这种转移(传输)过程中的损失是不可避免的,但降低转移损失率却是必须要重视的生产目标。因此,器件在工艺上要求减少表面缺陷、陷阱和沾污,沿传输方向距离要短,转移速度要低。电荷转移损失率是 CCD 的一个重要参数,它决定光生电荷可转移传递的次数。转移损失率 $\varepsilon$ 定义为每次转移中未被转移的光生电荷所占百分比。设原注入电荷为 $Q_0$,$n$ 次转移后所剩电荷为 $Q_n$,表达式为 $Q_n = Q_0(1-\varepsilon)^n$。如设定转移次数 $n = 1 \times 10^3$ 后,所剩余光生电荷与原始电荷的关系为 $Q_n = Q_0 \times 90\%$,则可得 $(1-\varepsilon)^{1000} = 0.9$,$\varepsilon = 1.054 \times 10^{-4} \times 100\%$ 为每次允许损失的光生电荷损失率。

### 1.2.2 物质作用定律

物质作用定律是指在各种物理场中物质间相互作用的定律。如电磁场的电磁感应定律、动力场的运动定律以及光的干涉定律等。物质间的作用与时间序列及空间位置有关,一般可用物理方程表示,也就是某类传感器工作的数学模型。如根据法拉第电磁感应定律有

$$e = -N\frac{\mathrm{d}\varphi}{\mathrm{d}t} \qquad (1-1)$$

感应电动势 $e$ 的大小取决于穿过匝数为 $N$ 的线圈的磁通量 $\varphi$ 对时间 $t$ 的变化率,式中负号表示感应电流所激发的磁通量抵消所引起的感应电动势的磁通量变化。如果线圈空间位置变化较大,则进入线圈的磁通量增多;如果线圈运动速度加快,则相当于 $\frac{\mathrm{d}\varphi}{\mathrm{d}t}$ 增大,即同样的磁通增量 $\mathrm{d}\varphi$ 所需时间 $\mathrm{d}t$ 越短,则感应电动势越大。

在静电场中,$Q = CU$ 表示一个电容器贮存的电荷量取决于该电容器的电容量 $C$ 和极板间电压 $U$ 的乘积。而 $C$ 和电容器的结构尺寸(极板有效重叠面积 $S$、极板间距 $d$)及板间介质的介电常数 $\varepsilon$ 有关。任何改变电容器结构尺寸($S$ 和 $d$)和介电常数 $\varepsilon$ 的措施都可以改变电容量 $C$。可见,可以改变的外部条件可以是力、位移、转角、速度等,这些物理量可以作为被测量,通过电容式传感器的电容量的变化由转换电路输出一个有确定对应关系的电量。这类传感器设计方便,自由度较大,选材限制小,但因结构尺寸较大,不宜集成化。

### 1.2.3 物质定律

物质定律是表示物质本身内在性质的规律或法则,通常用某一个物质本身所固有的常数来描述物质某一内在性质。这一物理常数是与物质本身的材料性能、内部结构密切相关的常数。利用各种物质定律构成的传感器称作物性型传感器,其具有构造简单、体积小、无可动部件、响应快、灵敏度高、稳定性好和易集成化等优点。

与物质固有的物理常数有关的现象可分为三大类。

**1. 热平衡规律**

一个系统内部,在无外界影响条件下,其各部分间的能量交换是以热量为载体进行的。热量的交换经过一定时间后,系统的宏观性质表现为不随时间变化的热(动态)平衡,也就是处于热平衡状态的系统的宏观物理量有确定的数值。这些宏观物理量是指几何量、力学量、电磁量和化学量等。描述系统冷热程度的温度是这些宏观物理量的函数。在热力学中通常把宏观物理量分成两类:一类是与物体质量成正比的,如体积、内能、热容量等,被称为容量型状态量,简称广延量;另一类是与物体质量无关的,如压强、温度、比热等,被称作强度型状态量,简称强度量。

麦克斯韦研究热平衡时得到如下关系,设定某一种类的广延量 $x_i$ 对应的强度量为 $X_i$,则它们的积含能量的概念为 $U_i = x_i X_i$。两者之一发生微小变化均可使系统的能量发生变化,系统能量变化前后均处于热平衡状态;设定另一种类的广延量 $x_j$ 对应的强度量为 $X_j$,则对应的能量 $U_j = x_j X_j$,它们两者之一发生微小变化也均可使系统能量变化,系统能量变化前后也均处于热平衡状态。

在只考虑这两类量的情况下,系统的总能量 $U = x_i X_i + x_j X_j$,则由 $x_i$ 和 $x_j$ 引起的系统能量变化分别为

$$\frac{\mathrm{d}U}{\mathrm{d}x_i} = X_i$$

$$\frac{\mathrm{d}U}{\mathrm{d}x_j} = X_j \tag{1-2}$$

在 $x_i$ 和 $x_j$ 变化完成后,再由 $x_i$ 和 $x_j$ 引起的系统能量变化分别为

$$\frac{\partial^2 U}{\partial x_i \partial x_j} = \frac{\partial X_i}{\partial x_j}$$

$$\frac{\partial^2 U}{\partial x_j \partial x_i} = \frac{\partial X_j}{\partial x_i} \tag{1-3}$$

由于系统热平衡状态与各个量的变化途径,即各个量的微分次序无关,则有

$$\frac{\partial^2 U}{\partial x_i \partial x_j} = \frac{\partial^2 U}{\partial x_j \partial x_i} \tag{1-4}$$

即

$$\frac{\partial X_i}{\partial x_j} = \frac{\partial X_j}{\partial x_i} \tag{1-5}$$

式(1-5)就是麦克斯韦热平衡关系式。

同理,设由 $X_i$ 和 $X_j$ 先引起系统的能量变化,可得

$$\frac{\partial^2 U}{\partial X_i \partial X_j} = \frac{\partial^2 U}{\partial X_j \partial X_i} \tag{1-6}$$

即

$$\frac{\partial x_i}{\partial X_j} = \frac{\partial x_j}{\partial X_i} \tag{1-7}$$

**例 1-1** 沿压电元件某特定方向施加力 $F$ 引起体积 $V$ 变化,两者为一对同种类量构成

的强度量 $X_i$ 与广延量 $x_i$,外力增量为 $\partial F$,体积变化量为 $\partial V$;产生压电效应后,压电元件表面产生电荷 $Q$ 并形成电场强度 $E$,为另一对同种量构成的广延量 $x_j$ 与强度量 $X_j$,$\partial Q$ 为电荷增量,$\partial E$ 为电场强度增量,代入式(1-7)有

$$\frac{\partial V}{\partial E} = \frac{\partial Q}{\partial F} \tag{1-8}$$

式(1-8)为常量说明压电效应是可逆的,即满足热平衡型一次效应。也就是可以将机械量力 $F$ 转换成电量电荷 $Q$,也可以将电量电场强度 $E$ 转换成机械量体积 $V$,即有逆效应存在。

**例1-2** 在外力 $F$(强度量 $X_i$)作用下压磁元件体积 $V$(广延量 $x_i$)发生变化,使其元件中一些磁畴之间的界限发生移动(广延量 $x_j$),宏观上体现为其磁导率 $\mu$ 的变化。从而引起磁场强度 $H$(强度量 $X_j$)的变化;反之,将压磁元件置于磁场强度为 $H$ 的磁场中,压磁元件会产生机械应变(体积 $V$,即广延量 $x_j$)的变化。因此有

$$\frac{\partial V}{\partial H} = \frac{\partial \mu}{\partial F} \tag{1-9}$$

式(1-9)说明压磁效应也是可逆的,是热平衡一次效应,它的逆效应是磁致伸缩效应。如表1-3所示为一些热平衡一次效应。

表1-3 一些热平衡一次效应

| 状态量名称 | | 输出广延量 | | | |
|---|---|---|---|---|---|
| | | 位移(体积) | 热(熵) | 电极化作用 | 磁极化作用 |
| 输入强度量 | 力(压力) | — | 应力发热 | 压电效应 | 压磁效应 |
| | 温度 | 热膨胀 | — | 热释电效应 | 减磁效应 |
| | 电压 | 逆压电效应 | 热电效应 | — | 电磁效应 |
| | 磁场强度 | 磁致伸缩效应 | 磁热效应 | 磁介电效应 | — |

可见,对同一种类量来说,其强度量与广延量增量之比为 $\frac{\partial X_i}{\partial x_i}$,或反之为 $\frac{\partial x_i}{\partial X_i}$。如弹性敏感元件膜片在压力 $F$ 作用下产生应变 $\varepsilon$,电场电势 $U$ 作用于电容器极板产生电荷 $Q$,温度 $T$ 产生热量 $q$ 均属于同一种类能量的强度量和对应的广延量,它们之比分别为刚度系数 $k = \frac{\partial \varepsilon}{\partial F}$,电容系数 $C = \frac{\partial Q}{\partial U}$,热容系数 $c = \frac{\partial q}{\partial T}$,均可表示为 $\frac{\partial x_i}{\partial X_i}$。

这些同一种类量的强度量与广延量增量之比一般不能直接将被测量转换成电信号输出,但可以利用它们与其他状态量的关系构成传感器。如弹性元件受力产生应变 $\varepsilon$,应变 $\varepsilon$ 与应变电阻 $R$ 有确定函数关系,这样经过二次变换才可构成应变式测力传感器。这种转换为热平衡二次效应,而热平衡二次效应是不可逆的。

**2. 传输现象**

在系统中存在强度量梯度时,相对应的广延量就随时间变化,称作广延量流动,这种现

象叫传输现象。如导体两端有电位差,导体内就有定向电流;电容器极板上有电位差,极板间就有电荷积累。这种使相应广延量流动的强度量梯度称之为亲和力。一种亲和力可以产生一种流动,一种流动也可由两种以上亲和力产生。

例如,根据塞贝克热电效应,两种不同金属或半导体闭合可以构成热电偶传感器,即若两结点间产生热电动势,则回路中有电流产生。这是由不同材料的接触电势和同种材料的温差电势两种亲和力产生一种(电)流。根据塞贝克效应的逆效应——珀耳帖效应,热电偶处于同一个温差环境中,回路中通入电流,则结点处分别释放和吸收与电流成正比的热量。通入电流是由电位差产生的,输出的热量是导体内部温差造成的,以上两种效应是可逆的,因此,研究者把这种不同种类亲和力使相应广延量流动的现象称作传输现象一次效应,它是可逆的,利用传输现象一次效应可构成传感器。

同一种类的亲和力使相应广延量流动,不能直接构成传感器,要利用与其他状态量的关系才能构成传感器,这种现象称作传输现象的二次效应。例如,电场强度与电流密度为同一种类的亲和力和相应广延量流动,一般不能直接构成传感器,但电阻率为电场强度与电流密度之比(反比为电导率),可以利用应变、压力、温度与电阻率的确定函数关系来构成应变式电阻传感器、压敏电阻传感器和热敏电阻传感器。

**3. 量子现象**

分子、原子、电子、光子等微观粒子遵循物理学的微观规律。如物质分子和原子能量是离散跳跃的,称作量子现象,如核磁共振、隧道效应、核辐射等。应用量子现象可构成各类传感器,如利用光电效应构成光电式传感器,它将光强信号转换成电信号。金属材料内部电子吸收光子能量从金属表面逸出称为外光电效应;半导体材料吸收光子能量,产生电子－空穴对,从而增加物体的导电性能或产生光电流,称为光导效应或光生伏特效应(内光电效应)。这里的内、外光电效应都属于量子现象。

# 1.3 传感器与物理基础效应

由物质定律可知,物质内在性质与材料本身性能和内部结构密切相关,在一定条件下会产生某种物理效应。所谓一定条件,是指由于外界被测量的作用使得物体本身性能或内部结构发生变化。以物理效应为基础构成的各类传感器,称作物性型传感器。利用材料的压阻、压电、热电、磁电和光电等效应,把被测量的变化转换成与之有确定函数关系的电量输出。这种传感器一般把敏感元件和转换元件集成为一体,现在,这种趋势渐渐成为传感器发展的主流方向之一,如表1－4所示为不同传感器所依据的物理基础效应。

表 1-4 不同传感器所依据的物理基础效应

| 检测对象 | 类型 | 所利用的效应 | 输出信号 | 传感器或敏感元件举例 | 主要材料 |
|---|---|---|---|---|---|
| 光 | 量子型 | 光电导效应 | 电阻 | 光敏电阻 | 可见光:CdS、CdSe、a - Si:H |
| | | | | | 红外:PbS、InSb |
| | | 光生伏特效应 | 电流 | 光敏二极管、光敏三极管、光电池 | Si、Ge、InSb(红外) |
| | | | 电压 | 肖特基光敏二极管 | Pt - Si |
| | | 光电子发射效应 | 电流 | 光电管、光电倍增管 | Ag - O - Cs、Cs - Sb |
| | | 约瑟夫森效应 | 电压 | 红外传感器 | 超导体 |
| | 热型 | 热释电效应 | 电荷 | 红外传感器、红外摄像管 | BaTiO$_3$ |
| 机械量 | 电阻式 | 电阻应变效应 | 电阻 | 金属应变片、半导体应变片 | 康铜、卡玛合金 Si |
| | | 压阻效应 | | 硅杯式扩散型压力传感器 | Si、Ge、GaP、InSb |
| | 压电式 | 压电效应 | 电压 | 压电元件 | 石英、压电陶瓷、PVDF |
| | | 正、逆压电效应 | 频率 | 声表面波传感器 | 石英、ZnO + Si |
| | 压磁式 | 压磁效应 | 感抗 | 压磁元件;力、扭矩、转矩传感器 | 硅钢片、铁氧体、坡莫合金 |
| | 磁电式 | 霍尔效应 | 电压 | 霍尔元件;力、压力、位移传感器 | Si、Ge、GaAs、InAs |
| | 光电式 | 光电效应 | — | 各种光电器件;位移、振动、转速传感器 | (参见光纤传感器) |
| | | 光弹性效应 | 折射率 | 压力、振动传感器 | — |
| 温度 | 热电式 | 塞贝克效应 | 电压 | 温差电偶 | Pt - PtRh$_{10}$、NiCr - NiCu、Fe - NiCu |
| | | 约瑟夫森效应 | 噪声电压 | 绝对温度计 | 超导体 |
| | | 热电效应 | 电荷 | 驻极体温敏元件 | PbTiO$_3$、PVF$_2$、TGS、LiTaO$_3$ |
| | 压电式 | 正、逆压电效应 | 频率 | 声表面波温度传感器 | 石英 |
| | 热型 | 热磁效应 | 电场 | Nernst 红外探测器 | 热敏铁氧体、磁钢 |
| 磁 | 磁电式 | 霍尔效应 | 电压 | 霍尔元件 | Si、Ge、GaAs、InAs |
| | | | | 霍尔 IC、MOS 霍尔 IC | Si |
| | | 磁阻效应 | 电阻 | 磁阻元件 | Ni - Co 合金、InSb、InAs |
| | | | 电流 | pin 二极管、磁敏晶体管 | Ge |
| | | 约瑟夫森效应 | 电流 | 超导量子干涉器件(SQUID) | Pb、Sn、Nb$_3$Sn、Nb - Ti |
| | 光电式 | 磁光法拉第效应 | 偏振光面偏转 | 光纤传感器 | YIG、EuO、MnBi |
| | | 磁光克尔效应 | | | MnBi |
| 放射线 | 光电式 | 放射线效应 | 光强 | 光纤射线传感器 | 加钛石英 |
| | 量子型 | pn 结光生伏特效应 | 电脉冲 | 射线敏二极管、pin 二极管 | Si、Li 掺杂的 Ge、HgI$_2$ |
| | | 肖特基效应 | 电流 | 肖特基二极管 | Au - Si |

### 1.3.1　压阻效应

半导体材料受到外力作用时,其电阻率会发生变化,这一现象称之为压阻效应。其原理是,在外力的作用下半导体材料的原子点阵排列发生变化,晶格间距的改变使禁带宽度变化,导致载流子迁移率及浓度变化,即电阻率发生变化。由半导体电阻理论可知电阻率 $\rho$ 的相对变化,即

$$\frac{\mathrm{d}\rho}{\rho} = \pi_L \sigma = \pi_L E \varepsilon \tag{1-10}$$

式中　$\pi_L$——沿晶向 $L$ 的压阻系数,$\mathrm{m}^2/\mathrm{N}$;

　　　$\sigma$——沿晶向 $L$ 的应力,$\mathrm{N}/\mathrm{m}^2$;

　　　$E$——半导体材料的弹性模量,$\mathrm{N}/\mathrm{m}^2$;

　　　$\varepsilon$——轴向应变。

为了求出任意晶向的压阻系数 $\pi_L$,必须先了解沿晶轴坐标系内各晶向的压阻系数。沿晶轴坐标系各晶向压阻系数用 $\pi_{ij}$ 表示,其中 $i = 1,2,3,4,5,6$,用 $1,2,3$ 表示沿 $x$ 轴、$y$ 轴、$z$ 轴坐标方向(晶向)上的电阻相对变化,用 $4,5,6$ 表示垂直 $x$ 轴、$y$ 轴、$z$ 轴坐标方向(剪切方向)上的电阻相对变化;又 $j = 1,2,3,4,5,6$,用 $1,2,3$ 表示沿 $x$ 轴、$y$ 轴、$z$ 轴方向的拉压应力,用 $4,5,6$ 表示垂直 $x$ 轴、$y$ 轴、$z$ 轴方向的剪切应力。上述情况用压阻系数矩阵表示为

$$\begin{bmatrix} \pi_{11} & \pi_{12} & \pi_{13} & \pi_{14} & \pi_{15} & \pi_{16} \\ \pi_{21} & \pi_{22} & \pi_{23} & \pi_{24} & \pi_{25} & \pi_{26} \\ \vdots & \vdots & \vdots & \vdots & \vdots & \vdots \\ \pi_{61} & \pi_{62} & \pi_{63} & \pi_{64} & \pi_{65} & \pi_{66} \end{bmatrix} \tag{1-11}$$

去掉不产生压阻效应的情况,又根据纵向压阻系数相等,横向压阻系数相等,剪切压阻系数相等的情况,可得到压阻系数的简化矩阵,即

$$\begin{bmatrix} \pi_{11} & \pi_{12} & \pi_{12} & 0 & 0 & 0 \\ \pi_{12} & \pi_{11} & \pi_{12} & 0 & 0 & 0 \\ \pi_{12} & \pi_{12} & \pi_{11} & 0 & 0 & 0 \\ 0 & 0 & 0 & \pi_{44} & 0 & 0 \\ 0 & 0 & 0 & 0 & \pi_{44} & 0 \\ 0 & 0 & 0 & 0 & 0 & \pi_{44} \end{bmatrix} \tag{1-12}$$

由简化的矩阵可以看出,独立的压阻系数分量仅有 $\pi_{11}$、$\pi_{12}$、$\pi_{44}$ 三个。$\pi_{11}$ 称作纵向压阻系数;$\pi_{12}$ 称作横向压阻系数;$\pi_{44}$ 称作剪切压阻系数。$\pi_{11}$、$\pi_{12}$、$\pi_{44}$ 是相对于三个晶向的三个独立分量,又称为基本压阻系数分量。

在已知基本压阻系数分量情况下,可以确定任意方向的压阻系数,如图 1 - 4 所示。

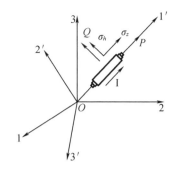

**图1-4 求任意方向上的压阻系数**

设硅单晶体的晶向与坐标系 1-2-3 重合。$P$ 为单晶硅的任意方向,以此方向为纵向,如有应力沿此方向作用称作纵向应力,以 $\sigma_z$ 表示。若要求取反映纵向应力 $\sigma_z$ 在 $P$ 方向上引起电阻率的变化(当电流 $I$ 通过 $P$ 方向时)的纵向压阻系数分量 $\pi_z$,应将各压阻系数分量全部投影到 $P$ 方向上。取一新坐标系 $1'-2'-3'$,使 $1'$ 轴与 $P$ 方向重合。而矢量 $OP$ 在坐标系 1-2-3 中的方向余弦为 $l_1$、$m_1$、$n_1$,则投影结果为

$$\pi_z = \pi_{11} - 2(\pi_{11} - \pi_{12} - \pi_{44})(l_1^2 m_1^2 + m_1^2 n_1^2 + n_1^2 l_1^2) \qquad (1-13)$$

式(1-13)是计算晶体任意方向纵向压阻系数分量的公式。

图1-4中,$Q$ 方向与 $P$ 方向垂直,称 $Q$ 方向为横向。若有应力沿 $Q$ 方向作用在单晶硅上称作横向应力 $\sigma_h$。求反映横向应力 $\sigma_h$ 的横向压阻系数 $\pi_h$,也需要利用上述投影方法,取 $Q$ 方向与 $2'$ 轴方向一致。设矢量 $Q$ 的方向余弦为 $l_2$、$m_2$、$n_2$,投影结果为

$$\pi_h = \pi_{12} + (\pi_{11} - \pi_{12} - \pi_{44})(l_1^2 l_2^2 + m_1^2 m_2^2 + n_1^2 n_2^2) \qquad (1-14)$$

式(1-14)是计算晶体任意方向横向压阻系数分量的公式。

## 1.3.2 压电效应

当外力沿压电材料特定晶向作用方向使晶体产生形变时,在相应的晶面上将产生电荷,去掉外力后压电材料又重回不带电状态,这种由外力作用产生电极化的现象叫作正压电效应。压电效应是可逆的,也就是在压电材料特定晶向施加电场时,不仅有极化现象发生,还将产生机械形变,去掉电场,应力和形变也随之消失,这种现象称作逆压电效应。

当压电晶体受到沿特定晶向外力 $F$ 作用时,在相应的晶面上产生电荷 $Q$,其关系可以表示为

$$Q = dF \qquad (1-15)$$

式中,$d$ 为压电常数,它反映了外力和产生电荷的比例关系,描述了压电效应的强弱程度。

有时要考虑特定的外力作用方向(晶向)和特定的产生电荷的晶面(垂直某晶向的晶体表面)之间的关系,式(1-15)没有明确表示出这种关系,但可以用以下表达式进行表示,即

$$q_i = \sum_{j=1}^{6} d_{ij}\sigma_j \qquad (1-16)$$

式中 $q_i$——电荷密度;

$\sigma_j$——应力;

$d_{ij}$——压电常数；

$i$——下标 $i=1,2,3$，表示晶体的极化方向；

$j$——下标 $j=1,2,3,4,5,6$，其中 $1,2,3$ 分别表示沿 $x$ 轴、$y$ 轴、$z$ 轴方向作用的单向（拉或压）应力，$4,5,6$ 分别表示作用在垂直于 $x$ 轴、$y$ 轴、$z$ 轴方向上的剪切应力。

如图 1-5 所示为晶体压电效应的坐标表示。

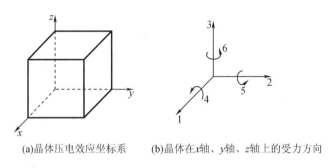

(a)晶体压电效应坐标系　　　(b)晶体在$x$轴、$y$轴、$z$轴上的受力方向

**图 1-5　晶体压电效应的坐标表示**

式(1-16)反映了 3 个极化方向上的电荷密度 $q_i$ 与 6 个独立的应力分量 $\sigma_j$ 之间的关系，而压电常数 $d_{ij}$ 反映了不同压电材料在不同应力分量作用时沿不同极化方向上的极化反应能力。压电晶体对称性越低(各相异性越明显)，压电常数越大；压电晶体对称性越高，压电常数越小。若把 3 个极化方向和 6 个独立的应力分量表示成 3 行 6 列矩阵，它就能直观地反映压电晶体的弹性应变与其压电性能的耦合关系。压电常数的单位是 C/N。矩阵表达式为

$$\begin{bmatrix} q_1 \\ q_2 \\ q_3 \end{bmatrix} = \begin{bmatrix} d_{11} & d_{12} & d_{13} & d_{14} & d_{15} & d_{16} \\ d_{21} & d_{22} & d_{23} & d_{24} & d_{25} & d_{26} \\ d_{31} & d_{32} & d_{33} & d_{34} & d_{35} & d_{36} \end{bmatrix} \begin{bmatrix} \sigma_1 \\ \sigma_2 \\ \sigma_3 \\ \sigma_4 \\ \sigma_5 \\ \sigma_6 \end{bmatrix} \qquad (1-17)$$

式中　$q_1$、$q_2$、$q_3$——垂直于 $x$ 轴、$y$ 轴、$z$ 轴方向的晶面上的电荷密度；

$\sigma_1$、$\sigma_2$、$\sigma_3$——作用在 $x$ 轴、$y$ 轴、$z$ 轴方向上的应力，规定拉应力为正，压应力为负；

$\sigma_4$、$\sigma_5$、$\sigma_6$——剪切应力，方向按右手螺旋定则确定，又可写成 $\tau_{23}$、$\tau_{31}$、$\tau_{12}$。

只有产生压电效应的电压常数 $d_{ij}$ 才不为零，例如，石英晶体有 5 个不为零的压电常数，即 $d_{11}$、$d_{12}$、$d_{14}$、$d_{25}$、$d_{26}$，其中独立的只有 2 个，即 $d_{11}$ 和 $d_{14}$。压电陶瓷有 5 个不为零的压电常数，即 $d_{33}$、$d_{31}$、$d_{32}$、$d_{15}$、$d_{24}$，其中只有 3 个独立的，即 $d_{33}$、$d_{31}$、$d_{15}$。

与逆压电效应类似还有一种电致伸缩效应，逆压电效应电场施加在特定晶向，其应变大小与电场强度成正比；而电致伸缩效应是作用在电介质上，与电场方向无关，其应变大小

与电场强度平方成正比。相对逆压电效应而言,电致伸缩产生的应变较小。

### 1.3.3 磁致伸缩效应与压磁效应

铁磁材料在结晶过程中晶粒形成微小磁化区域,称作磁畴。各个磁畴的磁偶极矩是随机的,呈无序排列,所以当没有外磁场作用时,各个磁畴相互均衡,总体上磁化强度呈现为零。当有外磁场作用时,磁畴的磁偶极矩的矢量方向转向与外磁场平行的方向,结果使材料产生磁化现象。当外磁场很强时,磁偶极矩矢量方向将与外磁场平行,这时呈现磁饱和现象。在外磁场作用下,磁偶极矩变化使磁畴之间的界限发生变化,晶界发生位移,从而产生机械形变,这种现象称作磁致伸缩效应。

压磁效应是磁致伸缩效应的逆效应。铁磁材料在外力作用下,应力引起应变,使磁畴之间的界限发生变化,晶界发生位移,导致磁偶极矩变化,从而使材料的磁化强度发生变化。这种应力改变铁磁材料磁化强度的现象称作压磁效应。压磁效应表现为受压应力时,在力作用方向上磁导率 $\mu$ 减小;垂直作用力方向上磁导率 $\mu$ 增大。受拉应力时情况则相反,即在力作用方向上磁导率 $\mu$ 增大;垂直作用力方向上磁导率 $\mu$ 减小。当外作用力消失后,磁导率 $\mu$ 恢复原值。

### 1.3.4 磁电效应

#### 1. 电磁效应

根据法拉第电磁感应定律,匝数为 $N$ 的线圈在磁场中做切割磁力线运动,或线圈所在磁场的磁通量变化时,线圈中所产生的感应电动势 $e$ 的大小取决于穿过线圈的磁通量 $\varphi$ 对时间 $t$ 的变化率,表达式同式(1-1)所示,即

$$e = -N \frac{\mathrm{d}\varphi}{\mathrm{d}t}$$

在电磁感应现象中,磁通量 $\varphi$ 的变化是关键,实现磁通量 $\varphi$ 变化的方法不同可构成不同类型的电磁感应式传感器。

#### 2. 霍尔效应

将长×宽×厚为 $l \times b \times d$ 的导体或半导体薄片置于均匀磁场 $B$ 中,沿薄片长度方向 $l$ 通入控制电流 $I$ 时,将在宽度方向 $b$ 上产生一个强度为 $E_H$ 的横向电场,这一电场称作霍尔电场,产生的相应电势 $U_H$ 称为霍尔电势,这种现象称为霍尔效应,如图1-6所示为载流子为电子的霍尔效应原理图。

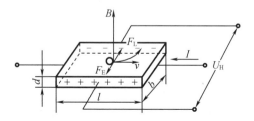

图1-6 载流子为电子的霍尔效应原理图

如图 1-6 所示,薄片中载流子(电子)以速度 $v$ 沿 $I$ 反方向运动,由于磁场 $B$ 的作用,电子受到磁场洛仑兹力 $F_L$ 作用发生偏转,$F_L$ 的大小和方向符合下式

$$F_L = ev \times B \qquad (1-18)$$

式中,$e$ 为电子电荷,$e = -1.602 \times 10^{-19}$ C。

由于电子带负电,结果在薄片的一侧(纸面内侧)由于电子逐渐积累而带负电,另一侧(纸面外侧)则因缺少电子而带正电,因而在宽度 $b$ 方向形成一个霍尔电场 $E_H$,电场对电子又会形成一个电场力 $F_E$,它与洛仑兹力 $F_L$ 方向相反,因此阻止电子继续偏转。$F_E$ 的大小和方向符合下式

$$F_E = -eE_H \qquad (1-19)$$

当 $F_H$ 与 $F_E$ 大小相等且方向相反时,电子的积聚达到动态平衡。此时产生的霍尔电势 $U_H$ 为一恒定值。它与霍尔电场强度 $E_H$ 的关系为 $U_H = bE_H$,所以有

$$F_E = -e\frac{U_H}{b} \qquad (1-20)$$

由于平衡时有 $F_L + F_E = 0$,因此

$$evB - e\frac{U_H}{b} = 0 \qquad (1-21)$$

即

$$U_H = bvB \qquad (1-22)$$

设 $n$ 为薄片中载流子浓度,即单位体积内的电子数。则电流密度 $j$ 为

$$j = nev \qquad (1-23)$$

式中由于电子带负电,表示电子的运动方向与电流方向相反,所以电流 $I$ 为

$$I = jbd = nevbd \qquad (1-24)$$

则

$$v = \frac{I}{nebd} \qquad (1-25)$$

代入式(1-22),有

$$U_H = \frac{IB}{ned} = \frac{1}{ne}\frac{IB}{d} \qquad (1-26)$$

同理,如果载流子为带正电 $q$ 的空穴,可推得

$$U_H = \frac{IB}{nqd} = \frac{1}{nq}\frac{IB}{d} \qquad (1-27)$$

式(1-26)和式(1-27)说明载流子带正电荷与带负电荷时所产生的霍尔电势 $U_H$ 的极性相反。设 $R_H$ 为霍尔系数,$R_H = \pm\left(\frac{1}{nq}\right)$,正负号由载流子极性决定。另设 $k_H = \frac{R_H}{d}$ 为霍尔灵敏度系数,则式(1-27)可写成

$$U_H = R_H\frac{IB}{d} = k_H IB \qquad (1-28)$$

要使薄片具有较高的 $R_H$ 和 $k_H$,需要较小的 $n$ 和较小的 $d$。半导体材料具有较小的载流子浓度 $n$,所以其霍尔效应比金属导体显著。$d$ 小的薄片具有更强的霍尔效应,所以霍尔元件都较薄,薄膜霍尔元件的厚度只有 1 μm 左右。

**3. 磁阻效应**

物质在磁场中电阻发生变化的现象称作磁阻效应。磁阻效应分为两种：一种是基于霍尔效应的半导体材料的磁阻效应，它指半导体材料的电阻率随磁场强度变化而变化；另一种是在强磁性体金属材料中呈现的与磁场方向有关的各相异性磁阻效应，简称强磁性体磁阻效应。

（1）半导体磁阻效应

通有电流的长方形半导体晶片受到与电流方向垂直的磁场作用时，不但产生霍尔效应，还会出现电流密度下降、电阻率增大的现象，这种现象称为物理磁阻效应。这种电阻值的增大程度与所选长方形半导体晶片的几何尺寸有着密切的关系，这种现象称作几何磁阻效应。半导体磁阻器件就是综合这两种效应制成的磁敏感器件。

（2）物理磁阻效应

导体和半导体内的载流子运动在微观上是速度各异的，在洛仑兹力 $F_E$ 和霍尔电场力 $F_E$ 的作用下，运动速度为 $\bar{v}$ 的载流子沿电流 $I$ 方向直线运动而不发生偏转，而速度大于或小于 $\bar{v}$ 的载流子运动方向都将发生偏转，使图 1-7 中沿电流 $I$ 方向的运动分量减小，从而导致沿电流 $I$ 方向的电流密度减小，呈现电阻率增大的现象。

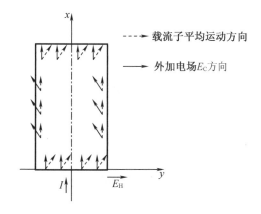

图 1-7 几何磁阻效应原理图

可以用电阻率相对变化量 $\Delta\rho/\rho$ 表示磁阻效应的强弱，它与磁场强度 $B$ 和磁导率 $\mu$ 的关系呈非线性。在磁场强度 $B$ 不太大时，电阻率相对变化量 $\Delta\rho/\rho$ 与 $\mu^2$ 和 $B^2$ 成正比；而随着磁场强度 $B$ 的增大，在强磁场情况下，$\Delta\rho/\rho$ 则与 $\mu$ 和 $B$ 成正比；磁场强度趋向无限大时，电阻率 $\rho$ 趋向饱和，不再发生变化。

（3）几何磁阻效应

在相同磁场作用下，由于半导体晶片几何形状不同而出现电阻变化的现象称作几何磁阻效应。其产生原因是半导体内部电流分布受外磁场作用发生变化。如图 1-7 所示为几何磁阻效应原理图，半导体晶片的上下 2 个端部由导体电极构成，受其导体电极短路作用，霍尔电场 $E_H$（$y$ 方向）在这 2 个端部有所减弱，结果使载流子（这里为电子）的运动方向受洛仑兹力影响而发生偏斜，偏斜方向与外加电场 $E_C$ 方向的夹角 $\theta$ 为霍尔角。

在半导体晶片中间部分,霍尔电场 $E_H$ 不受端部电极的短路作用,载流子平均运动方向因电场力与洛仑兹力平衡而沿 $x$ 方向运动。外加电场 $E_C$ 受霍尔电场 $E_H$ 的作用也发生偏斜,偏斜方向与电流 $I_C$ 方向夹角也为霍尔角 $\theta$。霍尔角 $\theta$ 的大小由 $\tan \theta = E_H / E_C$ 决定。如半导体晶片长度 $l$ 减小,宽度 $b$ 增加,导体电极的短路作用效果趋向显著。

(4)强磁性金属材料各相异性磁阻效应

强磁性体的磁阻效应是指铁磁材料(强磁性体)的电阻率变化与电流密度 $J$ 和磁场 $H$ 的相对取向有关,如图 1-8 所示。当外磁场 $H$ 的方向平行于铁磁材料内部的磁化方向时,电阻率几乎不随外磁场变化;若外磁场 $H$ 的方向与内部磁化方向不一致时(图 1-8,垂直时),则随外磁场强度 $H$ 的增加,电阻率减小。其实质是由于外磁场作用,磁性体内磁化方向旋转,担负磁性的电子分布状态发生变化,担负电传导的电子的散射减小。当磁场强度 $H$ = 500 A/m 时,电阻率由急剧减小变为缓慢减小;若该磁场强度值为临界磁场强度 $H_S$,则大于 $H_S$ 时,电阻率达到饱和。饱和状态时的电阻率相对变化 $\Delta \rho / \rho$ 表示了某种铁磁材料磁阻效应的强弱。具有强磁性体磁阻效应的铁磁材料有 Fe、Co、Ni 等合金材料,不同合金成分的铁磁材料的磁阻效应率 $\Delta \rho / \rho$ 也不同(表 1-5)。

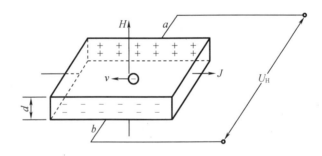

图 1-8　磁阻效应

表 1-5　Fe、Co、Ni 等合金材料的磁阻效应率 $\Delta \rho / \rho$(室温)

| 强磁性物质成分 | $\Delta \rho / \rho / \%$ | 强磁性物质成分 | $\Delta \rho / \rho / \%$ | 强磁性物质成分 | $\Delta \rho / \rho / \%$ |
| --- | --- | --- | --- | --- | --- |
| Ni | 2.66 | 30Ni – 70Co | 3.40 | 69Ni – 31Pd | 2.30 |
| 80Ni – 20Co | 6.48 | 90Ni – 10Fe | 4.60 | 97Ni – 3Sn | 2.28 |
| 90Ni – 10Co | 5.02 | 80Ni – 20Fe | 3.55 | 99Ni – 1Al | 2.40 |
| 70Ni – 30Co | 5.53 | 76Ni – 24Fe | 3.79 | 98Ni – 2Al | 2.18 |
| 60Ni – 40Co | 5.83 | 70Ni – 30Fe | 2.50 | 98Ni – 2Mn | 2.93 |
| 50Ni – 50Co | 5.05 | 90Ni – 10Cu | 2.60 | 94Ni – 6Mn | 2.48 |
| 40Ni – 60Co | 4.30 | 83Ni – 17Pd | 2.32 | 95Ni – 5Zn | 2.60 |

### 1.3.5　热电效应

把两种不同金属或半导体串接成闭合回路,当两结点处温度不同时,在回路中将产生热电动势并可产生回路电流,这种由温差产生热电势的现象称作热电效应,也叫塞贝克效应。

温差产生的热电动势由两种电势共同组成,一种是两种不同金属(或半导体)材料的接触电势,另一种是同一种材料的温差电势。

两种不同金属(或半导体)材料接触电势的产生是由于接触时自由电子由密度较大的材料(金属或半导体)向密度较小的材料扩散,直至形成动态平衡。在接触处两侧,失去电子的一侧带正电,得到电子的一侧带负电。

单一金属或半导体材料的温差电势的产生是由于自由电子在高温端具有较大的动能,因而会向低温端扩散,高温端失去电子带正电,低温端得到电子带负电,从而产生电动势。

因此,两种材料 A 和 B 组成的闭合回路,当两端(结点)温度分别为 $T$ 和 $T_0$ 时,温差产生的热电动势可以表示为

$$E_{AB}(T,T_0) = \frac{k}{e}(T-T_0)\ln\frac{n_A}{n_B} + \int_{T_0}^{T}(\sigma_A - \sigma_B)\mathrm{d}t \qquad (1-29)$$

式中　$k$——波尔兹曼常量,$k = 1.38 \times 10^{-23}$ J/K;

　　　$e$——电子电荷量,$e = 1.602 \times 10^{-19}$ C;

　　　$n_A$、$n_B$——材料 A、B 的自由电子密度;

　　　$\sigma_A$、$\sigma_B$——材料 A、B 的汤姆逊系数。

式(1-29)中右侧第一项反映了两种不同金属(或半导体)材料的接触电势,而第二项则反映了单一金属或半导体材料的温差电势。

在一定温度范围内,温差产生的热电动势可以简单表达为

$$E_{AB} = \alpha(T-T_0) \qquad (1-30)$$

式中,$\alpha$ 为塞贝克系数。金属材料的 $\alpha$ 值在 80 μV/K 以下,半导体材料的 $\alpha$ 值约为 50 ~ 1 000 μV/K。

热电效应存在逆效应,当电流流过两种不同金属或半导体串接成闭合回路时,其一结点处变热(吸热),另一结点处变冷(放热),这种现象为珀耳帖效应,是塞贝克效应的逆效应,设电流为 $I$,吸收或放出热量 $Q$ 时,有

$$Q = \beta I \qquad (1-31)$$

式中,$\beta$ 为珀耳帖系数,$\beta = \alpha T$,$\alpha$ 为塞贝克系数;$T$ 为环境的绝对温度。

由同一种金属或半导体构成闭合回路时,在闭合回路两侧保持一定温差 $\Delta T$,并在回路中通以电流 $I$,则在闭合回路温度转折处产生与 $I\Delta T$ 成比例的吸热或放热现象,称作汤姆逊效应。

可以利用珀耳帖效应或汤姆逊效应来制作制冷器,比如用于半导体激光器温度控制的制冷器。

### 1.3.6 热释电效应

在既无外电场也无外力作用时,电石、水晶等晶体材料受温度变化的影响,其晶格的原子排列发生变化,也能产生自发极化。这是由于当环境温度变化时,晶体的热膨胀和热振

动状态发生变化,在晶面上将产生电荷,表现出自发极化现象,这称作热释电效应。

由于大气中浮游电荷吸附在材料表面上,热释电效应中自发极化产生的电荷会很快被大气中浮游电荷中和,要保证产生电荷的连续性,就要有周期性变化的热源。

具有热释电效应的材料称作热释电体,产生热释电效应时,热释电体外接电路中电流 $I = \lambda \dfrac{dT}{dt}$,其中 $\lambda$ 为热释电系数,单位为 $c/m^2 K$;$\dfrac{dT}{dt}$ 为温度对时间的变化率。热释电系数 $\lambda = \dfrac{dP_r}{dT}$ 的物理意义是温度变化为 1 K 时,晶体表面产生电荷密度的大小;$P_r$ 为室温下热释电材料剩余极化强度。利用热释电效应做红外敏感器件,将物体辐射的红外线做热源,采用周期性遮光调制,从红外热源持续获得交变红外线辐射,产生热释电荷,可以完成非接触式温度检测。

### 1.3.7  电光效应

物质的光学特性(如折射率)受外电场影响而发生变化的现象统称为电光效应。它广泛应用于光导纤维等光学传感器中,如泡克耳斯效应和克尔效应等。

**1. 泡克耳斯效应**

平面偏振光沿着外电场内的压电晶体的光轴传播时,会发生双折射现象,即电致双折射,且两个主折射率之差与外电场强度 $E$ 成正比,这种效应叫作泡克耳斯效应,也叫线性电光效应。设两个主折射率之差为 $\Delta n$,则

$$\Delta n \propto E \tag{1-32}$$

利用泡克耳斯效应可以制成电光调制器或电光开关。它能以 $2.5 \times 10^{10}$ Hz 的频率来调制激光光束,可制成光纤电压传感器、电场强度传感器等来测量高电压、强电场。常用的具有泡克耳斯效应的材料如压电晶体磷酸二氢钾($K_2H_2PO_4$,简称 KDP)等。

**2. 克尔效应**

光照向各向同性的透明物质(也可以是液体)时,在与入射光垂直的方向上对其加以高电压将产生双折射现象,且两个主折射率之差与外电场强度 $E$ 的平方成正比,这种效应叫作克尔效应,也叫平方电光效应。设两个主折射率之差为 $\Delta n$,则

$$\Delta n \propto E^2 \tag{1-33}$$

此效应的反应也极为迅速,可用于检测放电现象、照相机快门和某些光导纤维传感器中。

# 1.4  传感器的主要敏感材料

开发及应用新功能材料是传感器技术的重要研究基础,随着现代工艺技术的发展,除早期使用的材料,如半导体材料、陶瓷材料以外,光导纤维、纳米材料、MEMS 材料和人工智能材料等新材料的相继问世把传感器技术的研究带入了一个新的天地。

例如,以硅为基体的许多半导体材料具有易于微型化、集成化、多功能化、智能化的特

点,如半导体光热探测器具有灵敏度高、精度高、非接触性等特点,光纤材料制造的光纤传感器具有长距离传输、多点分布式、抗电磁干扰等特点。

在敏感材料中,陶瓷材料、有机材料发展很快,可采用不同的配方混合原料,在精密调配化学成分的基础上,经过高精度成型烧结,得到对某一种或某几种气体具有识别功能的敏感材料,用于制成新型气体传感器。此外,高分子有机敏感材料是近几年人们极为关注的具有应用潜力的新型敏感材料,可制成热敏、光敏、气敏、湿敏、力敏、离子敏和生物敏等传感器。传感器技术的不断发展,也促进了新型材料的开发,如纳米材料等。随着科学技术的不断进步将有更多的新型材料诞生,人类在未来也将会利用新材料开发出更多更新的先进传感器。

## 1.5 传感器的信息传递

传感器从能量关系角度分为能量转换型和能量控制型。能量转换型传感器,直接将被测量的能量转换成输出量的能量,无须外加电源,无能量放大作用,压电式、磁电式、光电池和热电偶等传感器属于这一类。能量控制型传感器需要外部供给传感器能量,由被测量控制输出量的能量。由于输出能量由外加能源提供,所以这一类传感器有一定的能量放大作用,电阻式、电感式、电容式和谐振式等传感器都属于这一类。当然,无论哪一类传感器在被测量与输出量的转换中都是离不开能量转换或控制的。

### 1.5.1 信号转换方式

传感器输出的电信号有模拟量和数字量两类,将被测量转换成模拟量或数字量输出是两类不同的转换方式。

**1. 模拟转换**

根据相关的物理基本定律或基础效应,将输入传感器的被测量以一定精度转换成与之具有对应关系的输出模拟量,如电流、电压等,这种输出为模拟量的转换称为模拟转换。

模拟转换的输出可分为非调制信号和调制信号。对于能量变换型传感器和采用直流电源供电的能量控制型传感器,它们的输出量和输入量是直接对应的,为非调制信号。非调制信号的处理电路简单,但抗干扰能力较差。而采用交流电源供电的能量控制型传感器,它们的输出量(交流信号的幅值、频率、相位等)通常是被测输入量的调制函数,为调制信号。调制信号的处理电路较复杂,需要解调电路,但抗干扰能力较强。

**2. 数字转换**

如果将输入传感器的连续变化的被测量转换成与之具有对应关系的在时间或空间上离散的数字量,即以离散的形式输出的数字量来对应以一定精度连续变化的输入模拟量,这种形式的转换称为数字转换。数字转换的综合精度高,输出数字信号易传输和处理,抗干扰能力强。数字转换的精度由数字量的位数或字长及采样频率决定,这类传感器称为数字型传感器。

### 1.5.2　信息传递

信息是客观世界中物质运动的内容,如物体受热、地震、洋流运动等物质运动都含有大量的信息,但信息本身为非物质形态,不能直接测量,它需要具有物质形态和一定能量的信号来表现出物质运动的信息,总之,信号是信息的载体。如物体受热这一信息,是通过温度上升、红外线辐射强度加大、体积膨胀、电导率或磁导率变化等具有物质形态和一定能量的信号表现出来的,检测其中任意信号的变化都可以从一定角度测量物体受热这一信息。

从信号转换的角度看,传感器能够完成这样的任务,即将带有被测量信息的非电量信号转换成便于传输和处理的电量信号。由于信号是随时间变化的物理量、化学量或生物化学量,因此只有变化的信号(可以是恒量,但相对于其他稳定状态而言仍然是变化的)才可能含有物质运动的信息。如上例中被测量的温度上升(输入信号变化)载有物体受热这一信息,经传感器就输出与之对应的电量信号,也就是传递了信息,传感器完成信号转换的过程就是相关信息传递的过程。

**1. 信息传递方式**

信息传递方式分为时间和空间两种。书写、记录、印刷、记忆和存贮是时间上的传递;从微小距离到无限远距离的信息传递是空间内的传递。两种传递方式都是利用物质和能量实现的,传感器是实现信息在时间上和空间内完成传递的重要物质工具。根据能量守恒定律,传感器在检测某些能够直接表征能量的被测量时,如光、声、力、压力、温度等时,要直接从被测对象获取能量,而且能量转换的方向与信息传递的方向是一致的。

**2. 传感器传递的信息与能量的关系**

传感器所转换的被测量一般是所传递信息的一个参量,一个信息往往包含多个待测参量。在传递信息过程中,传感器与被测量之间的能量关系有以下两种情况。

(1)被测对象的物理状态与某种形式能量有关时,从被测对象直接提取一定的能量即可确定与被测量的关系。如热电偶测温时,与被测对象接触,热量从被测对象传向热电偶,直至热电偶高温端(测量点)与被测物体热平衡,此时,热电偶获取与被测物体温度相关的热(能)量,并根据热电效应转换成电动势(电量),经测量电路,显示出被测物体的温度。

(2)被测对象的物理状态与能量无关,那么为了得到被测量,需对被测对象施加一定的能量,然后根据相应情况获取有关被测对象的信息。如采用光电式传感器测量物体位置时,利用传感器发出的光照射被测物体,即对被测物体施加一定光能,根据反射光的光通量变化测量物体的位置,此时传感器的受光能量与发光能量之比包含着物位信息,而物位与能量无关。

不论被测对象的物理状态与能量是否有关,在传感器与被测对象授受信息的过程中总有能量授受伴随进行,能量转换型传感器将输入的一种形式能量转换成另一种形式的能量。虽然能量变换不是传感器的目的,但为了不影响被测对象的原物理状态,必然要求从被测对象上获取的能量越小越好。最后,由于传感器的主要作用之一是用来传递信息,所以信息转换效率 $\eta = I_o/I_i$ 十分重要,式中 $I_o$ 为传感器输出信息;$I_i$ 为传感器输入信息,一般情况下 $\eta \leqslant 1$。

# 1.6 传感器的静态特性

传感器感受被测量,并以一定的精度把被测量转换为与之有确定对应关系的电量输出。传感器研究的核心问题就是输出量与输入量之间的对应关系,这种确定的对应关系存在于时间和空间中。传感器静态特性和动态特性是从时间域上,在传感器正常工作条件下,对传感器的输出量和输入量之间的关系进行分析,也就是输出量对输入量可真实表达的程度,越接近真实,传感器工作精度越高。

传感器输入量有两种形态:一种是输入量为常量或随时间缓慢变化的量,称作静态输入;另一种是输入量随时间变化,称作动态输入。不论输入量是静态量还是动态量,输出量都跟随输入量变化。研究这种跟随性,即响应问题,就是输入量 – 输出量间的关系特性。这种输入 – 输出特性是传感器工作质量的表征,即由传感器内部结构参数决定的特性。传感器输入 – 输出静态函数关系可表示为

$$y = a_0 + a_1 x + a_2 x^2 + \cdots + a_n x^n \tag{1-34}$$

式中,$a_0$ 为零输入时的输出值;$a_1$ 为线性输出系数,或称作理论灵敏系数;$a_2, a_3, \cdots, a_n$ 为非线性项系数。当 $a_0 = 0$ 时,零输入时为零输出。

静态函数关系式有三种特殊情况,也是最常采用的函数关系。

## 1.6.1 理想线性关系

$a_0$ 和各非线性项系数 $a_2, a_3, \cdots, a_n$ 均为零时

$$y = a_1 x \tag{1-35}$$

为过原点的直线,定义线性灵敏系数 $k = y/x$,是一个常数。这是用最常采用的直线方程去拟合相应的输入 – 输出关系曲线,得到最简单的输入 – 输出函数关系,当然,误差要在允许范围内。

## 1.6.2 非线性项中仅有奇次项的奇函数关系

$a_0$ 和各非线性项系数 $a_2, a_4, a_6, \cdots$ 均为零,此时

$$y = a_1 x + a_3 x^3 + a_5 x^5 + \cdots \tag{1-36}$$

具有这种静态特性的传感器,在原点附近很大的测量范围内,输入 – 输出函数近似理想线性关系,并且有 $y(x) = -y(-x)$ 的对称性。

## 1.6.3 非线性项中仅有偶次项的偶函数关系

$a_0, a_1$ 和各非线性项系数 $a_3, a_5 \cdots$ 均为零,此时

$$y = a_2 x^2 + a_4 x^4 + a_6 x^6 + \cdots \tag{1-37}$$

具有这种静态特性的传感器,具有 $y(x) = y(-x)$ 的对称性。在零点附近灵敏度很小,所以其线性范围窄。

实际上,研究人员常采用差动技术,将两个特性相同的传感器差动组合,可有效地消除

偶次非线性项,改善非线性影响程度。设两个传感器都具有相同输入、输出特性,即

$$\begin{cases} y_1 = a_0 + a_1 x + a_2 x^2 + \cdots + a_n x^n \\ y_2 = a_0 + a_1 x + a_2 x^2 + \cdots + a_n x^n \end{cases} \quad (1-38)$$

如果被测量使第一个传感器有输入量 $x$,则使第二个传感器的输入量增量为 $-x$,此时 $y_1 = y + \Delta y$ 对应的输入量为 $x$;而 $y_2 = y - \Delta y$ 对应的输入量为 $-x$。将 $y_1$ 和 $y_2$ 作差,即采用差动,则有

$$y_1 - y_2 = 2\Delta y = a_1 [x - (-x)] + a_3 [x^3 - (-x)^3] + \cdots \quad (1-39)$$

此时,偶次非线性项被消除,变成了仅有奇次项的情况,可有效改善非线性影响程度。

# 第2章 生物医学——光纤式呼吸传感器

氧气是地球上绝大多数生命存活的根本源泉,动植物通过呼吸进行体内外的二氧化碳和氧气的交换,形成了具有一定节奏的物理化学过程及特定的生物节律。生物节律对地球上各种生命的生长发育起到了极其重要的作用。生物节律的紊乱会导致人类患各类疾病,比如糖尿病、心脑血管疾病、肿瘤等。

呼吸系统是人类机体进行内外气体交换的调节器官和通道,也是从外界获取氧气的唯一途径。良好的呼吸状态是维持机体内环境稳定、进行正常生理活动的前提条件,如果肺通气不足,会导致二氧化碳潴留,出现呼吸性酸中毒;若肺通气过度,则会导致二氧化碳排出过多,出现呼吸性碱中毒,致使内环境失稳。在呼吸类疾病的各项病征指标中,呼吸频率不仅可以对患有未知呼吸疾病的患者进行疾病诊断,对已经确诊的呼吸疾病患者的日常监测也尤为重要。

在众多对呼吸频率进行监测的呼吸传感器中,根据光纤布拉格效应,利用光纤的波长与人体呼吸温度的变化呈现近似线性关系的特性而制成的光纤呼吸传感器表现突出。由于光纤材料具有体积小、易弯折、抗干扰能力强、生物相容性好等优点,使其在呼吸传感器的制造和推广中得到了广泛的应用。本章将从光纤呼吸传感器的应用背景、制造工艺、应用测试和相关试验等方面对其进行介绍。

## 2.1 光纤式呼吸传感器的应用背景和现状

### 2.1.1 光纤式呼吸传感器的应用背景

随着人类社会工业化发展带来的大气污染问题,人类呼吸系统疾病的发病率持续增多,根据世界卫生组织(WHO)2018 年世界卫生统计报告,全球约有 380 万人死于慢性呼吸系统疾病(CRD),由此可见,呼吸系统疾病的诊断与治疗对改善人类的健康状况尤为重要。

呼吸作为人体重要的生理参数之一,是临床中医生和护理人员关注的重要生命指征,在临床检测与康复过程中发挥着重要作用。呼吸频率是呼吸类疾病患者(如支气管哮喘、支气管扩张、自发性气胸、睡眠呼吸暂停低通气综合征等)生命指征的重要体现,对于呼吸频率的检测可以反映患者的实时呼吸状况,当疾病发作时可以及时采取措施控制,因此人体呼吸频率的实时检测装置成为解决这一问题的关键设备。

呼吸传感器可以实时地反馈人体呼吸频率情况,记录下呼吸次数,而且能够显示当前的呼吸频率,这既可以协助医生及时掌握病人的病情,及时做出有效的医治方案,也可以为研究人员提供数据,方便研究人员进一步改进呼吸传感器的性能,因此,呼吸传感器是目前对呼吸类疾病患者进行实时呼吸频率检测的最便捷可靠的设备。

传统的呼吸传感器种类繁多,包括压力、流量、温度、氧浓度、光电等,随着时代的不断进步,光纤的工艺与性能也在高速发展,其中光纤光栅测温系统在许多领域得到了广泛应用,这是因为光纤具有如下的优势:

①光纤尺寸小、质量轻、易延展、可弯曲,便于传感器结构设计以及制作,极大地减小了传感器的体积与质量,便于携带与使用。

②光纤传输过程中损耗极低,不受电磁干扰,对于使用地点要求低,在大多数环境中随时都可以使用,不受环境干扰,且信号稳定,具有很大的带宽,能够最大程度反映所检测的信号。

③光纤灵敏度高、敏感性强,可以实时反映所检测信号,对于极微弱信号也可以进行检测,在微弱信号的检测中发挥重要作用。

④光纤主要由二氧化硅构成,为非金属,性能比较稳定,耐腐蚀,电绝缘,可用于酸性、碱性、潮湿环境中,还可用于高压电场之中。

⑤光纤可埋入工程材料中进行分布式测量,具有良好的生物相容性,与人体接触时不会造成不适,安全可靠。

综上所述,从当前发展来看,光纤传感器主要有两个发展方向:一是优化性能,使其灵敏度大大提高,进一步增强对物理、化学、生物等微小量的测量灵敏度与精确性;二是集成化,对传感器体积的要求更加微型化,使其可以更加便携。

但是,人体的呼吸频率检测也有着自己的特点,这也对光纤传感器应用于呼吸频率检测提出了更高的要求:

①由于与人体有密切接触,所以要求传感器的材料以及其他配套材料都要无毒无害,要具有良好的生物相容性。

②要有安全的电磁环境耐受性,消除电击隐患。

③在结构方面,要具有易于清洗的结构,而且要求材料具有耐腐蚀性,能够承受经常性的消毒操作,保证在不同患者间使用时不发生有害物质的传播。

④使用时应不影响人体正常的生理活动和生理需求。

⑤要对除温度外的其他物理量不敏感,保证输出结果的准确。

可见,光纤传感器的性能参数与呼吸传感器的要求大多契合。目前,光纤呼吸传感器已经广泛应用于包括临床医疗等各个领域,今后其必将在对危重病人、恶劣环境中工作的人员、有呼吸疾病的病人进行核磁共振检测时,对在太空的航天员等特殊人员或特殊时刻的呼吸检测等方面发挥重要作用。

### 2.1.2 光纤式呼吸传感器的发展与现状

光纤式呼吸传感器分为多种,大体上分为压感式与温度式,本章主要研究温度式光纤呼吸传感器。这种传感器的主要技术是布拉格光栅传感技术,由于呼吸频率的变化会导致温度的变化频率,而光栅输出的波长、波峰会随着温度的变化发生改变,因此可用光纤传感技术检测呼吸频率。可见,光纤光栅是光纤式呼吸传感器的最主要部件。

光纤光栅是利用光纤的光敏特性制成的,是一种新型的光子器件,也是新型的传感器。

光纤光栅传感器对很多物理量敏感,目前有大量物理量的检测已经开始使用光纤光栅作为传感设备,尤其是对于温度、应变的测量。这是因为温度和应变是单独影响光纤光栅波长变化的物理量,不会受其他因素影响,也正是由于这个原因,光纤光栅传感器可以将其他难以测量的物理量转化成对温度、应变的测量。

随着使用光纤光栅传感技术检测呼吸等生理信号的研究成为热点,目前世界上出现了多种此类传感器,其中主要有光纤布拉格光栅传感器、塑料光纤传感器、光子晶体光纤传感器、长周期光纤传感器。

以下为光纤传感器的发展及其用于呼吸传感器的历史。

针对光纤光栅技术的研究可以追溯到 1978 年,K. O. Hill 与其同事在加拿大渥太华通信研究中心首先发现了石英光纤的光敏特性,总结出光栅效应,并由此制作出了全世界第一个真正意义上可以实现模式间反向耦合的光纤光栅,但由于加工技术落后,导致生产效率及灵敏度都很低,因此没有得到广泛应用。到了 1989 年,美国科学家 Morey 首次在传感技术中使用了光纤光栅技术。同年,美国联合技术公司(UTC)的研究员 G. Meltz 改进了光纤光栅的制作工艺,使用两束紫外光波相互干涉形成的条纹,从侧面横向曝光载氢光纤,并将其写入光纤布拉格光栅,即使用横向写入法刻写不同周期的光纤光栅,这种技术称作横向全息成栅技术(图 2-1 和图 2-2)。该技术使得光纤光栅的生产工作效率大大提高,自此,光纤光栅开始受到关注。但是这种写入方法对于光源和周围环境的要求都较高,所以在实际应用中存在较大困难。

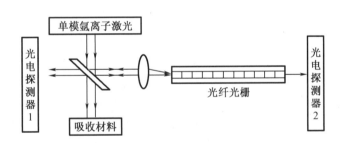

图 2-1 内部写入法制作光栅的原理图

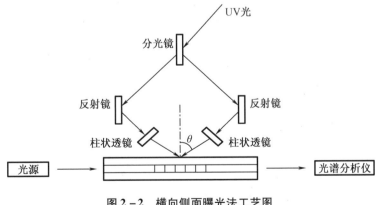

图 2-2 横向侧面曝光法工艺图

1993 年,Hill 等再次改进工艺,使用相位掩模法(图2-3),即使用紫外(UV)光垂直照射相位掩模板产生衍射曝光载氢光纤,这种方法使得光纤布拉格光栅的周期性调制的周期 $\Lambda_{PM}$ 只与相位光栅相关,对于光源的波长和相干性的要求有很大程度的降低。同时,这种方法也大大降低了光纤布拉格光栅在写入时的难度,使得光纤光栅实现了批量生产与应用。同年,Lemaire 在贝尔(Bell)实验室通过载氢技术增强了光纤的光敏性。

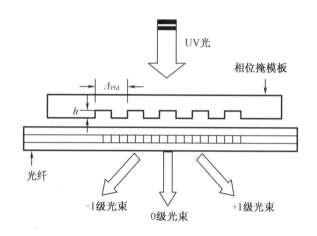

图2-3 相位掩模法刻写工艺

1996 年,Vengarsker 首次制成长周期光纤光栅;1998 年,美国贝尔实验室的 Davids 等使用二氧化碳脉冲激光器在光纤上逐点写入长周期光纤光栅,使得其灵活度大大提高,并且不需要进行载氢处理,使制作特殊的光纤布拉格光栅成为可能;2004 年,由 Victor I. Kopp 提出制作具有双螺旋结构的手征光纤光栅的方法,使得输出更加稳定,更具有应用价值。

2008 年,Grillet 提出一种光纤光栅传感器,利用光纤光栅的应变效应,将光纤布拉格光栅(FBG)嵌于弹性织物之中,放在人体的胸部或腹部,利用人体呼吸时的胸腹腔变化,产生应变,光纤光栅的输出随之变化,进而测得呼吸频率(图2-4)。由于使用 FBG 传感,精度较高,但是由于解调系统的复杂结构,并不适合随身携带。

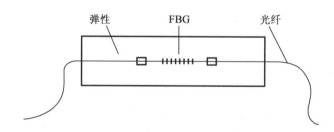

图2-4 嵌入织物中的呼吸传感器

2010 年,Wook 等提出一种温度传感器,传感材料为塑料光纤,其中一种为贴近鼻腔检测,由于人体呼吸导致温度变化,使得变色颜料因温度变化而变色,室温下该染料为红色,高于 31 ℃时,开始变色,通过颜色变化观察呼吸频率。该传感器并不能测得呼吸波形,也不能精确地检测呼吸频率(图2-5)。

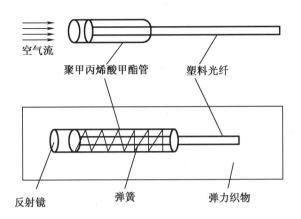

**图2-5 热致变色光纤呼吸传感器**

2014年,华中科技大学的吴江海等提出基于分布式光纤布拉格反射激光器的呼吸运动检测系统,该系统将光纤固定在弹性织物中放在人体腹部,通过呼吸时人体腹部的扩张,进而导致塑料板的形变,使得双光栅构成的激光谐振腔长度发生改变,由此测量出呼吸运动波形信息的变化(图2-6)。

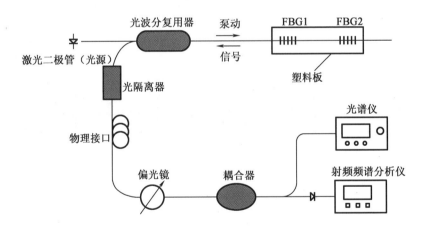

**图2-6 基于分布式光纤布拉格激光反射的呼吸运动检测系统**

同年,Petrevic团队提出了一种基于长周期光纤光栅的弯曲传感器。为了保护光纤光栅并使其不影响人体,将光纤光栅固化在硅橡胶之中,然后将其固定在人体的肋骨与腹部接触的地方。人体呼吸会导致其发生位移变化使得长周期光栅发生弯曲,进而可以检测呼吸频率的变化(图2-7)。

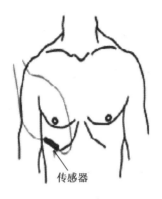

图 2 - 7　长周期光纤光栅弯曲传感器的放置位置

2017 年 3 月,来自爱尔兰利莫瑞克大学(University of Limerick)的 Wern Kam 提出了一种用于呼吸监测的聚合物光纤传感器,传感器的工作原理是基于输入和一组对齐输出光纤之间的光耦合强度比的变化。该传感器被集成到一个小的封装里,可以直接贴在胸腔、腹腔、横膈膜与肋骨及肩胛骨的位置上,旨在监测人体呼吸。

清华大学杨昌喜团队在 2017 年 5 月研制了一种高度灵活和能够伸缩的光纤应变传感器(图 2 - 8),适用于人体关键参数的检测。这是以一种聚二甲基硅氧烷(PDMS)光纤为基础的传感器,其掺杂染料分子在 PDMS 光纤中,这种染料对特定波长具有依赖性的吸收特性,因此可以利用吸收光谱法监测光纤光强的吸收变化来测量光纤的拉伸应变,从而可以实时监测人体呼吸。

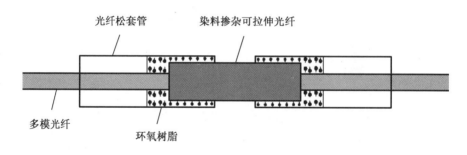

图 2 - 8　基于可伸缩光纤的呼吸传感器

2018 年,南京大学的徐飞团队研制了一种基于混合等离子体微光纤结谐振器的传感器,能够灵敏地测量出心跳、桡动脉和指尖脉搏,该技术的主要特征是光滑纯金膜和微光纤节。其在光滑金膜上嵌入一个微纤维结谐振器,然后把这二者整体封装到 PDMS 中进行固定,其中光纤选用的是聚合物光纤,特点是柔软,然后将光纤中间一段进行拉锥,打结成环状。PDMS 膜的厚度为 500 μm,厚度为 100 nm 的金膜就能够沉积在上面,足以防止光场的倏逝穿透。那么光纤构成的微环节就是一种小型光学谐振器,金膜是一种等离子体材料,当窄带激光器光源发出入射光时,就会激发出混合等离子体模式,在拉伸或压力作用下,模式干涉产生的共振光谱的波长就会漂移。

综上可见,光纤光栅传感器应用于呼吸频率测量已经有多种方案。

## 2.2　光纤式呼吸传感器的设计与制造工艺

### 2.2.1　光纤光栅的基本原理

**1. 光纤光栅传感器简介**

光纤是一条非常细的玻璃细管,光纤光栅的应用与光纤的光学特性息息相关。光纤作为光的传输介质时,光波可以在其中心传播。光纤主要由中心高折射率玻璃芯(纤芯)、低折射率硅玻璃包层(包层)和加强用的树脂涂层(保护层)构成。纤芯主要成分为 $SiO_2$,还掺加少许其他原料,如 $GeO_2$、$P_2O_5$ 等。掺杂是为了提高材料的光折射率。纤芯外面有包层,包层有一层、二层或者多层结构,总直径在 $100 \sim 200~\mu m$。包层大多由纯度很高的 $SiO_2$ 构成,也有一些掺杂极少量的 $B_2O_3$。它的作用是为了降低材料的光折射率,降低之后可以使得包层的折射率低于纤芯的折射率少许,纤芯和包层的折射率差可以保证光在纤芯内部传输,而不会向外传输。此外,最外面一层还要涂一种无机涂料,可选用硅铜或者丙烯酸盐等材料,能增加其机械程度,保护光纤,当然也还可以增加多层保护层。

在几何光学原理中,当光以 $\theta_0$(光与光纤轴线的夹角)从折射率为 $n_0$ 的空气中射入光纤纤芯后,以 $\theta_1$ 法线角射到纤芯与包层的分界面上,若 $\theta_1$ 大于全反射临界角 $\theta_c$,则每次反射后,光线就按照锯齿形路径沿光纤纤芯传播,光纤内光路传播示意图如图 2-9 所示。

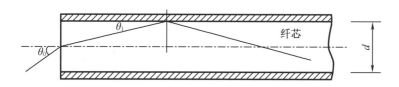

**图 2-9　光纤内光路传播示意图**

由斯涅尔定律可得,$n_1 \sin \theta_1 = n_2 \sin \theta_2$,其中 $n$ 代表介质的折射率,$\theta$ 代表光路与法线的夹角。在折射定律中,若光由折射率较大的介质(光密介质)射入折射率较小的介质(光疏介质)时,若入射角 $\theta_1$ 等于某一角度 $\theta_c$ 时,折射光会沿着折射界面的切线传播,即折射角 $\theta_2 = 90°$,则 $\sin \theta_2 = 1$,可推得

$$\sin \theta_c = \sin \theta_1 = \frac{n_2}{n_1} \qquad (2-1)$$

式中　$n_1$——纤芯的折射率;

　　　$n_2$——包层的折射率。

光纤在传感器中不仅作为设备与传感元件中的传输介质来传输带有外界物理量信息的光波,同时光纤本身也被作为传感元件。光纤会随着外界环境的变化导致自身属性,如光强、相位、波长、频率等发生变化,当其作为传感设备时,外界物理量如压力、温度等会引起光纤的参量变化,通过检测解调之后的光波,就能反映外界的环境信息变化,从而实现了

对各个物理量的测量。

随着光纤光栅的发展,光纤的应用范围越来越广,可以应用在许多工程之中,因此为了适用不同工程的不同功能和不同的工作环境,光纤光栅的种类也随之增多。按照折射率分布的不同,可将光纤光栅分为均匀光纤光栅和非均匀光纤光栅。其主要分类依据是折射率是否沿轴向均匀分布,均匀光纤光栅的折射率始终不变,方向也不变,如本章后续在试验中使用的光纤布拉格光栅和长周期光纤光栅等。当然,也存在非均匀光纤光栅,其折射率一直变化,但仍然能沿着轴向传输,如 chirped 光纤光栅等。

(1)光纤布拉格光栅

本章后续用于试验的光纤布拉格光栅折射率一般在 $0.1~\mu m$ 量级的周期变化。在传输方面,它能够反射某一特定波长的入射光,具有很窄的反射带宽,可以精确地反射某一特定波长,可以实现更加精确的测量。在传感方面,光纤布拉格光栅可利用其对温度、应变等物理量的变化特性制成温度、应变传感器等;在光学通信方面,光纤布拉格光栅可利用其带宽窄的特性制成带通滤波器、分插复用器等。

(2)长周期光纤光栅

长周期光纤光栅的折射率变化周期量级高于光纤布拉格光栅,因此得名为长周期光纤光栅,大约为 $100~\mu m$ 量级,是光纤布拉格光栅的 1 000 倍左右,它能够将入射光在纤芯内导模耦合到包层,并且将其损耗。在传感方面,可以利用长周期光纤光栅对于应变的微弱反应放大化制作微弯传感器,利用其折射率的传输特性制成折射率传感器等。在光学通信方面,长周期光纤光栅可利用其带宽、周期、波长的特性制作增益平坦器等元器件。

(3)切趾光纤光栅

切趾光纤光栅是指对普通光纤光栅进行切趾之后的光纤光栅。切趾,是使用计算好的函数方程调制光纤光栅的折射率幅度。切趾的原因是因为在光纤布拉格光栅的传输中,其光谱中的反射光波峰主峰总是伴随着两侧侧峰的产生,这些侧峰被称作光纤光栅的边模。因此在使用类似于密集波分复用器这类对于边模抑制比要求较高的器件时,边模的存在使得信道隔离度增大,对于器件的应用具有不良影响,不仅降低了仪器的精度,还使测量结果的准确性产生偏差,因此,需要进行切趾,在切趾之后,反射谱中的边模就会明显降低,测量结果会得到明显改善。

(4)chirped 光纤光栅

chirped 光纤光栅(又称为啁啾光纤光栅),是非均匀光纤光栅的一种,它的折射率逐渐变大,方向不变,因此在 chirped 光栅轴向的不同位置可检测到不同波长的入射光。其在对于需要不同波长的工程中应用广泛,它的反射波长导致它的光谱极宽,可以在不同波长的入射光进入之后工作(图2-10)。

(5)取样光纤光栅

取样光纤光栅由具有相同参数的光纤光栅构成的,相同的光纤光栅之间以相同间距连成。由于间距相同,故取样光纤光栅可制成梳状滤波器,还可以作为分插复用器件,同时分成多路信道且间隔相同。

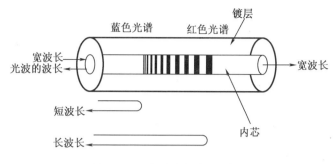

图 2-10 啁啾光纤光栅结构图

（6）相移光纤光栅

相移光纤光栅是由不同长度光纤布拉格光栅构成的,由 $n$ 段 $(n > 2)$ 具有不同长度的光纤布拉格光栅,以及这些光栅之间的 $n-1$ 个连接区域组成,可以打通光纤布拉格光栅的一个或者多个反射通道。相移光纤光栅由于它的透射窗口的存在,可以作为带通滤波器使用。

在 1978 年光纤光栅首次出现之后,光纤光栅的制作一直是备受关注的工程问题。1989年出现的横向干涉法彻底改变了光纤光栅的制作工艺,自此,光纤光栅的制作取得了迅猛的发展,目前,已经基本实现了在各种光纤上写入不同的光栅。主要成栅写入方法有下列几种:

①内部写入法:即常用的驻波法。最初,内部写入法是在光纤的一端将氙离子激光从耦合器中入射到掺 Ge 光纤中,要求 Ge 的含量很高,纤芯的直径很小,这一束激光在传播过程中,遇到另一端的反射镜,在经过反射之后,与入射光就相互干涉,导致驻波的出现。纤芯的组成材料在光波传播中保持着很高的敏感度,因此其折射率在一定时间内发生规律性变化,就形成了常用的具有相同的干涉周期的光栅。由于其对于光纤的要求极高,而且制成的光纤布拉格光栅的波长固定,不能任意改变,所以实用价值不高,未能广泛应用。直到发现横向写入法之后,Meltz 等运用了横向侧面曝光的工艺,制作出了不同的光纤光栅,应用两束紫外光束在光纤的侧面进行互相干涉,得到干涉光,同理,由于光纤纤芯材料的极高敏感度,形成了光纤光栅。栅距周期 $\Lambda = (\lambda_{UV}/2\sin\theta)$,由该式可的,通过改变 $\lambda_{UV}$ 或 $\theta$,就可以改变光栅常数,获得需要参数的光纤光栅,这种方法可以得到任意参数的光纤光栅,在工程中具有重要意义,得以广泛应用。

②相位掩膜法:相位掩膜法是利用石英掩膜板进行遮掩实现衍射光相干而产生光栅,将制作好的石英相位掩模板垂直置于光纤上方,然后垂直入射 UV 光通过石英相位掩模板,依靠其具有的削弱 0 阶、增强 1 阶衍射的功能,使 UV 光与通过之后的 1 阶衍射光发生相干,在光纤上形成了干涉条纹,掩膜板周期为所得布拉格光栅写入周期的 2 倍。此外,还可以进行斜入射,使得 0 阶与 1 阶衍射光相干,得到与掩膜板相同周期的光栅。这种方法的优点是其参数只与掩膜板的周期有关,无关于入射光的波长等其他物理参量,因此对于光源要求极低,极大程度上简化了光纤光栅的制作过程。缺点是掩膜板的制作工艺复杂,成品率很低,因此价格高昂,而且该方法也不能制作波段在紫外光波段外的光栅。相位掩模法

在实际应用中有着重要意义,可以很好地控制波长参数和耦合截面的大小,以此制作特殊结构的光栅。相位掩模法使得光纤光栅的制作趋于简易,被广泛应用于光纤制作,也是唯一一种大批量生产的方法。

③单脉冲写入法:单脉冲写入的原理是聚集能量很高的准分子激光单脉冲入射在光纤上形成具有很高反射率的光栅。英国南安普顿大学的阿查姆拜尔等首次发现这种方法,这一过程与2阶与双光子之间的干涉有关,由于反应迅速,可以很快地得到成型的光栅,因此可以基本忽略成栅过程中的环境影响,对周围环境要求极低。除此之外,这种方法还能够在制作光纤的过程中使用,制成之后进行的保护层的涂抹,更能使得光纤更加完整精准,增强强度,这种方法对于光源也没有很高要求,适于光纤光栅的低成本生产。

④飞秒逐点写入法:飞秒逐点写入法是指使用极其精密的机械控制激光器的移动,逐点写进光栅,这就要求控制机械有极高的精密程度,能够精准地控制速度。这种方法的光源称为飞秒激光器,制成的光栅的周期只与精密机械的移动速度有关,这就使得灵活性大大提高,可以进行任意参数光纤光栅的制作。从原理上来说,这种方法可以制成任意参数的光栅,如波长、折射率等,但是对于技术和仪器的精密性有很高的要求,特别是入射激光需要聚集在很密集的一点,不能发散,由于现在技术的限制,这种方法只能刻写波长较短的光纤光栅,很难制成高反射率的光栅。因此,这种方法主要用于一些特种环境中工作的光纤光栅的制作。

目前最常用的方法是相位掩模法,它将纯度很高的石英基片制成掩膜板,蚀刻活性离子制成方波形的光栅结构。选择高纯度的石英掩膜板是因为它具有很高的紫外透过率。相位掩模法可以抑制0阶衍射,增强1阶衍射,这样对光敏光纤进行曝光操作时,就可以改变周期折射率,制作光纤光栅。在这个过程中,由于光纤纤芯与掩膜板应尽量靠近,所以需要将光纤最外的保护层刮掉,使其最大程度地接近。准分子激光在放大频率之后入射进入掩模板发生衍射,衍射到纤芯上形成干涉,使得干涉条纹近场分布,这些干涉条纹在具有很高光敏性的光纤纤芯上被敏感后记录下来形成了光纤布拉格光栅。这种方法的布拉格光栅的波长与光源无关,适于批量生产,而且操作简单、易于制作、可靠性高、成本较低,使得制成的光纤布拉格光栅的波长与周期都处于可控状态,方便应用。

**2. 光纤布拉格光栅的传感原理**

在单模光纤中能够刻写的光纤布拉格光栅,这种光纤光栅中的纤芯层折射率为 $n_1$,光纤光栅通过刻写改变纤芯的折射率,刻写后有效折射率为 $n_{\text{eff}}$,能产生较小的周期性调制(周期性调制从光学上来说就是光纤折射率的变化),这些光纤沿着轴线均匀分布,其基本结构如图 2-11 所示。

光纤的主要组成材料为石英,基本结构为纤芯、包层。纤芯中会进行掺杂(主要为 Ge),目的是使其折射率大于包层,进而形成光波的传导。光在纤芯传播,当其折射率发生改变时,即受到周期性调制时,会形成布拉格光栅。入射光通过布拉格光栅时,光纤会选择与波长相同的光波进行反射,反射波长为 $\lambda_b$,带宽为 $0.1\sim0.5$ nm,构成的反射条件称为布拉格条件。当光经过光纤传输到布拉格光栅栅区时,满足条件的光会被反射,而不满足条件的光继续向前传输,得到透射谱。布拉格波长 $\lambda_b$ 与折射率调制的周期 $\Lambda$ 和调制的幅度

大小有关,具体公式为

$$\lambda_b = 2n_{\text{eff}}\Lambda \qquad (2-2)$$

取微分得

$$\Delta\lambda_b = 2n_{\text{eff}}\Delta\Lambda + 2\Delta n_{\text{eff}}\Lambda \qquad (2-3)$$

由式(2-2)可知,如果 $n_{\text{eff}}$ 或者 $\Lambda$ 改变,反射波长必然会产生相应的改变。

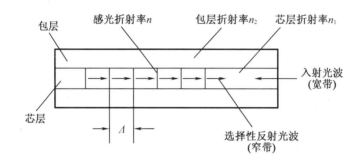

**图 2-11  光纤光栅基本结构**

在图 2-11 中,单模光纤中光纤纤芯折射率发生周期性变化形成的布拉格光栅,在外界待测物理量发生改变时,如温度的变化、产生应变等,光栅周期 $\Lambda$ 和纤芯有效折射率 $n_{\text{eff}}$ 都会产生相应的改变。由式(2-3)可知,光纤布拉格光栅的中心波长会随之产生位移 $\Delta\lambda_b$,通过这唯一的变化就可以测得外界环境的变化量。

外界温度的变化能够引起波长的改变,从力学与光学本质上来说,主要是由于光纤具有热膨胀效应、热光效应和内部应力引起的弹光效应。根据式(2-2)可以得出光纤布拉格光栅的温度传感数学模型,即两边同时对温度微分得

$$d\lambda_b/dT = 2(n_{\text{eff}}d\Lambda/dT + \Lambda dn_{\text{eff}}/dT) \qquad (2-4)$$

热膨胀效应,当外界温度发生改变时,传感器的温度随之变化,其中敏感材料热胀冷缩导致光栅周期发生改变。热膨胀效应的程度通常用热膨胀系数描述,热膨胀系数为 $\alpha_\Lambda$,定义为

$$\alpha_\Lambda = (1/\Lambda)\partial\Lambda/\partial T \qquad (2-5)$$

设 $\Lambda_0$ 是温度 $T_0$ 时的周期,则任意温度 $T$ 时的周期为

$$\Lambda = \Lambda_0[1 + \alpha_\Lambda(T - T_0)] \qquad (2-6)$$

由式(2-4)可知,当外界温度变化时,导致光纤布拉格光栅的相对波长漂移量为

$$\Delta\lambda_b = 2\left[\frac{\partial n_{\text{eff}}}{\partial T}\Delta T + (\Delta n_{\text{eff}})_{ep} + \frac{\partial n_{\text{eff}}}{\partial a}\Delta a\right]\Lambda + 2n_{\text{eff}}\frac{\partial\Lambda}{\partial T}\Delta T \qquad (2-7)$$

式中  $(\Delta n_{\text{eff}})_{ep}$——弹光效应;

$\dfrac{\partial n_{\text{eff}}}{\partial a}$——波导效应。

二者皆为热膨胀效应的附加效应。

热光效应是指材料的折射率会根据温度的变化发生改变的现象,通常用热光系数 $\alpha_n$ 来

描述热光效应的强弱,热光系数 $\alpha_n$ 的定义为

$$\alpha_n = (1/n)\,\partial n/\partial T \qquad\qquad (2-8)$$

在光纤中,由于折射率在不同结构处不同,热光系数也有差别。单模光纤中的纤芯模主要在纤芯中传播,因此主要考虑纤芯的热光效应,可以忽略包层的热光效应。对于纤芯模来说,有效折射率 $n_{\mathrm{eff}}$ 和纤芯的折射率 $n_1$ 大致相同,因此,可以通过有效折射率 $n_{\mathrm{eff}}$ 得到的热光系数表示纤芯材料的热光系数,即

$$\alpha_n = (1/n_{\mathrm{eff}})\,\partial n_{\mathrm{eff}}/\partial T \qquad\qquad (2-9)$$

若某一温度 $T_0$ 时的折射率为 $n_{\mathrm{eff0}}$,则任意温度 $T$ 时的折射率为

$$n_{\mathrm{eff}} = n_{\mathrm{eff0}} + \alpha_n n_{\mathrm{eff0}}(T - T_0) \qquad\qquad (2-10)$$

式(2-10)表明,在一定温度范围内热光系数 $\alpha_n$ 为一个常数。

将光纤布拉格光栅的热光系数 $\alpha_n = (1/n_{\mathrm{eff}})\,\partial n_{\mathrm{eff}}/\partial T$ 与热膨胀系数 $\alpha_\Lambda = (1/\Lambda)\,\partial\Lambda/\partial T$ 代入式(2-7)中,可得

$$\frac{\Delta\lambda_b}{\lambda_b \Delta T} = \frac{1}{n_{\mathrm{eff}}}\left[ n_{\mathrm{eff}}\alpha_n + (\Delta n_{\mathrm{eff}})_{\mathrm{ep}} + \frac{\partial n_{\mathrm{eff}}}{\partial a}\frac{\Delta a}{\Delta T} \right] + \alpha_\Lambda \qquad\qquad (2-11)$$

由于波导效应和弹光效应使波长发生位移偏差,式(2-11)为波长移位灵敏度系数表达式。

由于温度的变化而引起的应变状态为式(2-12),即

$$\begin{bmatrix} \varepsilon_{rr} \\ \varepsilon_{\theta\theta} \\ \varepsilon_{zz} \end{bmatrix} = \begin{bmatrix} \alpha\Delta T \\ \alpha\Delta T \\ \alpha\Delta T \end{bmatrix} \qquad\qquad (2-12)$$

可得光纤布拉格光栅温度灵敏度系数的表达式为

$$S_T = \frac{\Delta\lambda_b}{\lambda_b \Delta T} = \frac{1}{n_{\mathrm{eff}}}\left[ n_{\mathrm{eff}}\alpha_n - \frac{n_{\mathrm{eff}}^3}{2}(p_{11} + 2p_{12})\alpha_\Lambda + S_{\mathrm{wg}}\frac{\Delta\alpha}{\Delta T} \right] + \alpha_\Lambda \qquad\qquad (2-13)$$

式中,$S_{\mathrm{wg}}$ 表示由波导效应导致的光纤光栅的中心波长漂移系数。由式(2-13)可得,当温度改变时,光纤布拉格光栅的灵敏度系数只与材料有关,当材料一定时,基本为常数,这就保证了光纤布拉格光栅在温度传感时具有良好的输出线性度。

对于石英光纤来说,其热光系数约为 $\alpha_n = 9\times10^{-6}/℃$,热膨胀系数为 $\alpha_\Lambda = 5.5\times10^{-7}/℃$,若忽略内力造成的波导效应,光纤布拉格光栅的相对温度灵敏度系数为 $6.97\times10^{-6}/℃$,对于中心波长为 1 550 nm 波段的光纤布拉格光栅,单位温度变化下,即升高或降低 1 ℃,波长相位偏移为 10.8 pm。正是由于波导效应对于波长移位的影响相对于弹光效应来说小得多,因此可以完全忽略波导效应的影响。

综上所述,对于光纤布拉格光栅,当不考虑外界因素影响的时候,其温度灵敏度系数主要取决于材料的折射率,在研究光纤光栅的波长移位时可以不考虑波长移位和弹光移位的影响,则光纤光栅的温度灵敏度系数可简化为

$$S_T = \frac{\Delta\lambda_b}{\lambda_b \Delta T} = \alpha_n + \alpha_\Lambda \qquad\qquad (2-14)$$

式中  $S_T$——温度灵敏度;

$\alpha_n$——热光系数,代表折射率随温度的不同的变化率;

$\alpha_A$——热膨胀系数。

由于热膨胀系数 $\alpha_A$ 远小于热光系数 $\alpha_n$,则有

$$\Delta\lambda_b = \lambda_b\alpha_n\Delta T \tag{2-15}$$

由式(2-15)可知,温度引起的光纤布拉格光栅波长的漂移主要由有效折射率的改变引起,且两者呈现线性关系。

外界应力的变化是引起光纤布拉格光栅波长改变的原因之一,即

$$\sigma = E\varepsilon \tag{2-16}$$

式中  $\sigma$——应力,光纤上轴向的拉力;

$E$——光纤的杨氏模量,即应变;

$\varepsilon$——应力作用下的单位长度的伸缩,即位移。

在应力的作用下,由于光纤光栅的有效折射率和栅距会发生变化,波长会随之改变。如下式

$$\Delta\lambda_b = 2(\Lambda\Delta n_{es} + n_{eff}\Delta\Lambda_s) \tag{2-17}$$

式中  $\Delta n_{es}$——有效折射率在应力作用下的变化;

$\Delta\Lambda_s$——栅距在应力作用下的变化。

$$\Delta n_{es} = -(1/2)n_{eff}^3[(1-\nu)p_{12} - \nu p_{11}]\varepsilon \tag{2-18}$$

式中  $p_{11}$、$p_{12}$——弹光系数;

$\nu$——纤芯材料的泊松比。

在式(2-17)中,$\Delta\Lambda_s = \varepsilon\Lambda$ ,则有

$$\Delta\lambda_b = \lambda_b\{1 - (1/2)n_{eff}^2[(1-\nu)p_{12} - \nu p_{11}]\varepsilon \tag{2-19}$$

此式为应力引起的波长改变,其中 $p_{11}$、$p_{12}$、$\nu$ 均为常数。令

$$p_e = \frac{n_{eff}^2}{2}[p_{12} - \nu(p_{11} + p_{12})] \tag{2-20}$$

这就是光纤的有效弹光系数,由此可得

$$\Delta\lambda_b = \lambda_b(1 - p_e)\varepsilon \tag{2-21}$$

由式(2-21)可知,应力引起的光纤布拉格光栅的波长变化与应变呈线性关系。

综合上述式可得灵敏度系数公式为

$$S_\varepsilon = (1 - p_e) = \Delta\lambda_b/\lambda_b\varepsilon \tag{2-22}$$

宽带光源、传感光栅和解调仪构成光纤传感检测系统。宽带光源发出的光在传感光栅中传输,当待测量如温度、应变等发生变化时,光纤布拉格光栅的波长会发生变化,在光纤解调仪解调之后,确定变化量。如上所述,这是最基础的光纤传感检测系统,许多功能复杂、性能优越的系统也是建立在这个结构的基础之上对各个部分进行改得到的。譬如温度、应力等测量量不是一个个单一的测点,而是呈现结构网络,空间分布,为了测得数据的准确性和完整性,往往需要将光纤输出的信息进行调制,分散的、有较多相同变化量的系统也需要一个调制的光纤传感系统。光纤光栅传感系统图如图2-12所示。

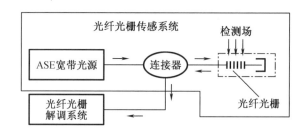

图 2 - 12　光纤光栅传感系统图

可见在传感过程中,光波由宽带光源发出后由传输通道进入传感光纤,然后进入解调仪进行调制,由解调仪输出的信号包含了外界环境的变化信息,可以从输出波形中检测外界环境的变化。

### 2.2.2　光纤式传感器的设计

**1. 光纤呼吸传感器的基本原理**

正常成年人平静状态下的呼吸是具有一定节律的过程,其周期为 4 s 左右,参与呼吸的各个参量之间的正负反馈的调节控制具有非线性特征,呼吸节律具有内禀的随机性,其对初始状态具有很强的敏感性。临床上,胸部的一次起伏便是一次呼吸,即一次吸气一次呼气。这个过程中,胸腔外体积的变化和人体相关呼吸肌肉收缩与舒张产生的微小颤动(如肋间外肌、膈肌的收缩与舒张)存在对应关系,人类呼吸过程示意图如图 2 - 13 所示,虚线所示是胸腔体积变化,下部箭头所示为相关呼吸肌收缩舒张时,横膈膜的上下运动情况。

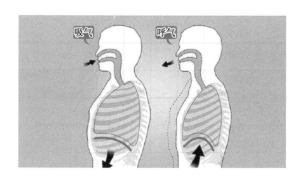

图 2 - 13　人类呼吸过程示意图

可见,呼吸波就是人体呼吸时,由胸廓或腹腔的起伏、呼吸肌收缩与舒张及肺泡纳气、排气共同产生的。在现代医学领域,技术成熟的呼吸测量机,可以测出呼吸类型、吸气相与呼气相、自主呼吸、静态呼吸动力学参数等诸多生理信息。

如图 2 - 14 所示为典型呼吸波形示意图,其中呼吸波包含三个细节:

①图中上升支代表气体容量输送到人的气体交换回路中,表示吸气。每次吸气的潮气量,取决于呼吸系统内部压力、吸气时间和肺阻抗互相间的影响。

②图中下降支代表了呼气时的潮气量。

注:潮气量是指在人类静息呼吸期间每次吸入或呼出的空气量。它与年龄、性别、呼吸习惯和身体新陈代谢相关。潮气量不是恒定的,健康人的吸气能力应等于呼吸能力。除非呼吸系统中存在漏气,即气体交换回路开脱或气体滞留。

③极大吸气压又称吸气压峰值,当肺顺应正常时,每次吸气,肺压力达到峰值。

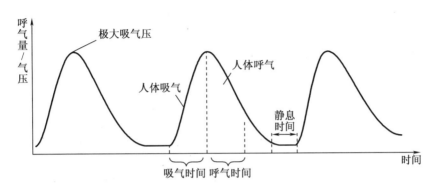

图 2 – 14　典型呼吸波形示意图

光纤呼吸传感器是基于光纤布拉格光栅的温度效应制成的,光纤布拉格光栅的温度效应是指当外界环境温度发生变化时,光纤布拉格光栅的波长周期会随着光栅的热膨胀效应、热光效应等温度特性发生改变,通过观察布拉格光栅的波长变化即可知道外界环境的温度变化。在呼吸传感器中,呼吸频率转化为传感器的温度变化,即在计算机中观察得到的波长变化即为人体的呼吸频率变化。

将光纤布拉格光栅置于稳定环境温度中,该温度应高于环境温度与人体温度,当人体呼气与吸气时,导致光纤布拉格光栅周围的环境温度降低,以致布拉格光栅的波长发生改变,通过光纤解调仪可以观察波长的改变。温度恒定不变时,光纤布拉格光栅的波长不会发生改变,处于平衡状态。人体以正常呼吸频率呼吸时,波长会呈现规律变化,布拉格光栅的波长随温度升高而增大,随温度降低而减小,变化范围很小,在 25 ~ 95 ℃的温度范围内,波长变化大致在 1 nm 左右。因此需要进行温度补偿,使得波长变化更加明显。温度补偿时,需要进行测量,对于不同温度下光纤布拉格光栅的温度效应以及在不同环境温度下的降温反应进行记录,选择温度效应最为明显而且降温反应尤为突出的温度值作为补偿温度。人体的呼吸频率发生了改变之后,对于光纤布拉格光栅的降温频率就发生了改变,光纤布拉格光栅在人体正常呼吸频率时存在一个稳定或者均匀变化的波长,一旦呼吸频率发生改变,对于恒温状态下的光栅的降温速率就会改变,导致光纤布拉格光栅发生不稳定不均匀的波长变化。人们可以通过观察波长的变化来推断人体呼吸频率的加快或减缓,以达到后期的监测目的。在监测到呼吸波形之后可以进行医疗诊断,或者对于已经确诊的患者的发病情况能够实时获得信息以便做出治疗措施。

正常人体的呼吸频率为 15 ~ 20 次/min,也就是说当正常人佩戴光纤呼吸传感器时,通过解调输出的波形的波长变化为 30 ~ 40 次/min,可以以正常人体呼吸频率为基准,判断患者的呼吸频率是否存在异常。以哮喘病患者为例,哮喘病患者的呼吸频率高于正常的呼吸频率,并且由于呼吸阻力的增大,呼气与吸气之间的间隔时间减少,对于光纤呼吸传感器的降温效果增强,在波形上的表现为波长明显减小,变化频率增加。

当光纤呼吸传感器正常工作时,将光纤呼吸传感器置于45 ℃的恒温环境中,随着吸气,光纤开始发生降温,即波长开始减小。由于吸入空气,所以最低可以降至室温,即25 ℃左右。在吸气与呼气的间隔时间内,传感器中的光纤又开始处于升温环境中,波长增大。在呼气过程中,是人体内气体吹到光纤上,降温最低至人体正常体温37 ℃左右,波长减小,但是减小的幅度小于吸气。传感器工作时,人体呼出气体与吸入气体对光纤进行降温作用,使得光纤波长发生变化,对波长值进行收集与处理,即可观察人体的呼吸频率。当人体睡眠或运动时,人体的呼吸频率会发生改变,分别录入正常人体的睡眠或运动时的呼吸频率波形图作为基准,检测慢性呼吸类疾病患者的呼吸频率,尤其是在运动时的呼吸频率。正常人体运动时,呼吸频率会偏高于正常状态,而患者本身呼吸频率就高于正常频率,所以在运动时是疾病发作的高频时段,监测运动状态是防止疾病发作或在疾病发作之后及时进行治疗的必要措施。

光纤呼吸传感器的工作状态与人体的呼吸频率有关,波形反映呼吸频率状态,当人体出现异常呼吸时,可以直接在波形中反映出来,根据传感器的工作状态可以初步判断人体的呼吸状况。

在呼吸传感器中,温度作为光纤布拉格光栅的测量物理量,必须严格把握,需将人体呼吸频率与温度变化紧密结合,并且能够实时监控呼吸频率的变化,只有这样才能达到临床检测呼吸类疾病患者的需求。针对具有慢性呼吸类疾病患者来说,监测慢性呼吸类疾病患者的实时呼吸频率与呼吸状态是必要的。慢性呼吸类疾病主要包括支气管哮喘、支气管扩张、自发性气胸、睡眠呼吸暂停低通气综合征等,每种慢性呼吸类疾病患者的呼吸频率各不相同,在发病时也具有不同的呼吸频率。在临床诊断中对不同的呼吸疾病患者进行呼吸频率的监测是对他们很好的保护,这种监测也可用于患者的后期康复过程中。

**2. 光纤呼吸传感器的结构设计**

光纤呼吸传感器包括以下几个部分:FBG光纤、基座、固定封装结构、温度增敏结构。以上结构再加上解调设备与计算机就构成了整个光纤呼吸传感器系统的结构,如图2-15所示。

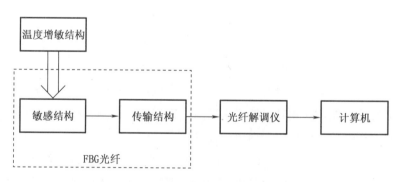

图2-15　光纤呼吸传感器系统结构图

光纤呼吸传感器实物如图 2 – 16 所示。

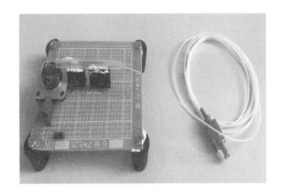

**图 2 – 16 光纤呼吸传感器实物图**

FBG 光纤结构实物图如图 2 – 17 所示,包括 FBG 光纤敏感部分和传输部分。

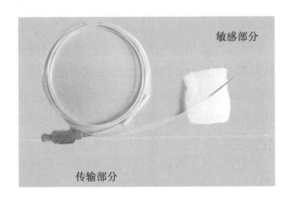

**图 2 – 17 FBG 光纤结构实物图**

光纤的敏感部分为光纤的 FBG,将其封装到薄壁金属管中,易于感知温度变化。传输部分为光纤,能够低损耗传输光波,将敏感部分的信息准确地传输至光纤解调仪中。光纤处于白色保护外壳内,传输部分与敏感部分连接处需将光纤外的涂覆层去掉,然后使用 704 硅橡胶进行粘连,传输部分末端接口接在光纤解调仪上,即可得到光纤的输出波形。

产生热场的加热丝部件固定到标准基座上,基座安装到电路板上,如图 2 – 18 所示为标准基座结构实物图。为了方便电路板下面的线路连接,电路板下固定四个橡胶底座,在基座的两个接线柱之间连接加热丝,即温度补偿结构,使得光纤的敏感结构处于高于环境与人体温度的恒定温度值环境内。温度补偿结构,即加热丝需要恒压电源进行供电,并且需要串联一个变阻器,以便控制温度值,温度补偿需要试验测定光纤敏感部分在某一温度下的试验数据,以此固定变阻器的阻值与加热电压值,温度趋于稳定后将光纤敏感结构悬空放入加热丝中。

图 2 - 18　标准基座结构实物图

固定封装结构为排孔与塑料管固接结构,使用 704 胶固定在一起,使得塑料管中轴线正好与加热丝中轴重合,使得光纤的敏感结构可以稳定位于加热丝中央。并且该结构还对光纤敏感结构具有保护作用,防止外界环境的变化影响,也防止外力导致光纤敏感结构位置发生变化。

光纤呼吸传感器结构的优化主要是为了能够使观察到的现象更为明显,操作更加安全,结果更加准确可靠。传感器的结构越稳定则传感器的性能越优越,传感器的功能越具体,因此,在对传感器进行结构优化时不仅要考虑到理论的可行性,还要考虑在实际应用中是否还存在问题。在结构优化中主要优化对象为光纤结构、固定结构及温度增敏结构。

对于光纤结构的优化,主要是敏感结构与传输结构的划分与联结。光纤本身由三部分构成,最外面为保护层,它能够使光纤对温度变化的敏感程度大大降低。为得到温度引起的波长变化曲线,需要将光纤前端的涂覆层去掉,但是裸露的光纤很容易发生形变,机械强度过低,所以将金属探头与去掉涂覆层的光纤使用 704 硅橡胶联结。这样既可以保证光纤内部结构的安全,又能够保证光纤前端对温度的敏感程度。

对于固定结构,主要是为了光纤敏感部分的金属探头能够在加热丝中稳定工作。可以使用金属引脚组成"Y"形,将光纤直接放在该结构上,但这种结构使得光纤不易稳定且金属引脚硬度过低易弯折,不能达到很好的固定效果。所以,使用排孔作为固定结构来固定下部的底座,既能获得稳定的支撑封装结构,又可以调节高度,方便调节光纤敏感结构在加热丝中的位置。同时,选用塑料细管作为光纤的封装结构,既可以使光纤探头稳定,又能减少外部对光纤的影响。塑料管与排孔使用 704 胶进行固接,要求调整高度使得光纤的敏感探头位置处于加热丝中央。

温度增敏结构的增加是为了使呼吸现象更加明显,由于光纤布拉格光栅的波长对于温度的变化极其细微,若将敏感部分处于室温下,基本不能观察出波长的变化。若很难从曲线图中反映呼吸频率,则传感器的功能就难以实现,因此,需要设置温度增敏结构。温度增敏结构主要由加热丝和加热电路组成:加热丝使用镍铬丝(图 2 - 19);加热电路主要由稳压源和变阻器组成。温度增敏结构的主要功能是给金属探头提供一个高于环境温度与人体温度的环境,能够使人体呼吸时的布拉格光栅的波长有可观测的变化值,能够在曲线中观察到人体的呼吸频率变化,更好地实现传感器的功能。

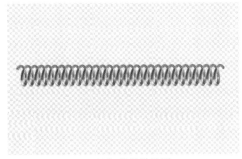

(a)加热丝设计图

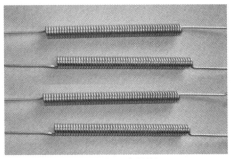

（b）加热丝实物图

图 2 - 19　加热丝设计图与实物图

### 3. 光纤呼吸传感器的材料优化

光纤布拉格光栅主要分为单模光纤光栅（SMF）和多模光纤光栅（MOF）两种。由于单模光纤光栅只传输一个模式,在波形图中只有一个波峰通过而且无模间色散,且其具有较高的带宽即损耗小的特点,因此本章在之后的内容中使用单模光纤光栅进行介绍。

根据国际电信联盟 ITU - T 的标准,单模光纤光栅主要分为以下几种：

①G.652 为常规单模光纤,又称为非色散位移光纤。其零色散点位于 1 300 nm,此处损耗最低,色散最小,工作波长为 1 310 nm。现在我国通信传输主要使用的是这种光纤。

②G.653 为色散位移光纤。其零色散点位于 1 550 nm,该点损耗极低。利用波导色散原理使得零色散与低损耗位于同一波长,但是在该点附近存在严重的干扰,很难应用在工程方面。

③G.654 为超低损耗光纤。这种光纤在 1 550 nm 附近的损耗极小,是远距离传输信号的最佳选择。其纤芯与其他光纤不同,为纯 $SiO_2$,其他光纤多为掺 Ge 光纤,但是该种光纤在该处色散很大,只适用于跨区域传输等用途。

④ G.655 也是色散位移光纤的一种,但是其在 1 550 nm 处不是零色散,因此称之为非零色散位移光纤。它是一种在 G.653 的基础上经过改进的新型光纤,抑制了在零色散区的干扰。

⑤G.656 为未来导向光纤。该类光纤并没有得到大规模的应用,目前还处于实验室阶段。较其他光纤而言,这种光纤具有较大的工作波长,包括 S、C、L 波段（1 460 ~ 1 625 nm）。

⑥G.657 为接入网用弯曲损耗不敏感单模光纤。其分为 A 和 B 两类,根据弯曲程度,分为 1、2、3 三个等级,对应的弯曲半径分别为 10 mm、7.5 mm 和 5 mm。它主要用来处理应变试验与应变有关的工程。

根据上述分类,G.652 光纤和 G.655 光纤为常用单模光纤。如表 2 - 1 所示为单模光纤 G.652 和 G.655 的性能参数。

表 2 - 1    单模光纤 G. 652 和 G. 655 的性能参数

| 光纤种类 | G. 652 | G. 655 |
|---|---|---|
| 工作波长/nm | 1 310 | 1 530 ~ 1 565 |
| 衰减/(dB · km$^{-1}$) | ≤0.36 | ≤0.22 |
| 色散/[ps · (nm · km)$^{-1}$] | 3.5 | 1≤|D|≤6 |
| 色散范围/nm | 1 288 ~ 1 339 | 1 530 ~ 1 565 |
| 零色散波长/nm | 1 300 ~ 1 324 | — |
| 光有效面积/m$^2$ | 80 | 55 ~ 85 |
| 模场直径/m | 8.8 ~ 9.5 | 8.0 ~ 11.0 |
| 弯曲特性/dB | 0.5 | 1 |

由表 2 - 1 可知,虽然 G. 655 成本高于 G. 652,但是其工作波长更加稳定,传输衰减率更小,而且能够减少不必要的干扰,弯曲特性也较高,在传感方面,其对于温度的变化也更为敏感。因此,本章的试验环节选用的日本铁三角(Audio - technica)公司的 SMF - 28C 型号的光纤光栅,其波长为(1 556 ±0.5)nm,反射率大于 80% 。

温度增敏结构使用加热丝为光纤的敏感部分提供一个高温的环境,使温度高于人体温度与环境温度,这使得人体在呼吸时光纤布拉格光栅的波长变化更为明显,更易观察呼吸频率的变化。

可以作为加热丝的材料有很多,只要具备在高温中稳定工作、抗氧化性强、熔点较高、性能稳定的特点就能作为加热丝的备选材料,如铜、铂、镍、镍铬、铁铬铝、钨、钼等,这些材料的性能如表 2 - 2 所示。

表 2 - 2    各种加热丝材料性能表

| 材料 | 氧化性能 | 高温稳定性 | 价格/(元 · kg$^{-1}$) | 熔点/℃ |
|---|---|---|---|---|
| 铜 | 高温氧化 | 弱 | 40.585 | 1 083.4 |
| 铂 | 不会氧化 | 强 | 185 | 1 768.3 |
| 镍 | 易氧化 | 强 | 83.231 | 1 453 |
| 镍铬 | 易氧化 | 强 | 150 | 1 400 |
| 铁铬铝 | 形成氧化膜 | 强 | 120 | 1 500 |
| 钨 | 不易氧化 | 强 | 301 | 3 400 |
| 钼 | 高温氧化 | 强 | 122 | 2 620 |

铜丝由于熔点很低,并且抗氧化性极差,因此不能作为电热丝。钨丝与钼丝只能工作在还原气体或者真空中,且其需要的供热温度较高,所以并不适合使用。镍铬丝与铁铬铝丝用于温度补偿结构的加热丝使用效果较好。铁铬铝丝由三种金属构成,耐高温,最高温度可达 1 400 ℃,具有强抗氧化性、高电阻率、表面负荷高的特点。特别是该加热丝的组成

金属十分常见,成本较低,适合使用,其唯一不足之处是在高温时强度很低,易发生形变,而且不易修复。镍铬丝由于含有金属镍,所以成本较高,但是在高温环境中具有很好的可塑性,结构十分稳定,并且辐射率高,可以使光纤的敏感部分均匀受热并且反应迅速。综上所述,本章设计制作的光纤呼吸传感器的温度补偿结构选用镍铬丝作为加热丝来保证传感器的结构稳定,以实现功能,具体参数如下:镍铬丝电阻率为$1.1 \times 10^{-6} \ \Omega \cdot m$,长度选择30 mm(12圈),直径约为0.1 mm,加热阻值为8 $\Omega$,加热电压为5 V,加热功率为3.125 W。

## 2.3　光纤式呼吸传感器的调试

### 2.3.1　光纤解调系统

#### 1. 光纤解调基本原理

光纤解调,即对光纤布拉格光栅的输出信号进行检测与解调,以输出完整的波形图。解调系统能够完成信号的转换与传递,得到完整、准确并且可以实时观察的信号波动及可以完整观察的波形变化图。这些数据通过计算机进行处理后,可以得到完整的呼吸信号图形,并通过波长来体现整个呼吸频率的变化趋势,进而跟踪整个动态变化。

光纤布拉格光栅的输出传感信号可以通过相位、频率、幅值、偏振和波长解调,其中,波长解调由于其可以补偿光纤传输部分与耦合部分的折损,使得损耗最小,几乎不失真地输出信号,所以得到广泛应用。

当传感器开始工作时,光源经过光纤传输部分进入敏感部分的布拉格光栅中,当人体开始呼吸,即对光纤布拉格光栅周围环境进行降温时,会对光波进行反射和调制,在接收到温度信息之后,光纤会将调制后的光波在传感光栅处进行反射和透射,并且在被探测器检测到之后进行解调然后输出。光纤呼吸传感器中传输光纤包含的温度信息存在于探测器的接收光谱之中,通过光谱分析外部的环境温度变化更加直观和完整。如图2-20所示为两种光纤解调系统示意图,其中,反射式的解调系统更易实现,在工程中得到广泛应用。

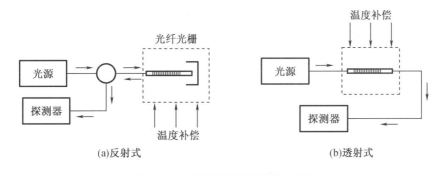

(a)反射式　　　　　　　　　　　(b)透射式

图2-20　两种光纤解调系统示意图

光纤解调实际上就是对光纤布拉格光栅的波长随环境变化的偏移进行精确的记录,并在计算机中显示出来。解调结构是否完整准确是整个测量系统精度的关键所在,所以光纤解调在光纤传感领域尤为重要,解调的信号能最为直接地展现波长的变化、温度的变化,也就是呼吸频率的变化。

最为简单的光纤解调方法是使用光纤解调仪直接检测,不仅操作方便,而且测量范围大、分辨率高,对于很细微的变化量都可以进行检测。但是在工程应用中,由于仪器成本较高且不易移动,所以不易实现,这种解调方法只能停留在实验室阶段。

**2. 光纤光栅的通用解调技术**

光纤光栅的解调方法有很多种,如线性滤波法、迈克尔逊干涉法、边缘滤波法、光谱分析法等。在工程中,每种方法都可以应用,只要对波长的解调范围合适即可,目前,除直接使用光纤解调仪之外,最为常用的解调方法为匹配光栅滤波法和干涉解调法。

(1)匹配光栅滤波法

滤波法是常用的信号处理方法,可以让有效信号通过,将无效信号过滤掉。匹配光栅滤波法主要使用两个光栅作为初始元件,这两个光纤光栅要求系数相同、性能相近,通过动态跟踪光纤波长的波动,转换成温度或者应变的变化数值,准确反映环境的变化。

当光源的光经过耦合器进入布拉格光栅时,会被反射回来,形成窄带光,再次经过耦合器时,到达第二个光栅,进行滤波之后转移到光电检测器转换为电信号,再次经过滤波放大之后,送入计算机内进行数据处理与整合,输出波形图。匹配光栅滤波法解调系统原理如图2-21所示,其中最为关键的还是参考光栅,这个光栅处于PZT压电陶瓷的作用下,能使反射波的波长在一定范围内波动,并使得波长的范围与光栅的反射谱基本类似,当传感光栅与解调光栅波长相同时,信号会加倍反射,通过计算压电陶瓷的电压变化与波长的关系即可检测作用于传感器的物理量。这种方法对于光功率损耗极小,但是系统结构复杂,操作困难,易产生很大的非线性误差。

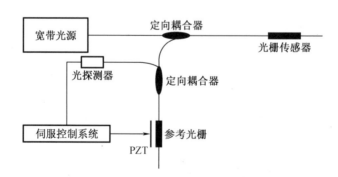

图2-21 匹配光栅滤波法解调系统原理

(2)干涉解调法

干涉解调法应用的是非平衡M-Z干涉解调仪,此干涉仪的光源发射出之后,经过耦合器和传感光栅,再经过两次耦合输出反射光进入干涉仪中,干涉仪两臂应不相等。设光程差为$n\Delta L$,$\Delta L$为长度差,在整个过程的逆向反应时,反射光作为光源,由干涉仪的计算式(2-23)可以计算出输出光强。

$$I = A + A\cos(2\pi n_{\text{eff}}\Delta L)/\lambda_{\text{b}} \tag{2-23}$$

然后,计算波长变化之后的光强,设波长差为 $\Delta\lambda$,则输出光强为

$$I = A + A\cos\left[(2\pi n_{\mathrm{eff}}\Delta L)/\lambda_{\mathrm{b}} - (2\pi n_{\mathrm{eff}}\Delta L)\cdot\Delta\lambda/\lambda_{\mathrm{b}}{}^2\right] \qquad (2-24)$$

由式(2-24)可知,输出光强 $I$ 与波长差 $\Delta\lambda$ 为线性关系,可以通过计算光强值求得波长差,波长差即为外界环境物理量的变化值。通过式(2-24)可得,在常量排除之后,直流产生的漂移对解调结果会产生很大影响,需要进行补偿,可以引用反馈装置,如 PZT 膨胀,使直径增大,拉长光纤,直流的零点漂移就能够被抵消。

### 2.3.2 光纤解调仪

#### 1. 光纤解调仪的基本原理

本章使用的是美国 MOI 公司生产的型号为 sm125 -200 的光纤解调仪,如图 2-22 所示。该解调仪是基于 MOI 公司的 ×25 解调模块开发的一种便携式工业级静态光纤解调仪,×25 解调模块能够实现对光谱的全面扫描及数据的采集,能够以高精度测量波长的变化,具有很大的动态范围,在该种光纤解调仪内部包含 NIST 波长参考元件,能够解调光纤布拉格光栅、长周期光栅等光纤类传感器。

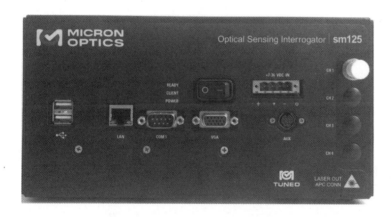

图 2-22 sm125 -200 光纤解调仪

sm125 光纤解调仪内部光源为扫描激光光源,功率大,噪声小,是 MOI 公司根据可调谐法珀滤波器自主研发的。光源发出的激光线宽控制在 0.5 GHz 左右,能够在测量 3 dB 带宽时给予更好的光学特性,在光谱中如果低于该值,也能够测量许多光学特性参数,如波长、光强、相位等。在 sm125 中,决定光谱曲线的最小频率也即最短采样时间的是 AD 转换装置的采样频率,在测量较小周期的光学特性变化时,一定要确定采样频率的高低,如果过低,可能无法得到变化的趋势曲线。

在测量波长变化时,使用 MOI 的峰值探测算法,不需要多次测量取平均值,节省了操作时间,也降低了误差,直接测量就能够测得中心波长,其分辨率为 0.5 pm。在测量时,光纤解调仪的动态变化范围与接收器的灵敏度有关,在 1 s 的周期内,产生的噪声干扰基底约为 65 dBm,在光谱噪声基底周围如果存在突变、突升或突降,光谱特性(波长、光强)会存在偏差,可以通过改变功率的大小来确定光纤解调仪接收器的灵敏度的极限。

sm125 系列光纤参数比较如表 2-3 所示。其中,sm125-200 为单通道,其光纤解调仪性能极其稳定,热稳定性好,受温度影响很小。该光纤解调仪连接光纤传感器之后,通过以太网数据接口由 MOI 自定义协议与计算机连接,通过 ENLIGHT 软件,不仅可以进行光谱分析、峰值检测与追踪,还能够进行数据存储与计算,可以直观地看出光纤光栅波长随时间的变化,灵敏度高。

表 2-3　sm125 系列光纤参数比较

| sm125 型号 | sm125-200 | sm125-500 | sm125-700 |
| --- | --- | --- | --- |
| 光通道数 | 1 | 4 | 4 |
| 扫描频率/Hz | 1 | 2 | 5 |
| 波长范围/nm | 1 520~1 580 | 1 510~1 590 | 1 510~1 590 |
| 波长精度/pm | 10 | 1 | 2.5 |
| 波长稳定性/pm | 5 | 1 | 2.5 |
| 动态范围/dB | 40 | 50 | 30 |
| 传感器最大容量 | 15 | 80 | 80 |
| 全光谱测量功能 | — | 有 | — |
| 内部峰值探测功能 | — | 有 | — |

sm125 尺寸为 117 mm×234 mm×135 mm,质量约为 2 kg,工作温度为 0~50 ℃,储存温度为 -20~70 ℃,湿度范围在 0~80%,电源供应为 7~36 V DC,典型功率为 20 W,最大功率为 30 W。

**2. 光纤解调仪的操作方法**

sm125 光纤解调仪接口如图 2-23 所示,分别为 USB 接口、LAN 接口、COM1 接口、VGA 接口、AUX 接口和电源接口。sm125-200 只有一个通道 CH1,开关键旁有三个指示灯,分别为电源灯 POWER,工作状态灯 READY,连接灯 CLIENT。当连接电源时,POWER 灯亮起,过 1~2 min 后,READY 灯亮,表示可以开始连接光纤进行工作,连接好光纤之后,CLIENT 灯亮,三个灯全亮时表示光纤解调仪处于正常工作状态。

光纤解调仪的电源线与变压器相连,可以将 220 V 的电压转换为光纤解调仪的工作电压。光纤解调仪连接到电源接口之后,打开开关,POWER 灯亮起,表示已处于供电状态。光纤解调仪与计算机连接使用网线,连在 LAN 接口处,需要注意的是,由于光纤解调仪拥有特定的端口协议,所以需要更改计算机以太网接口的 TCP/IPv4 协议,如图 2-24 所示,使用自定义的 IP 地址 10.0.0.122,即可连接到光纤解调仪。

当 READY 灯亮起后,即可连接光纤,一定要保证光纤末端接口与 CH1 通道接口完全重合,才能保证光纤的准确输出。当 CLIENT 灯亮起后,光纤解调仪就可以正常工作。在光纤解调仪正常工作时一定要注意不能有剧烈震荡,易导致光纤解调仪内部结构发生形变,影响工作性能;一定要保证光纤通道接口的洁净,不能有灰尘,否则会造成光纤折射率和透射率的变化,影响最后结果。

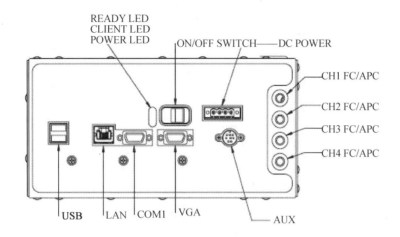

图 2 – 23    sm125 光纤解调仪接口图

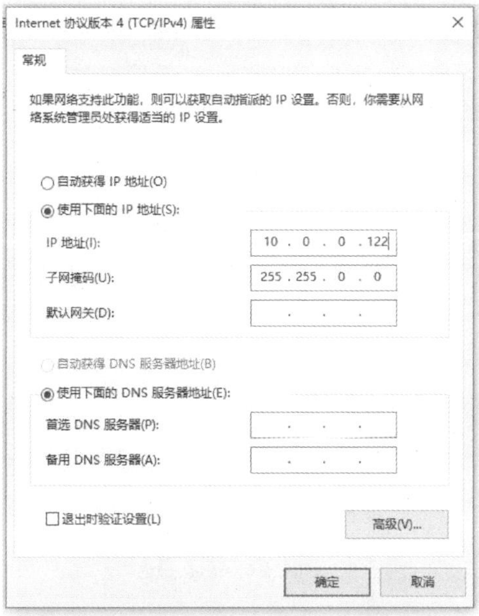

图 2 – 24    更改 TCP/IPv4 协议示意图

## 3. MOI – ENLIGHT 软件的使用及波形分析

光纤解调仪与计算机连接之后,在计算机上观察输出的波形图,需要使用 MOI 公司开发的 ENLIGHT 软件。ENLIGHT 是一种光纤解调仪专用解调软件,可以在光纤传感系统中进行数据的采集、处理和计算,还可以直观地显示光学特性的变化。

在计算机中安装 ENLIGHT 软件后,操作界面(图 2 – 25),分为实时采集数据模块、传感模块、图表模块、实时图像模块等,能够实现信息的实时监控,并且每次记录的数据都会进行存储,可以进行后期的计算与处理。由于 sm125 – 200 只存在一个通道,所以只有 CH1 处于工作状态,输出的光学特性图像也只有一幅。在软件中,不仅有波长的变化趋势,还有波长的具体数值,便于进行数据的统计与计算,但是由于光纤对于温度十分敏感,所以波长值总是处于波动的范围内,在选取数据点时选用波动的平均值作为某一时刻下的波长输出值。

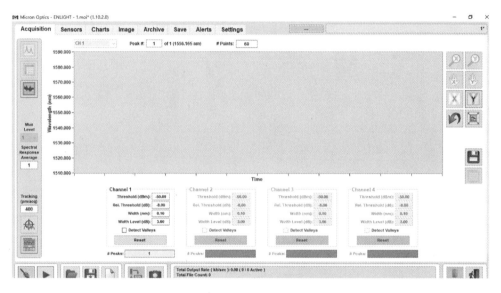

图 2 - 25　ENLIGHT 操作界面

在使用该软件之前,需要更改计算机网络接口的 TCP/IPv4 协议中的 IP 地址,将其更改为 10.0.0.122(图 2 - 26)。更改之后,才能保证软件的正常工作,否则会显示未连接提示框,不能使用该软件。

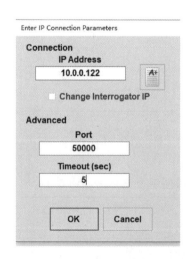

图 2 - 26　ENLIGHT 设置 IP 地址窗口

在 IP 地址修改之后,就可以连接光纤解调仪进行数据的采集和波形的观察,连接光纤解调仪后,ENLIGHT 操作界面如图 2 – 27 所示。可以通过图中工具栏调整横、纵坐标的大小,也可以自动调整,使得能够全面地观察波形变化。通过图 2 – 27(a)可观察光纤布拉格光栅的波长大小及其与光功率之间的关系,还可观察峰值大小;图 2 – 27(b)是光纤光栅的波长数值大小;图 2 – 27(c)是波长随时间变化图,能够观察波长的改变以及趋势,利于分析。

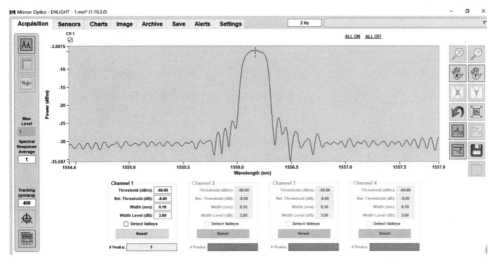

(a)光功率与波长关系图

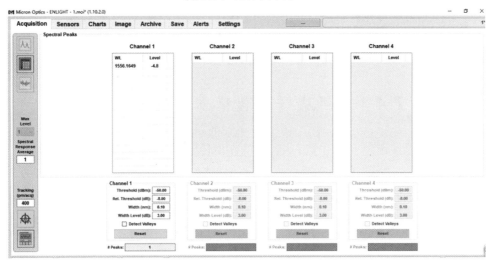

(b)实时波长数据表格

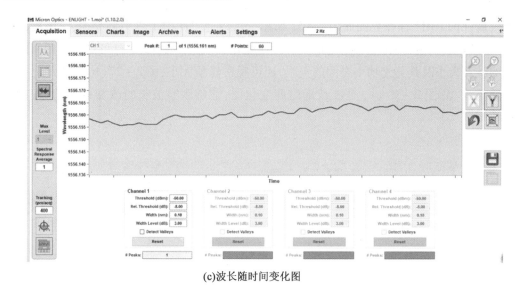

(c)波长随时间变化图

**图 2 - 27　连接光纤解调仪后 ENLIGHT 操作界面**

在图 2 - 27(a)中,可以观察到光纤布拉格光栅波长为 1 556 ~ 1 556.5 nm,也就是图像的峰值,光功率在 - 3.597 5 dBm 之下;由图 2 - 27(b)可以得出,当在室温下,光纤布拉格光栅的输出波长为 1 556.1649 nm 左右,光功率在 - 4.8 dBm 左右;图 2 - 27(c)是光纤布拉格光栅波长的实时变化,可以根据其判断由外界环境变化如温度、应变等造成的波长变化,由于光纤探头对温度极为敏感,所以在很小的数量级范围内会存在波动,光纤布拉格光栅输出波长不是一个稳定不变的值,在试验中可以通过大幅度的波长变化调整坐标系的间距,能够淡化波动的影响,从而观察整体的变化趋势。

## 2.4　光纤式呼吸传感器的数据处理

光纤呼吸传感器作为一种用于呼吸监测的新型传感器,为了能够准确采集真实的呼吸频率数据,必然需要对采集的第一手数据进行兼顾光纤传感器和人类呼吸特点的处理,本节将对相关的数据处理的方法进行介绍。

### 2.4.1　数据的预处理

为了消除或减少随机误差对应变数据质量的影响,需对数据预先进行平滑处理。平滑处理可采用 5 点 3 次平滑处理,也可根据不同的应用环境进行改变,其原理是:假定采集到的数据是未知函数 $f(t)$ 等间距点上的测量结果,这个间距可根据监测呼吸对象的呼吸频率确定,然后按最小二乘原理用一个三次多项式来拟合测试所得的 5 个相邻值,并以此多项式计算出来的值来代替测试值。

### 2.4.2　数据的噪声处理

根据人体呼吸系统生理信号采集的特点,经由光纤测得的信号在光纤传输和光电信号转换过程中会产生很多噪声,能否很好地滤除所得信号中的干扰是非常重要的。

最常用的信号处理方法是 Fourier 变换。但是,由于人体呼吸系统的生理波动是非线性的并需要兼顾光纤采集系统的噪声因素,采用传统傅里叶变换不能有效地将其原始信号的高频分量中的有用信号与噪声扰动加以区分,因此采用小波变换算法对采集的原始呼吸信号进行处理。

小波的"小"是指它具有衰减性,"波"则是指它的波动性。小波的振幅正负相间振荡,波形均值为 0。小波变换是时间或空间频率的定位分析,它通过放缩平移操作逐步细化信号或函数,最终达成保留低频频率细分、实现高频时间细分、可以自动适应时频信号分析的要求,从而更加聚焦搭配信号的细节。

**1. 连续小波变换**

小波变换的常见形式是连续小波变换(CWT)和离散小波变换(DWT),且 DWT 是从 CWT 的基本理论发展而来的。

设一个基本函数 $\Psi(t)$,令

$$\Psi_{a,b}(t) = \frac{1}{\sqrt{a}}\Psi\left(\frac{t-b}{a}\right) \tag{2-25}$$

式中,$a$、$b$ 分别为常数,且 $a>0$ 随着 $a$、$b$ 取值变化,则可得到不同的 $\Psi_{a,b}(t)$,这就是我们一般所说的小波基函数。

假设有特定信号 $x(t)$,且满足 $x(t) \in L^2(R)$,那么 $x(t)$ 便是 $L^2(R)$ 空间下的一个函数,在小波基下展开,称这种数学展开为函数 $x(t)$ 的连续小波变换。其表达式为

$$WT_{x(a,b)} = \frac{1}{\sqrt{a}}\int x(t)\Psi^*\left(\frac{t-b}{a}\right)\mathrm{d}t = \int x(t)\Psi^*(t)\mathrm{d}t = \langle x(t)\Psi_{a,b}(t)\rangle \tag{2-26}$$

式(2-26)中,$a$ 为尺度因子,$b$ 为时移因子,该式表达的函数是连续小波变换函数。由一个小波基平移伸缩得到上述需要的小波,即把信号分解为小波的叠加即为小波变换。由一个小波基平移伸缩得到上述需要的小波。那么用小波基逼近尖锐变化信号的效果会很好,同理,用小波基逼近局部信号,也能得到良好的特性。

**2. 离散小波变换**

连续小波在尺度 $a$、时间 $t$ 和时间相关的偏移量 $b$ 上是连续不间断的。考虑到现代信号采样设备的采样间隔,以及计算机处理离散化数据的情况,离散小波变换孕育而生。正如前文所述,本章采用的光纤解调仪是对关键数据进行离散采样的,那么处理人体呼吸产生的生理波时,对它们进行离散小波变换就是理所当然的了。本章运用离散小波变换法对信号进行解析,对人体呼吸信号进行分解与重构。

为降低小波变换系数的冗余度,在一定区间内对小波基函数式(2-25)中的 $a$、$b$ 采用离散取值。

(1)尺度的离散化

使用次数最高的方式是对尺度进行幂数级离散化。即令 $a$ 取

$$a = a_0^j, a_0 > 0 \quad j \in \mathbf{Z} \tag{2-27}$$

则小波函数为

$$a_0^{-\frac{j}{2}} \Psi\left[a_0^{-j}(t-b)\right] \quad j=0,1,2,\cdots \tag{2-28}$$

（2）位移离散化

$$b = k a_0^j b_0 \tag{2-29}$$

常规下对 $b$ 进行均匀离散取值，以便覆盖整个时间轴，$b$ 满足奈奎斯特采样定理。此时在没有信息丢失的情况下，采样率可降低 $50\%$。

离散小波变换的定义为

$$WT_{x(a_0^j,kb)} = \int x(t) \Psi^*_{a_0^j,kb}(t)\,\mathrm{d}t \quad j=0,1,2,\cdots;k\in\mathbf{Z} \tag{2-30}$$

一般，取 $a_0=2$，则 $a=2j,b=2jkb_0$，即当 $a=2j$ 时，$b$ 的采样间隔是 $2jb_0$，此时，$\Psi(t)$ 变为

$$\Psi_{jk}(t) = 2^{-\frac{j}{2}}(2^{-j}t-kb_0) \quad j=0,1,2,\cdots;k\in\mathbf{Z} \tag{2-31}$$

一般，将 $b_0$ 归一化，即 $b_0=1$，于是有

$$\Psi_{jk}(t) = 2^{-\frac{j}{2}}(2^{-j}t-k) \quad j=0,1,2,\cdots;k\in\mathbf{Z} \tag{2-32}$$

此时，对应的 $WT_x$ 为

$$WT_x(j,k) = \int x(t) \Psi^*_{j,k}(t)\,\mathrm{d}t \quad j=0,1,2,\cdots;k\in\mathbf{Z} \tag{2-33}$$

### 3. 小波降噪理论

在降噪领域中，小波独树一帜并具有良好的效果，首要归功于小波变换具备以下优点：

①低熵性：小波系数的稀疏分布。

②多分辨率：优质地刻画信号的非平稳特征，如边缘、尖峰、断点等。

③去相关性：对信号进行去相关，使得噪声在变换后有白化趋势，所以小波域比时域更利于去噪。

④选基灵活性：小波变换可以灵活选择基底函数，从而对不同应用场合和不同的研究对象，可以选用不同的小波母函数，以获得最佳的效果。

小波降噪方法包括三个基本的步骤：一是对含噪声信号进行小波变换；二是对变换得到的小波系数进行某种处理，以去除此中包含的噪声；三是对处理后的小波系数进行小波逆变换，得到去噪后的信号。尽管在很大程度上，小波去噪可以视为低通滤波，但是由于在去噪后还能成功地保留信号特征，所以在信噪比上又优于传统的低通滤波器。由此可见，小波降噪实际上是特征提取和低通滤波功能的综合，这类似我们常见的低通滤波，但由于小波降噪保留了信号的特征，所以性能上优于传统的去噪方法。

### 4. 人体呼吸信号小波阈值降噪

EMD 法、空域相关法、阈值法是三种比较经典的小波去噪方法。为了提高从带噪信号中提取有用信号的效果，本章以阈值方式为例介绍降噪处理方法。作为最常用的方法，小波阈值降噪所要解决的几个核心点为阈值的选择、小波基的类型和小波分解层数。阈值选择的好坏是影响降噪效果至关重要的要素，会影响最终的降噪效果。选取阈值的方式主要包括固定阈值、极大极小值、自适应阈值选择和启发式阈值。

按照小波去噪的特点，结合前文，即让信号通过一个分解高通滤波器和一个分解低通

滤波器。自然的高通滤波器输出对应信号的高频分量部分,称为细节分量,低通滤波器输出对应信号的相对较低的频率分量部分,称为近似分量,对应的快速算法称为 Mallat 算法。采用 Mallat 算法对原始信号波形进行小波处理,可根据不同的阈值对不同尺度下的生理波小波系数进行处理。由于整套测量与数据采集装置的原因,噪声信号通常在高频段,需要保留低频段的有用信号。因此,需要对剩余的信号进行重构,重构后的信号,便是呼吸信号。上述过程,就是小波阈值去噪的一般过程。

使用何种小波基函数以及将信号分解成几层也是小波降噪的重要议题。若小波基函数使用与人体心肺系统生理波形相似的 db 小波,可以保证去噪后的人体呼吸的生理波的关键特征点不存在相位偏移,得到的波形平滑规整,适用于人体呼吸系统生理波的处理。

此外,采样频率与小波分解的频段范围息息相关。若将信号 $N$ 层分解,则各个频段大小为 $F_s/(2 \times 2N)$。若光纤解调仪采集到一个原始信号,且采样频率 $F_s$ 为已知,则可使用采样定理(做除法)对该信号做 $N$ 层的离散小波分解重构,$N$ 的数值由监测呼吸的实际频率反算确定。

## 2.5 光纤式呼吸传感器的相关试验

### 2.5.1 光纤呼吸传感器的温度标定试验

在进行光纤呼吸传感器的呼吸传感测试之前,需要对光纤布拉格光栅进行温度标定,通过温度标定可以确定光纤布拉格光栅的波长与温度的变化关系,也可以测定在不同温度下光纤布拉格光栅的波长大小。

温度标定试验系统框图如图 2-28 所示,将光纤布拉格光栅敏感部分置于一个恒温环境中,另一端连接光纤解调仪,将光纤光栅的波形图像在计算机上显示出来,波长的具体数值可以被测量,通过改变恒温装置的温度,记录下温度每升高 5 ℃,光纤光栅稳定后的波长输出数值。温度标定试验装置实物图如图 2-29 所示。

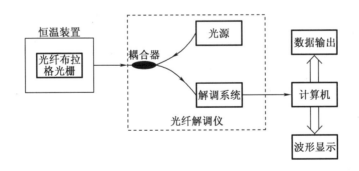

图 2-28 温度标定试验系统框图

图 2 - 29　温度标定试验装置实物图

　　试验过程中需要的装置主要有光纤布拉格光栅、恒温装置(图 2 - 30)、光纤解调仪、高精度温度计、计算机(装有 ENLIGHT 软件)等。试验中使用的恒温装置为电热恒温水浴锅,利用水浴加热,将光纤布拉格光栅的敏感探头置于烧杯中,处于水浴加热环境中而不碰触杯壁(图 2 - 31)。控制温度的升高,并使用温度计进行测量,温度恒定后,等待光纤布拉格光栅的输出波形稳定,记录波长数值,每升高 5 ℃ 记录一次波长的数值,从 25 ℃ 一直记录到 95 ℃,精度为 1 ℃,当记录完 95 ℃ 的布拉格波长之后结束试验。

图 2 - 30　温度标定试验恒温装置

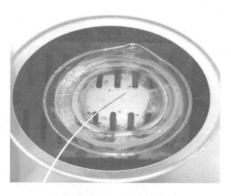

图 2 - 31　水浴加热

光纤布拉格光栅试验温度标定数据记录如表2-4所示,由表可以得出,随着温度的升高,光纤布拉格光栅的波长随之增大,由表绘制光纤布拉格光栅波长随温度标定曲线如图2-32所示。

表2-4 光纤布拉格光栅试验温度标定数据记录

| 温度/℃ | 波长/nm | 温度/℃ | 波长/nm | 温度/℃ | 波长/nm |
|---|---|---|---|---|---|
| 25 | 1 556.164 | 50 | 1 556.411 | 75 | 1 556.654 |
| 30 | 1 556.212 | 55 | 1 556.458 | 80 | 1 556.711 |
| 35 | 1 556.259 | 60 | 1 556.506 | 85 | 1 556.764 |
| 40 | 1 556.311 | 65 | 1 556.557 | 90 | 1 556.813 |
| 45 | 1 556.362 | 70 | 1 556.609 | 95 | 1 556.862 |

由曲线可得,布拉格波长随温度变化近似为线性关系,随着温度的升高,光纤布拉格光栅波长也随之增大,由曲线可以得到线性拟合曲线为

$$y = 1 556.102 4 + 0.05x$$

由拟合曲线可以进一步证实光纤布拉格波长与温度呈线性关系,为之后的呼吸传感试验提供了理论基础。

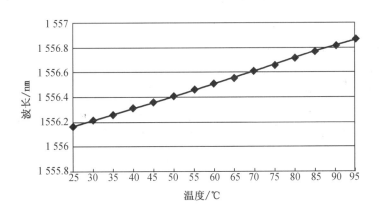

图2-32 光纤布拉格光栅温度标定曲线

## 2.5.2 光纤光栅温度补偿试验

由于光纤敏感部分对于人体呼吸温度的变化在室温下表现不明显,所以需要加入温度补偿结构,即设计加热装置,使得光纤光栅的敏感部分处于高温环境中,这样,在人体呼吸时,就能够更明显地看出波形的变化。这种温度补偿结构也适用于各种温度环境中,如外界温度高于人体温度时,常温呼吸传感器就无法准确地显示波形的变化,此时常温下的光纤呼吸传感器作用范围十分局限,而加入温度补偿结构之后,可以在任何环境下进行呼吸频率检测且波形存在明显变化。

基于 SolidWorks 的温度补偿结构建模图如图 2-33 所示,使用固定基座稳定加热丝,使得光纤光栅的敏感结构置于加热丝中央,可给光纤光栅提供一个高温环境,完成温度补偿的效果。

温度补偿时需要设计一个简易的加热电路(图 2-34),在加热丝两端加稳压源,恒定为 5 V 即可达到加热温度效果。通过调节变阻器改变加热丝的功率,也就是改变光纤传感器敏感端所处的温度环境,经过调整温度状态,使得光纤呼吸传感器能够尽可能地反应迅速,固定此时的变阻器位置,测量此时的波长状态。此时即为光纤呼吸传感器的工作环境,为呼吸传感试验提供基础。

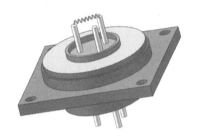

图 2-33 基于 SolidWorks 的温度补偿结构建模图　　图 2-34 温度补偿结构简易电路图

### 2.5.3 光纤光栅呼吸传感试验

**1. 呼吸位置试验**

在进行正常的呼吸传感试验之前,需要进行呼吸位置的试验。由于加热丝的位置固定,所以在不同位置进行呼吸试验,所得到的波形可能有所区别,因此需要提前进行不同位置的呼吸试验,观察输出波形,选择最优波形,以此来确定最佳的呼吸位置。本试验选择三个呼吸位置(图 2-35)。

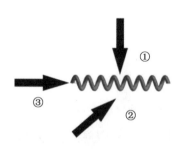

图 2-35 不同呼吸位置示意图

在图中三个呼吸位置处分别进行呼吸传感试验,得到三个呼吸位置输出的呼吸频率曲线,如图 2-36 所示。

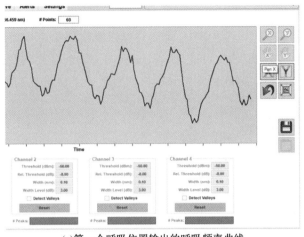

(a)第一个呼吸位置输出的呼吸频率曲线

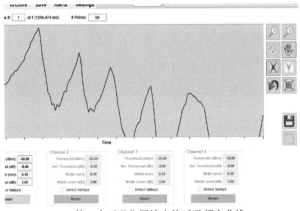

(b)第二个呼吸位置输出的呼吸频率曲线

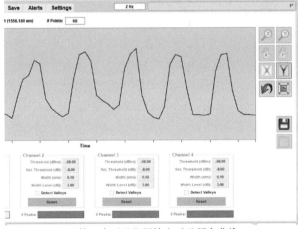

(c)第三个呼吸位置输出呼吸频率曲线

图2-36 三个呼吸位置输出的呼吸频率曲线

由图2-36可见,在相同的呼吸频率下,前两个呼吸位置得到的波形反应较为缓慢,而且波形不是很平稳,有少许的波动,在第三个位置进行呼吸时,得到的波形较为平稳而且反应较为迅速,可以实现检测呼吸频率的功能。所以,在呼吸传感试验中应处于第三个呼吸位置,即沿着加热丝轴线方向进行呼吸。此位置能够使反应最为平稳迅速,敏感部分得到充分降温并且升温迅速。在三个波形中,我们也可以观察到第三个波形波动最小,即反应干扰最少,使用前两种方式呼吸时,可能加热丝的阻挡会影响温度的变化,使光纤呼吸传感器的敏感部分不能充分降温,因此选用波长输出曲线最为平稳且扰动最小的第三个呼吸位置,即沿着加热丝轴线方向呼吸。

**2. 不同状态呼吸传感试验**

使用图 2 - 35 中第三个呼吸位置进行呼吸传感试验,分别模拟正常呼吸状态和哮喘类疾病发作时呼吸状态。人体正常呼吸状态为 16 ~ 20 次/min,而哮喘病患者在发病时的呼吸频率远大于此,因此在临床中观察呼吸频率显得尤为重要,一旦发现类似哮喘病患者发病时的呼吸频率波形,即可立即展开诊断与治疗,能够大大加快治疗的速度,在临床中有着重要意义。

呼吸传感试验装置如图 2 - 37 所示,主要有直流稳压电源、光纤解调仪、光纤呼吸传感器主体结构、计算机等。试验时,首先连接好各个接口,稳压电源与光纤解调仪都需要供电,全部连接好之后,检查电源是否能够稳定供电,加热丝是否能提供高温环境,以及在计算机中能否出现光纤解调仪输出的波长信息,都准备完毕后,将光纤布拉格光栅敏感部分插入加热丝中,待波形稳定后,即波长稳定在固定数值上下时,进行模拟呼吸试验。

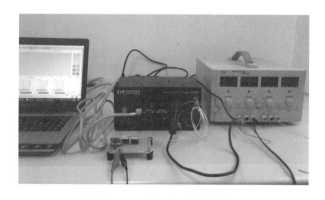

图 2 - 37　呼吸传感试验装置

第一次是以正常呼吸频率进行呼吸,沿加热丝轴向方向均匀呼吸,得到正常呼吸频率波形图(图 2 - 38);待波形平稳后,进行第二次试验,加速呼吸频率,但是仍然要保证充分呼吸,得到加速呼吸频率波形图(图 2 - 39)。

比较上述两个波形图可知,正常呼吸时,波形较为平缓,而且在相同时间间隔内呼吸次数正常;当加速呼吸时,单位时间内的呼吸次数即呼吸频率大于正常呼吸频率,呼吸频率加快而且波形较为陡峭,即可根据波形显示判断呼吸状态,可以达到分析呼吸频率的目的。

在呼吸频率不同的两次试验结束后,进行哮喘病患者发病状态的模拟呼吸试验。哮喘病在发病时,由于气管阻塞,导致呼吸不畅,呼吸幅度下降,不能够充分呼吸,呼吸频率上升,大于 30 次/min。因此,在模拟哮喘病患者发病时,需要加快呼吸频率,呼吸短促,不能充分地呼气与吸气,此时得到模拟哮喘病患者发病时呼吸波形图,如图 2 - 40 所示。

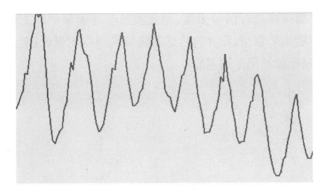

图 2-38　正常呼吸频率波形图

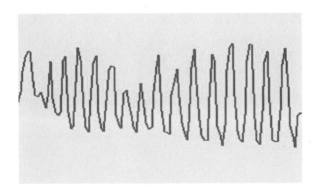

图 2-39　加速呼吸频率波形图

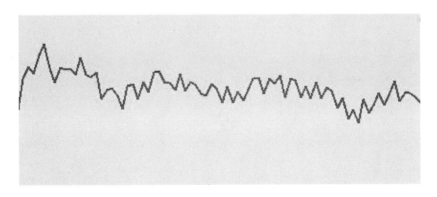

图 2-40　模拟哮喘病患者发病时呼吸波形图

　　由图 2-40 可以看出,检测哮喘病患者发病时的呼吸频率,不能得到正常呼吸频率的呼吸波形,只能得到一条波动的曲线,波动频率明显大于正常呼吸,并且呼吸幅度降低。根据波形可以判断呼吸是否正常,便于进行诊断和进一步的治疗与监测,证明了呼吸传感在临床应用中的可行性。

　　本次试验主要介绍了光纤式传感器在生物医学中呼吸检测上的应用,描述了进行呼吸传感试验前的温度标定试验与温度补偿增敏试验,确定了光纤布拉格光栅波长与温度的对应关系,设计了传感器较为敏感的温度增敏结构,确定了光纤式呼吸传感器的工作环境。试验对不同人员的呼吸频率进行信号采集,建立波形与呼吸频率的关系,模拟哮喘病患者发病状态的呼吸。试验结果表明,设计的传感器能够准确得到患者在发病时呼吸的状态波形曲线,其与正常呼吸比较结果区别明显。

# 第3章 海洋水文——四电极海水电导率检测传感器

在海洋开发研究与工业生产应用中,海水电导率检测是一种非常重要的检验和监测海水状况的方法。近年来,电极型海水电导率测量方法成为海水电导率检测技术的一个重要发展方向,其中,由于四电极海水电导率检测法能够很好地消除电极极化效应,因此其成为电导率检测技术研究的一大热点。本章从电导率检测技术的原理入手,首先介绍了四电极电导率测试的原理,然后设计和完成了四电极海水电导率检测装置,最后通过试验介绍了对海水电导率进行检测的过程。

## 3.1 海水电导率测量的基本原理和现状

### 3.1.1 海洋环境及海水的特性

地球上的大海和大洋组成的总水域被称为海洋环境,它包括海底沉积物、海洋生物、海水、溶解和悬浮于海水中的物质等,其中蕴藏着丰富的资源、能源。从古至今,人类对海洋的探索就从未停止,研究海洋环境对海洋资源的开发与利用、探索未知海底世界都有着重要的意义。但是,海洋环境既具有高温度、高湿度、高盐雾气氛、易滋生霉菌、连续微应力振动等特殊性,又具有不同海区环境条件不同、短时间内环境变化大的特点,可见,海洋环境有其独有的鲜明特点和规律,对其进行探测和利用是一项高度复杂的巨大工程。

海水是海洋环境的基本组成要素,它是由多种物质组成的复杂的水溶液,海水中溶解有多种有机物、无机盐、气体并含有许多悬浮物质,粗略估计组成海水的元素有 80 余种,海水中的无机盐含量约为 3.5% 。因此,研究海水的物理化学特征对海洋开发、资源利用、科学研究等都有重要的价值,目前人类对海洋的探索取得了很多成就,但仍然有太多的问题需要探索。我们从海水的基本特性开始介绍本章的内容。

**1. 海水的化学特性**

(1)海水的化学组成

①主要成分(大量、常量元素):浓度大于 $1.0 \times 10^6$ mg/kg 的海水成分被称为海水的主要成分,之所以称其为主要成分,是因为其总量占海水总盐分的 99.9% 。其中阳离子主要有 $Na^+$、$K^+$、$Ca^{2+}$、$Mg^{2+}$ 和 $Sr^{2+}$ 五种,阴离子主要有 $Cl^-$、$SO_4^{2-}$、$Br^-$、$HCO_3^-$($CO_3^{2-}$)和 $F^-$ 五种,还有以分子形式存在的 $H_3BO_3$。

②海水中还包括如氧气、氮气、惰性气体这些溶于海水的气体成分。

③营养元素:也称为营养盐或生物要素,通常指 N、P、Si 等与海洋动植物的生长有直接关系的元素。这些元素在海水中的含量与动植物的活动密切相关,含量太高可能会引起动

植物过度繁殖,爆发赤潮等,含量太低又不利于动植物生长发育。

④微量元素:顾名思义就是在海水中含量非常低的元素,这些元素大都不与动植物生长相关,区别于营养元素。

⑤海水中的有机物质:如氨基酸、腐殖质等,区别于无机盐。

(2)海水中的二氧化碳系统

海水中溶解着如 $HCO_3^-$、$CO_3^{2-}$、$H_2CO_3$、$CO_2$ 等多种碳的化合物,并且在海水中溶解的 $CO_2$ 能够与大气中的 $CO_2$ 进行交换,参与生态系统中二氧化碳的调节。

(3)海水中的营养元素

海水中的某些营养盐是动植物生长所必需的,这些盐由 N、P、Si 等营养元素组成,动植物的生长过程中需要吸收这些盐类以保证自身生命活动所需的营养元素。此外,海水中还有一些与生命活动息息相关的元素,如 Zn、Fe、Mn、Mo、Co、B 等,虽然含量很低,但是其功能不可小觑。

**2. 海水的物理特性**

海水的温度、密度、盐度、电导率、声速和海洋深度等,都是物理海洋学研究中最为常见的基本要素。下面介绍几种典型的海水物理特性参数。

(1)海水的温度

海水的温度是海洋环境中一项非常重要的特性参数,它对海水的很多物理量都有影响,如盐度、电导率等。研究海水温度日变化、年变化、多年变化、随深度的变化等时间、空间变化规律,是多个交叉学科的重要内容,如海洋学、气象学、水声学、航海学等。

海水的热量收支状况决定了海水的温度,太阳辐射、海面水汽凝结、大气向海面的长波辐射、大陆径流、地球内部向海水放出的热能、暖于海水的降水等都是造成海水温度上升的因素,其中太阳辐射是海水热量的主要来源,也是温度升高的主要途径;海面蒸发、海面与冷空气的对流热交换、海面对空气的长波辐射等是造成海水温度下降的因素,其中海面蒸发是海水热量损失、温度降低的主要途径。

宽广无际的世界海洋中,年平均水温超过 20 ℃ 的区域很大,约占整个海洋面积的一半以上,纵观各个世界大洋,海水温度一般在 -2~30 ℃ 变化。海水温度与深度具有直接关系,经直接观测表明:水深范围在 0~30 m 变化时,日海水温度变化比较小;水深范围在 0~350 m 范围变化时,日海水温度变化就比较大。一个明显的规律是温度随海水深度增加而下降,在水深几千米处,温度可下降至 1~2 ℃。

(2)海水的盐度

海水的盐度,就是海水中含盐量的多少,一般表示为一千克海水中含盐的质量,它标志着海水含盐的浓度。海水盐度随时间、空间分布而变化,对海洋中的很多现象有着巨大的影响。国际上统一用盐度值为 35 的大洋水体作为标准,该大洋水体称为标准海水。世界各大洋中盐度的平均值按从高到低的顺序依次为大西洋、印度洋和太平洋,除了太平洋盐度低于标准海水盐度外,其他两个大洋盐度均高于标准海水盐度。

(3)海水的电导率

海水传送电流的能力表征了海水的电导率,它与电阻率相对应。海水的温度、压力、离子种类及浓度等因素影响着海水的电导率,当压力和温度相同时,同一种离子组成的海水的电导率只受盐度影响;温度对电导率的影响也十分显著,有科学研究表明,温度每升高1 ℃,电导率大约增加2%。

**3. 海水电导率研究的必要性**

海水中因含有盐分而具有良好的导电性,海水电导率能很好地反映海洋电场效应、海水电性质,所以测量海水的电导率,研究海水电导率的时间及其空间分布状况就显得格外重要。此外,海水电导率还会影响海洋中的导航和通信效果,这是因为它对电磁波在海洋中传输的相位特性和衰减特性有很大的影响;海水电导率还可以反映海水的微观结构,这是由于海水的电导率与海水中的离子、分子的微观组织及结构有关。对海水电导率的研究为我们研究海水的微观世界打开了一扇大门,对人类探索海洋的秘密有着非常高的价值。

## 3.1.2　溶液电导率

**1. 电导率定义**

物体的分类方式有很多种,按导电性质来划分可分为导体、半导体和绝缘体。就导体来说,又可分为电子型导体和离子型导体,前者的导电原理是在电场的作用下利用做定向运动的自由电子导电;后者也称作电解质溶液,是由于离子在电解质中发生了定向的运动而导电。二者的导电能力判别方式也有很大的不同,第一类导体是通过电阻值的大小来衡量其导电能力的,第二类导体的导电能力则是以电导的形式来展现。二者的导电能力与温度存在线性关系,同时又有所区别,前者的电阻率与温度成正比,导电能力随温度的升高而减弱;后者的电阻率与温度成反比,导电能力随温度的升高而增强,出现这种情况的主要原因是电解质溶液的电离常数受温度影响较大,温度的升高提升了电解质中离子的运动速率,使得溶液的电导率有增大趋势。

电阻是影响电流流通能力大小的物理量,用符号 $R$ 表示,关系式满足

$$R = \rho \frac{l}{A} \tag{3-1}$$

式中　$l$——导体的有效长度,cm;

　　　$A$——导体的有效横截面积,$cm^2$;

　　　$\rho$——电阻率,$\Omega \cdot cm$。

电导的表达式为

$$G = \frac{1}{R} = \frac{1}{\rho} \frac{A}{l} = \sigma \frac{A}{l} = \frac{1}{K} \sigma \tag{3-2}$$

式中　$G$——溶液的电导,S;

　　　$A$——导体的有效横截面积,$cm^2$;

　　　$\sigma$——电导率,S/cm;

　　　$K$——电导池常数。

**2. 影响溶液电导率的因素**

（1）与电解质的种类有关

在电场中，由于离子种类不同，它们在电场力作用下的运动速度就会不同，所以其导电的能力就会有差异，反映出来就是电导率有差别。电荷数越多的离子，在外加电场中运动时，其受力作用就越明显，加速度变大，速度得以提升，导电能力增强。电导率的强弱与电解质溶液的浓度和溶液中电解质的特性均有关：当电解质在溶液中只有很少的一部分能够被电离（此类电解质被称为弱电解质），则此溶液的浓度相对较小，那么此溶液的电导率也小；同时，电导率的强弱更是与电解质本身密不可分，当电解质的电导率很大时，即使电解液浓度较低，依然有较强的导电能力，当电介质的电导率很小时，即便电解液浓度很高，也不一定有很强的导电能力，这种现象可以用有效离子浓度来解释。

（2）与溶液的浓度有关

试验表明，溶液浓度梯度大，电导率梯度也很大，但当溶液浓度较低时，二者却具有明显的线性关系。这是因为随着溶液浓度的增大，其有效离子浓度也是递增的，电导率也随之增大，导致溶液中离子的迁移速度加大，宏观上反映为溶液导电能力的增强。但当浓度达到一定程度后，离子间各种力的相互作用会愈发明显，损耗了一部分能量，使得离子有效浓度回落，宏观上反映为溶液导电能力降低。对于弱电解质来说，由于受到溶液浓度和平衡条件的双重约束，当溶液浓度增大时，有效离子数量上变化很小，其直接结果就是电导率受溶液浓度影响不大。

（3）与溶液的温度有关

如前所述，对于离子型导体（包括海水），溶液电导率是随着溶液温度升高而增大的。电导率与温度之间的关系为

$$\sigma_t = \sigma_{t_0} \left[ 1 + \beta_1 (t - t_0) + \beta_2 (t - t_0)^2 \right] \tag{3-3}$$

式中　$\sigma_t$——$t$ 温度下溶液的电导率，$\mu S/cm$；

　　　$\sigma_{t_0}$——$t_0$ 温度下溶液的电导率，$\mu S/cm$；

　　　$\beta_1$、$\beta_2$——溶液电导率的温度系数。

要求不高时，可舍去高次项得

$$\sigma_t = \sigma_{t_0} \left[ 1 + \beta_1 (t - t_0) \right] \tag{3-4}$$

**3. 电导率测量方法的分类**

根据测量原理与方法的不同，电导率检测仪分为电极型电导率检测仪、电感型电导率检测仪、超声波电导率检测仪。电极型电导率检测仪依据的是电解导电原理，用电阻测量法实现对电导率的测量，在测量时该检测仪的测量电极与电解质溶液一起构成一个复杂的电化学系统；电感型电导率检测仪在对溶液电导率进行测量时依据的是电磁感应原理；超声波电导率检测仪则根据超声波在液体中传播时的变化实现对电导率的测量。本章主要介绍的是电极型电导率检测仪。

电极型电导率检测仪近年来得到了国内外研究者极大关注，这是因为其具有独特的优点，如结构尺寸小、环境适应性好、检测过程便捷、能很好地处理电极极化的影响、更具经济性等。但用电极法测量电导率也有不同于其他测量方法的问题，具体表现如下：

（1）极化现象

金属电阻值的测量可使用直流电源测量，但电解质溶液中电导率的测量却必须使用交流电源。这是因为直流电源会引起被测电解质溶液的极性运动，使电解质溶液中电极处的浓度与两极之间形成梯度，破坏了原有的溶液环境，使得测量结果不准确甚至产生错误，该现象被称作极化现象。极化现象又分为化学极化和浓差极化。

化学极化是指由于溶液在通电情况下发生化学反应而产生了生成物，这种生成物在两电极上随时间沉淀，由这种现象产生的电势，即极化电势，其与外加电压极性相异，使得电极两端电势降低。

浓差极化是指当主体溶液存在浓度梯度时，发生的电化学反应使靠近电极表面的离子浓度降低，这就造成主体溶液的离子浓度高于电极表面，从而产生电位差，影响测量精度。

（2）寄生电容

当交流激励源加在电流电极上，整个电导池在溶液中不仅呈现出电阻的特性，还将呈现出电容的特性。因为存在电容，因此电压电极间的阻值就会受到影响，使输出电压不准确，造成测量误差。

（3）温度对测量的影响

溶液中电解质的电离度、溶解度、溶液的黏度、离子迁移速度等都受温度的直接影响，所以温度是影响电导率测量精度的最直接因素，在测量时要进行温度补偿。

**4. 电极型电导率的研究方向**

结合电极型电导率测量中存在的问题，电极型电导率测量目前的研究方向主要集中在以下几个方面：

（1）电极材料

传统的电极材料主要有不锈钢、银、铜等，近年来随着新材料的发展和应用，研究者们正在尝试努力改进电极材料，将物理化学性质更好的材料应用到电极的制作和加工中，取得了很大的进展，铂电极、钛合金电极、导电陶瓷电极开始得到推广和广泛应用。随着生产和科研工作的不断发展和深入研究，人们对新材料的研究越来越重视，新的电极材料必将成为以后研究和发展的重点方向。

（2）电极数目

两电极法测量电导率存在致命的缺陷，即电极极化现象，其能影响测量范围、测量精度等多个方面，而多电极电导率传感器却很好地克服了这个问题，在这些方面有很大的进步，因此成了电极型电导率测量发展的重要方向。目前七电极电导率传感器的研究工作正在进行，进展最好的是中国国家海洋技术中心，已经在电极生产研发等方面取得了一定成果。此外，多电极电导率测量的发展还会带动相关技术的进步和应用，如基于多电极的电导率分布测量技术（包括电阻层析成像技术 ERT 和电阻抗层析成像技术 EIT）。

（3）提高激励信号质量，使测量数据更精确，测量过程更迅捷

除了以上方面，高性能单片机技术在电导率传感器信号处理中的应用，提高了电导率测量的精度和自动化程度，使电导率测量不论在技术性能上还是在可靠性能上都产生了质的飞跃。

### 3.1.3 电极型电导率测量原理

**1. 电极型电导率测量方法的分类**

目前,国内外对电极型电导率测量有多种划分方法。

按所施加的激励源方式可以分为如下两种:

①交流激励源:为了防止极化效应一般采用交流方波或正弦波。

②脉冲法:采用正负等电量直流脉冲抵消在两个过程中分别产生的极化现象。

按电极与测量电路的位置关系可分为如下四种:

①电桥法:又分为平衡电桥和不平衡电桥两种,电桥法将电极充当电桥的一臂接入电桥,这种方法测量精度高,常用于要求严格的技术分析试验。

②电流法:在运放的输入端安插电极,将交流激励源加在电极上,产生随被测电导率同步变化的电流,该电流又经过采样电阻产生与电导率同步变化的交流电压,该交流电压再被进一步处理,最终形成与电导率具有线性关系的直流电压。

③分压法:将一分压电阻与电极串联在一起,可以分挡调节分压电阻,测量电极或电阻两端的节点电压,后面再接入放大、检波(整流)、滤波电路输出,该方法所具备的各种优势使得它被大范围使用。

④频率法:将电流用电阻 – 频率变换,或者用电导电极传感器和时基电路构成谐振电路,从而实现用频率信号表示电导率,此时电极作为分系统存在于振荡电路中。该方法经济实用,方便快捷,可远程遥控,适用于独立使用的轻型化电导率检测仪的制造。

**2. 两电极法测量电导率的原理及特点**

两电极法测量电导率是一种最为普通的大众化测量方法,其原理如图 3 – 1 所示。

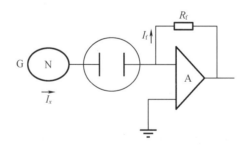

图 3 – 1　两电极法测量电导率原理图

其中,G 为交流信号电压发生器,N 为恒流源,$R_f$ 为反馈电阻,$I_f$ 为反馈电流。这种方法在测量电导率的过程当中,将恒定振幅的电压信号加在两电极之间,使两端电极产生恒定电流 $I_x$,该电流的大小受溶液中所含离子数目的影响,此时运算放大器 A 的输出电压的变换率同步于被测电导率。这种测量方法的特点是:电流电极等同于电压电极。这也正是它的弊端所在,在每次测量的过程中,极化电压必定会伴随电流的出现而产生,其产生区域集中于极液面,而这将会对结果产生影响,不可避免地产生误差。

两电极法虽然测量方法简单,但其存在一个不容忽视的问题,就是极化现象严重,严重影响了测量的精度,导致测量结果产生很大的偏差。因此本章后续又介绍了一种能较好消除极化现象的测量方法——四电极法测量电导率。

**3. 四电极法测量电导率的原理及特点**

多电极海水电导率测量是海水电导率检测技术的发展方向,自四电极作为海水电导率测量的方法问世以来,由于它能有效地处理电极极化的不利影响,已经成为电导率检测技术的研究热点。需要注意的是,四电极法测量电导率需要在设置电流时选用小量级电流来消除极化电压影响,这正是设计四电极法测量电导率的原则之一。

对于电极上所施加的交流激励源,可以选用交流恒压源或者交流恒流源。这里首先介绍电压激励法,交流电压激励法测量电导率原理如图3-2所示。

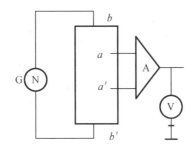

图3-2 交流电压激励法测量电导率原理

其中,G为交流信号电压发生器,N为恒流源,$b$、$b'$为电流电极,$a$、$a'$为电压电极。当电流流经电压电极$a$、$a'$时,由于集成运放A的输入阻抗非常高,所以电压电极之间产生的极化电压极小,故减小了极化效应所带来的不利影响。激励电流$I_c$通过两个电流电极$b$、$b'$加到电导池,在两个电压电极$a$、$a'$之间就会有电压降产生,其中,被测水样的电导率决定了电压降的大小。于是,通过两个电压电极间的电流与液体电导率呈线性关系,电导率的表达式如式(3-5)所示。

$$\sigma = \frac{K}{R_c} = K\frac{I_c}{V_c} \tag{3-5}$$

式中 $\sigma$——电导率,$\mu S/cm$;

$K$——电导池常数;

$R_c$——电导池的阻抗,$\Omega$;

$V_c$——$R_c$两端的电压,V;

$I_c$——通过电流电极的电流,A。

而实际测量时,希望能够直接测得电压得出电导率,因此应用更为广泛的是交流恒流源激励法测量电导率,其测量原理如图3-3所示。图中3、4电极为电流电极,1、2电极为电压电极,让较小的电流流过3、4电极,通过测得1、2电极的输出电压,由式(3-5)就可得出电导率值。

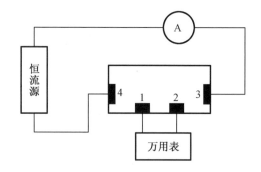

**图 3 − 3　交流恒流源激励法测量电导率原理图**

不论是电压激励还是电流激励,都具有一个共同特点,即电流电极和电压电极不再共用,能有效地消除极化阻抗的影响;特别是四电极电导池具有小型化构造、大跨度导流空间、传输直线近等特点,适用于长时间专注测量,而且测量精度较两电极法得到了提升,提高了测量的灵敏度和抗污染能力。

# 3.2　四电极电导池的设计与制造工艺

## 3.2.1　电导池的设计原则

**1. 电导池设计的一般原则**

电导率传感器设计中最为重要的内容就是电导池的设计,一般的设计原则如下:

①在进行溶液电导率检测时,应完全排尽气体,不允许空气残留,以防对精度产生影响。

②在测量范围以内,待测溶液应当有足够的等效阻值以减少测量误差。

③设计电极时应使电极稳定,应满足以下要求:在多电极电导池设计时,对每对电极的间隔有严格要求,需要尽量完美衔接平衡;为弱化电极极化现象,设计电极面积时应适当加大,以降低电流密度;为减少寄生电容,电极间的相互距离应适当加长;电导池基体和电极引线之间的烧结要牢固,防止引线脱落。

④一般选用绝缘材料作为导流管的材料,同时要求其热膨胀系数要相对较低,以免温度变化对传感器造成大的形变,影响测量精度。绝缘材料一般选用石英玻璃,因其具有热膨胀系数低、硬度高、很难遭受化学腐蚀等优点,是制作导流管的优秀材料。

⑤电极材料的选用同样要求优良的物理化学性能,一般要求性质稳定、耐腐蚀、易加工、导电性好,多采用高性能的金属材料,如铂金。但由于铂金造价较高,因此许多研究者正在积极探索新型材料,以找到更具有性价比的替代物。

**2. 海水电导池设计应考虑的因素**

为使电导池能够工作在海水这一特殊环境中,必须综合考虑海洋环境对电导池的影响。海洋中有很多动植物,如藻类、微生物,它们可能会污染电导池内壁,破坏电导池原有内径尺寸,因此,设计电导池时应适当增大管径,电导池内壁应经过精密打磨工艺来尽可能降低粗糙度,尽量减小海洋生物及杂质对测量的影响,从而提高测量精度。

在选用电极材料时,由于铂金造价很高,一般采用钛电极。钛的刚度大,可塑性强,容易加工制造,且金属钛及钛合金腐蚀条件非常高,具有极强的耐腐蚀性,对海水很稳定,将钛置于海水中数年依旧光亮如新,因此钛也是制作海水电导率检测仪电极的优秀材料。

此外,由于海水水温的季节性变化很大且呈现区域性差异,海水压力也随深度呈梯度变化,为了克服海水温度、压力对传感器的影响,石英导流管与钛电极应采用树脂胶进行粘接并必须进行精密封装,一旦封装不致密,海水很有可能渗入电极及引线焊点处,渗水会造成传感器电极间的绝缘程度降低,导致电参数跳动性大,使得电导率传感器测量精度严重下降。

### 3.2.2 海水电导池电极材料及导流管材料的选择

#### 1. 电极材料的选择

由前文可知,四电极海水电导池的电极材料可以选择耐腐蚀性强的金属钛。钛是一种具有银白色金属光泽的过渡金属,具有密度低、强度高、耐高温、耐低温等特点,金属钛的各项物理性能指标如表 3 - 1 所示。

表 3 - 1 金属钛的各项物理性能指标

| 熔点/℃ | 密度/(g·cm$^{-3}$) | 拉伸强度/MPa | 热膨胀系数/℃ |
|---|---|---|---|
| 1 668 | 4.51 | 350 ~ 700 | $(9.41 ~ 10.03) \times 10^{-6}$ |

选择钛做海水电导池的电极,是因为它具有稳定的化学性质,能在海水这种恶劣的环境中保持稳定。在含有大量氯离子的海水中,与钛的比热、导热系数、电阻率在同一水平的不锈钢表面稳定薄膜很容易遭到破坏,受到破坏的薄膜处会很快被侵蚀,这种现象叫作孔蚀。孔蚀及其他腐蚀在海水中很容易发生,这和海水独特的液体环境和生物环境有关。而钛的热膨胀系数比不锈钢低 50% 左右,甚至当温度高达 260 ℃时,置于海水中的钛依旧不会发生孔蚀及点蚀、缝隙腐蚀等。试验表明钛在不同深度的海水中数十年只发现有些许变色而没有任何腐蚀现象发生,即使在海水飞溅区、潮差区、海水流动高速区、悬浮颗粒多的区域,钛的化学性质依旧稳定。目前钛已经被公认为海水中抗冲泡、抗腐蚀的最佳金属材料之一,因此钛是适合在海水中使用的最具有性价比的材料。

#### 2. 导流管材料的选择

导流管的制造材料有多种选择,本小节以石英玻璃为例介绍适用于导流管制造的材料应具有的特点。石英玻璃是一种以二氧化硅为单一组分的特种工业技术玻璃。这种玻璃硬度非常大,最高可达莫氏七级,还具有耐高温、低膨胀系数、较强的耐热震性、良好的电绝缘性等稳定的化学性质,其对绝大多数的酸有很好的抗腐蚀性(氢氟酸、热磷酸除外)。此外,它的耐温性高,机械性能好,化学性质极稳定,电绝缘性十分优良,超声延迟性低,透紫外光、可见光及近红外光谱的性能极佳。由于它具有的这些优秀性能,在激光技术、航天科技、国防装备、原子能工业、通信、建筑等多个领域均已得到广泛应用。石英玻璃的各项物理性能指标如表 3 - 2 所示。

表 3 - 2　石英玻璃的物理性能指标

| 性能 | 名称 | 单位 | 参数 |
|------|------|------|------|
| 基本物理性能 | 密度 | $g \cdot cm^{-3}$ | 2.2 |
| | 硬度 | 莫氏 | 7 |
| | 泊松系数 | 1 | 0.16 |
| | 超声波纵向传播速度 | $m \cdot s^{-1}$ | 5 960 |
| | 超声波横向传播速度 | $m \cdot s^{-1}$ | 3 770 |
| | 内在阻尼系数 | $dB \cdot (m \cdot MHz)^{-1}$ | 0.08 |
| 热学性能 | 热膨胀系数 | $K^{-1}$ | $0.56 \times 10^{-6}$ |
| | 20 ℃时的比热 | $J \cdot kg^{-1} \cdot K^{-1}$ | $0.56 \times 10^{-6}$ |
| | 20 ℃时的热传导率 | $W \cdot m^{-1} \cdot K^{-1}$ | 1.38 |
| 光学性能 | 折射率 | 1 | 1.458 5 |
| 电学性能 | 10 GHz 介电常数 | 1 | 3.74 |
| | 100 GHz 介质损耗系数 | 1 | 0.000 2 |
| | 介电强度 | $V \cdot m^{-1}$ | 约 $3.7 \times 10^7$ |
| | 20 ℃时的电阻率 | $\Omega \cdot m$ | $1 \times 10^{20}$ |
| | 800 ℃时的电阻率 | $\Omega \cdot m$ | $6 \times 10^8$ |
| | 1 000 ℃时的电阻率 | $\Omega \cdot m$ | $1 \times 10^8$ |

石英玻璃的热膨胀系数非常低,加入一定钛元素后的石英玻璃能做成零膨胀系数的材料,在海水中不易变形,这也是它适合做导流管材料的主要原因。

### 3.2.3　四电极电导池的结构尺寸设计

#### 1. 四电极海水电导池结构设计原则

当海水流经电导率检测仪时,四电极电导池是一个通路,四个圆环形钛电极间隔一定距离与内外径相同的石英玻璃管粘接在一起。经封装后的电导池仅允许四个电极和电导池内壁与海水零距离接触,四根电极引线必须接入电路,不能曝露于海水中。

电导池的几何尺寸、物理形状应满足的技术要求有:

①电流电极、电压电极位置应当保持严格对称;

②在对电导率进行测量时,电导池导流管的直径应保证海水能够流通顺畅,其长度要满足实际测量的需要;

③电压电极的宽度要适当,必须能正确检测出与海水电导率直接相关的电压信号;

④为了增大电导池导电面积以提高导电性能,电流电极的宽度应适当增大。

**2. 电流电极和电压电极的结构尺寸设计**

在遵循以上技术要求的前提下,设计的电流电极的尺寸如图 3 – 4 所示。其外径为 12 mm,内径为 8 mm,宽度为 2 mm。按如上尺寸用金属钛加工成电流电极,焊接上电极引线。电流电极模型示意图如图 3 – 5 所示。

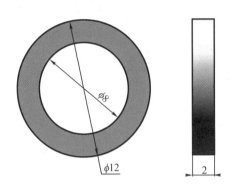

图 3 – 4　电流电极尺寸设计图(单位:mm)

图 3 – 5　电流电极模型示意图

电压电极尺寸设计图及模型示意图分别如图 3 – 6、图 3 – 7 所示。其外径为 12 mm,内径为 8 mm,宽度为 1.5 mm。

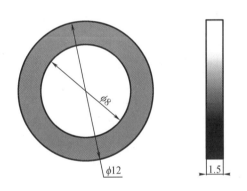

图 3 – 6　电压电极尺寸设计图(单位:mm)

图 3 – 7　电压电极模型示意图

**3. 三种电导池整体结构尺寸设计**

为了验证电极间距离对传感器性能的影响,设计了三种不同型号的电导池。三种电导池外径均为 12 mm,内径均为 8 mm,电压电极宽度均为 1.5 mm,电流电极宽度均为 2 mm。各个电极之间用与电极内外径相同的石英玻璃管间隔。为验证性能,将同一侧的电流电极和电压电极之间的距离做了改变,设计了三种不同型号的电导池。第一种电导池同侧电流电极和电压电极之间用于间隔的石英玻璃管宽度为 3 mm,命名这种型号电导池为一号电导池。第二种电导池同侧电流电极和电压电极之间用于间隔的石英玻璃管宽度为 4 mm,命名这种型号电导池为二号电导池。第三种电导池同侧电流电极和电压电极之间用于间隔的石英玻璃管宽度为 5 mm,命名这种型号电导池为三号电导池。三种电导池的尺寸设计分别如图 3 - 8、图 3 - 9、图 3 - 10 所示。

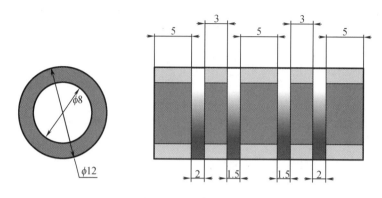

图 3 - 8    一号电导池尺寸设计图(单位:mm)

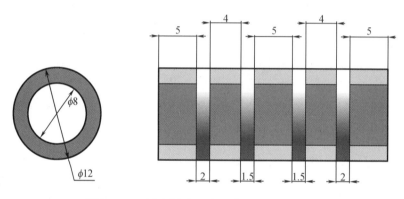

图 3 - 9    二号电导池尺寸设计图(单位:mm)

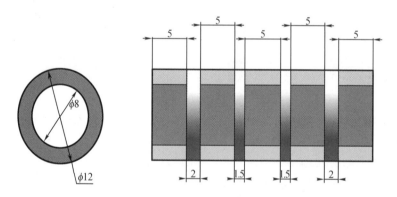

图 3 - 10    三号电导池尺寸设计图(单位:mm)

按上述三种尺寸制作三种电导池,将电极与石英玻璃管用树脂胶粘接,粘接致密、不留缝隙,避免浸入液体,造成测量不准确。制作完成的电导池模型示意图如图 3 - 11 所示。

图 3-11　电导池模型示意图

### 3.2.4　四电极电导池绝缘密封工艺研究

钛电极与石英管粘接在一起后,还需要将其表面绝缘,在其表面涂一层绝缘介质,这样可以避免海水渗入电极对测量精度造成影响。绝缘密封后的电导池模型如图 3-12 所示。

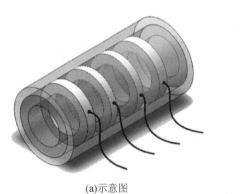

(a)示意图　　　　　　　　　　　　　　(b)实物图

图 3-12　绝缘密封后的电导池模型示意图和实物图

将电极引线从电导池内部引出时,电极引线应当与电极焊接牢固紧密,否则有脱落电极损坏的可能。特别注意,不能将焊接点处电极引线及电导池外壁电极曝露于待测溶液中,这两处绝缘一定要良好,只允许电极从电导池内壁接触溶液。电导池绝缘密封完成后,即可将激励信号加在电导池上进行测试。

## 3.3　电导率检测仪的电路设计

### 3.3.1　硬件系统结构框图

四电极电导率测量法中,两端的两个电极是激励电极对,中间的两个电极是输出电极对,输出信号接测量电路。为防止产生极化现象,激励电极所加激励信号为交流信号,一般为方波或正弦波。电导池加上激励信号后,输出电极间输出的电压差是与电导率相关的信号,将其接入测量电路,经过放大、整流、滤波,得到反映被测溶液电导的直流信号。硬件系统结构框图如图 3-13 所示。

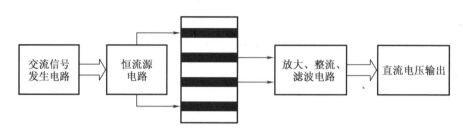

图 3-13　硬件系统结构框图

### 3.3.2　激励信号

溶液电导率的测量一般用交流信号激励,而不用直流电源,这是因为在直流信号作用下电极附近的电解质溶液会发生极化,这种电极极化会造成严重的测量误差。因此,通常采用正弦波或方波作为激励源,这两种方法均能够令正负半周期极性相反,使正半周期和负半周期产生的极化互相抵消,宏观上可以认为这两种方法没有极化现象。下面对两种激励信号进行分析。

**1. 正弦波激励信号**

采用正弦波作为激励信号可以避免电极极化,提高测量精度,但还存在一些问题,如后续测量电路中需要引入一系列交流信号处理环节(如相敏解调、滤波电路等),这使得系统结构复杂,影响数据采集速度,从而影响了系统的实时性。为了提高采集速度,目前有很多国内外研究人员在采集电路中加入了高阶滤波器、乘法解调等,但是激励原理没有改变,仍然受其制约,数据采集速度很难有大的提高。正弦波激励源波形图如图 3-14 所示。

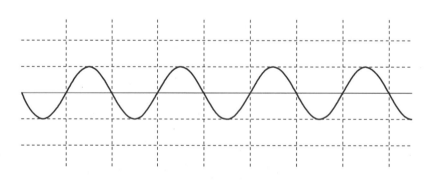

图 3-14　正弦波激励源波形图

**2. 方波激励信号**

为了克服复杂的正弦波激励实时性不强的缺点,采用了方波激励源作为激励信号,这种方法同正弦波激励一样,都可以消除直流激励下电极极化现象,并且可以减少传统正弦波激励作用下的信号调理环节,从而简化了电路,有效提高了测量速度。方波发生电路如图 3 - 15 所示。

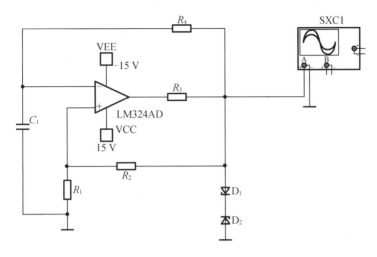

图 3 - 15　方波发生电路

图 3 - 15 是专门产生方波的电路,它由带限幅的滞回比较器和 $RC$ 充放电回路两部分组成,两个稳压管可对电路输出电压起到限幅作用;$RC$ 充放电回路决定了波形的振荡,由于方波的充放电回路相同,所以充放电时间常数也相同。方波的重复周期表达式为

$$T = 2R_4 C_1 \ln\left(1 + \frac{2R_1}{R_2}\right) \tag{3-6}$$

振荡频率为

$$f = \frac{1}{T} \tag{3-7}$$

通过改变参数 $R_4$、$C_1$、$R_1$、$R_2$ 的值可改变频率,选择不同型号的稳压管可改变方波幅值。如图 3 - 16 所示为加在电导池上的正负脉冲恒流源激励波形图,正负极性相反可避免极化,在测量的正半周期内,电导池电压电极两端的输出电压信号就可直接反映电导率。

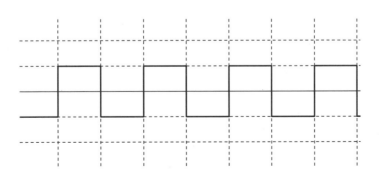

图 3 - 16　正负脉冲恒流源激励波形图

本章的试验部分加在电导池电流电极(激励电极)的激励信号为交流恒流信号,因此方波发生器产生的方波信号可接入如图 3 – 17 所示的恒流源电路,产生双极性的脉冲电流,这便是加在电导池电流电极两端的激励信号。

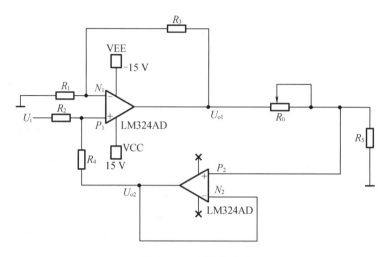

图 3 – 17 恒流源电路

设 $R_1 = R_2 = R_3 = R_4$,由虚短虚断原理可知,$U_{P1} = U_{N1}$,$U_{P2} = U_{N2}$,则

$$U_{o2} = U_{P2} \qquad (3-8)$$

$$U_{P1} = U_i \frac{R_4}{R_2 + R_4} + U_{P2} \frac{R_2}{R_2 + R_4} = 0.5 U_i + 0.5 U_{P2} \qquad (3-9)$$

$$U_{o1} = \left(1 + \frac{R_3}{R_1}\right) U_{P1} = 2 U_{P1} \qquad (3-10)$$

将式(3-9)带入式(3-10)得

$$U_{o1} = U_i + U_{P2} \qquad (3-11)$$

再由虚短虚断原理可得流过电阻 $R_5$ 的电流为

$$I_0 = \frac{U_{o1} - U_{P2}}{R_0} = \frac{U_i}{R_0} \qquad (3-12)$$

电阻 $R_5$ 代表接入电路的电导池,即电导池电流电极两端接入电路。这样,只要控制 $U_i$ 和 $R_0$ 的值一定,则流过电导池的电流就恒定,改变 $U_i$ 和 $R_0$ 的值,可改变流过电导池的电流值。焊接后的交流恒流源的简易硬件电路如图 3 – 18 所示。

### 3.3.3 测量电路

由于采用了正负脉冲恒流源激励法,避免了正弦激励时后续电路设计的复杂性,使电路得到简化,因此只需要将电压电极间的输出电压接入放大电路及整流电路,即可得到稳定直流电压输出,这是与电导率相关的量,可直接反映电导率。

**1. 放大电路**

由于所设计的电导率检测仪工作在海水中,所以必须要考虑海水中复杂多变的环境,海洋中的复杂波动环境和藻类、鱼群的扰动等都有可能引起噪声和振荡。当所测溶液浓度较高、电导率较大时,四电极电导率检测仪的电压电极间的输出信号为毫伏级小信号。因此需要选用可以工作在恶劣环境下且能有效抑制共模信号、实现小信号精密测量的仪器用放大器进行放大,设计的信号放大电路如图3-19所示。输入电压 $U_i$ 是从电导池电压电极间引出接入放大电路中的。

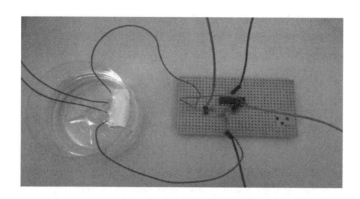

图3-18 交流恒流源的简易硬件电路

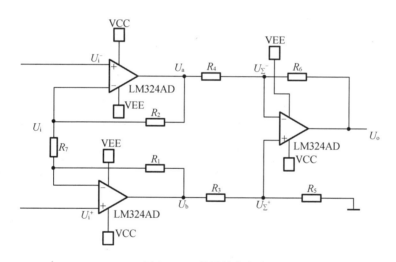

图3-19 信号放大电路

假设图3-19中左上方 LM324AD 同相输入端电压为 $U_i^-$,输出端电压为 $U_a$;左下方 LM324AD 同相输入端电压为 $U_i^+$,输出端电压为 $U_b$,则流过 $R_7$ 的电流为

$$I_{R7} = \frac{U_i^+ - U_i^-}{R_7} \tag{3-13}$$

$U_a$、$U_b$ 表达式分别为

$$U_a = U_i^- - I_{R7}R_2 = U_i^-\left(\frac{R_7 + R_2}{R_7}\right) - U_i^+\frac{R_2}{R_7} \tag{3-14}$$

$$U_b = U_i^+ + I_{R7}R_1 = U_i^+\left(\frac{R_7 + R_1}{R_7}\right) - U_i^-\frac{R_1}{R_7} \tag{3-15}$$

右端 LM324AD 及 $R_3$、$R_4$、$R_5$、$R_6$ 组成一个差动放大器,其中运放的同相输入端为 $U_\Sigma^+$,反相输入端为 $U_\Sigma^-$,则 $U_\Sigma^+$、$U_\Sigma^-$ 表达式分别为

$$U_\Sigma^+ = U_b - \frac{U_b R_3}{R_3 + R_5} \tag{3-16}$$

$$U_\Sigma^- = U_o - \frac{(U_o - U_a)R_6}{R_4 + R_6} \tag{3-17}$$

由于 $U_\Sigma^- = U_\Sigma^+$,则整理式(3-16)、式(3-17)可得

$$\frac{U_b R_5}{R_3 + R_5} = \frac{U_o R_4 + U_a R_6}{R_4 + R_6} \tag{3-18}$$

假设 $R_1 = R_2$、$R_3 = R_4$、$R_5 = R_6$,整理式(3-13)、式(3-14)、式(3-15)、式(3-18)可得

$$\frac{U_o}{U_i^+ - U_i^-} = \left(1 + \frac{2R_2}{R_7}\right)\frac{R_6}{R_4} \tag{3-19}$$

完成焊接后,实际工作的放大硬件电路如图 3-20 所示。

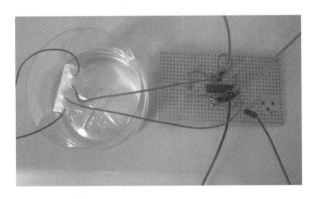

图 3-20　实际工作的放大硬件电路

**2. 正负脉冲－直流电压转换电路**

放大后的信号还需要转换成稳定的直流信号输出,采用全波整流方式,利用的是二极管的单向导通性,全波整流电路如图 3-21 所示。

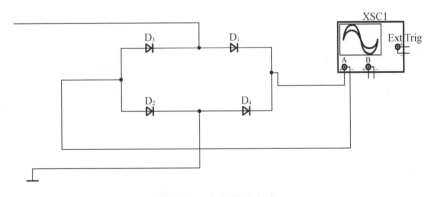

图 3-21　全波整流电路

实际工作的整流电路如图 3 – 22 所示。

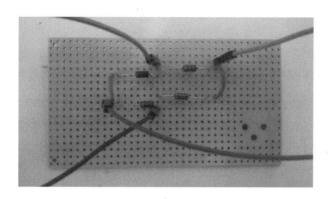

**图 3 – 22 实际工作的整流电路**

整流后波形图如图 3 – 23 所示,将方波电压整流为单向脉动的直流电压输出。

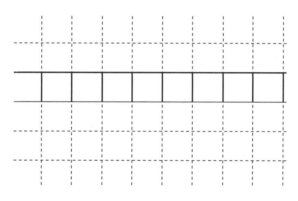

**图 3 – 23 整流后波形图**

## 3.4 四电极电导率检测仪的测试平台搭建与试验

### 3.4.1 四电极电导率检测仪的标定

**1. 标准物质**

标准物质是一种或多种均匀度非常高,已经较为精确地确定了相关参数值,用于评价分析方法、校正测量装置或作为其他评判标准的物质。其在校准仪器仪表、评价测试方式、考核分析人员、测试结果的长期质量保证、不同地区之间确定量值的传递等方面应用十分广泛。准确性、均匀性和稳定性是标准物质的三大基本特征。标准物质的稳定性受多方面的制约,如光照强度、热量、湿度等,这些因素的影响往往又是交叉发生的,因此提高标准物质稳定性是一个重要且有价值的研究方向。

**2. 标准溶液的配制**

容量瓶、移液管、烧杯、试管等试验器材必须用蒸馏水洗净并烘干,用托盘天平称量时先调零。然后用氯化钾进行标准溶液的配制,配制了四种不同浓度的氯化钾标准溶液,浓度分别为 1 mol/L、0.1 mol/L、0.01 mol/L、0.001 mol/L。

0.1 mol/L 标准氯化钾溶液配制方法:用托盘天平准确称取 7.455 g 氯化钾,保持烘箱温度为 150 ℃,在烘箱中放置两小时,取出置于干燥器冷却之后形成优级纯氯化钾(或基准试剂),用新制的高纯水溶解后稀释至 1.00 L,此时氯化钾溶液浓度即为 0.1 mol/L。此溶液的电导率在 25 ℃时为 12 880 μS/cm。

其他三种溶液配制方法与此类似。不同温度下对应不同浓度标准氯化钾溶液的电导率如表 3 - 3 所示。

表 3 - 3　标准氯化钾溶液的电导率　　　　　　(单位:μS·cm$^{-1}$)

| 温度/℃ | 浓度/(mol·L$^{-1}$) | | | |
|---|---|---|---|---|
| | 1 | 0.1 | 0.01 | 0.001 |
| 10 | 83 190 | 9 330 | 1 020 | 105.6 |
| 11 | 85 060 | 9 570 | 1 044.4 | 108.2 |
| 12 | 86 930 | 9 780 | 1 069 | 110.9 |
| 13 | 88 800 | 10 000 | 1 094 | 113.5 |
| 14 | 90 670 | 10 250 | 1 120 | 116.1 |
| 15 | 92 540 | 10 480 | 1 147 | 118.8 |
| 16 | 94 430 | 10 720 | 1 173 | 121.6 |
| 17 | 96 330 | 10 950 | 1 199 | 124.3 |
| 18 | 98 240 | 11 190 | 1 225 | 127.1 |
| 19 | 100 160 | 11 430 | 1 251 | 129.9 |
| 20 | 102 090 | 11 670 | 1 278 | 132.7 |
| 21 | 104 020 | 11 910 | 1 305 | 135.5 |
| 22 | 105 940 | 12 150 | 1 332 | 138.3 |
| 23 | 107 890 | 12 390 | 1 395 | 141.1 |
| 24 | 109 840 | 12 640 | 1 386 | 144.0 |
| 25 | 111 800 | 12 880 | 1 413 | 146.8 |
| 26 | 113 770 | 13 130 | 1 441 | 149.7 |
| 27 | 115 740 | 13 370 | 1 468 | 152.6 |
| 28 | 117 710 | 13 620 | 1 496 | 155.6 |
| 29 | 119 680 | 13 870 | 1 524 | 158.4 |
| 30 | 121 650 | 14 120 | 1 552 | 161.4 |

**3. 电导率检测仪的标定方案介绍**

设计好的电导率检测仪要通过电导率标准溶液来标定,然而在浓度不同时,电导率标准溶液的电导率值并不是线性变化的,其受温度影响很大,所以一般的标定办法是选用与待测液样具有相似电导率的氯化钾标准溶液进行标定,即由未知来测已知,然后通过测量结果计算该电极的电导池常数。这是由于单纯依靠电导池尺寸来确定电极的时间常数十分复杂,电力线的边缘效应对其影响很大,所以需要通过与标准溶液对比来计算结果。

在当前技术条件下,想要精确地用所设计的电导池测定海水电导值并不困难,但若要将电导换算为电导率,就存在确定电导池常数 $K$ 的困难。电导池常数可用标准溶液的电导率与其电导之比来计算,即

$$K = \sigma R = \frac{\sigma}{G} \tag{3-20}$$

若标定电导池常数所用的氯化钾标准溶液的电导率为 $\sigma_{KCl}$,标定该电导池常数时测得的电导为 $G_{KCl}$,配制标准氯化钾溶液时所用到的高纯水的电导率为 $\sigma_{H_2O}$,则该电极的电导池常数 $K$ 为

$$K = \frac{\sigma_{KCl} + \sigma_{H_2O}}{G_{KCl}} \tag{3-21}$$

配制氯化钾标准溶液所用的高纯水是几乎除去了全部导电介质、不解离的胶体、气体和有机物含量在很低水平的水。高纯水的含盐量在 0.3 mg/L 以下时的电导率小于 0.2 μS/cm,高纯水的温度为 25 ℃时的电导率小于 0.1 μS/cm。由于纯水电导率相对标准氯化钾溶液的电导率很小,所以上述电导池常数表达式可写为

$$K = \frac{\sigma_{KCl}}{G_{KCl}} \tag{3-22}$$

**4. 三种不同型号电导池的标定**

调整恒流源电路参数,使恒流输出为 1 mA。则在温度为 25 ℃时,三种电导池在三种氯化钾标准溶液中的输出电压如表 3-4 所示。

表 3-4 三种电导池在三种氯化钾标准溶液中的输出电压 （单位:mV）

| 氯化钾溶液浓度/mol·L$^{-1}$ | | 0.1 | 0.01 | 0.001 |
|---|---|---|---|---|
| 电导池型号 | 一号 | 50 | 455 | 4 359 |
| | 二号 | 46 | 416 | 3 984 |
| | 三号 | 45 | 408 | 3 906 |

由于所加激励为恒流源,所以电流已知,测出电压电极的输出电压就能求得两电压电极之间的电阻,电阻取倒数即为电导。通过查阅资料得到三种氯化钾标准溶液在 25 ℃时的电导率,根据公式 $K = \frac{\sigma_{KCl}}{G_{KCl}}$ 可求得电导池常数。一号、二号、三号电导池的电导池常数标定分别如表 3-5、表 3-6、表 3-7 所示。

表 3 – 5　一号电导池常数标定

| 氯化钾溶液浓度/(mol·L$^{-1}$) | 电压电极输出电压/mV | 电压电极之间阻值/Ω | 电压电极之间电导/μS | 25 ℃时电导率/(μS·cm$^{-1}$) | 电导池常数/cm$^{-1}$ |
| --- | --- | --- | --- | --- | --- |
| 0.1 | 50 | 50 | 20 000 | 12 880 | 0.644 |
| 0.01 | 455 | 455 | 2 197.8 | 1413 | 0.643 |
| 0.001 | 4 359 | 4 359 | 229.4 | 146.8 | 0.640 |

　　同一种电导池的电导池常数是一样的,取三种溶液中测得电导池常数的平均值作为电导池常数的标定值。则一号电导池的电导池常数为

$$K_1 = \frac{0.644 + 0.643 + 0.640}{3} \approx 0.642 \, (\text{cm}^{-1}) \tag{3 – 23}$$

表 3 – 6　二号电导池常数标定

| 氯化钾溶液浓度/(mol·L$^{-1}$) | 电压电极输出电压/mV | 电压电极之间阻值/Ω | 电压电极之间电导/μS | 25 ℃下电导率/(μS/cm) | 电导池常数/cm$^{-1}$ |
| --- | --- | --- | --- | --- | --- |
| 0.1 | 46 | 46 | 21 739 | 12 880 | 0.592 |
| 0.01 | 416 | 416 | 2 403.8 | 1 413 | 0.588 |
| 0.001 | 3 984 | 3 984 | 251 | 146.8 | 0.585 |

　　测得二号电导池的电导池常数为

$$K_2 = \frac{0.592 + 0.588 + 0.585}{3} \approx 0.588 \, (\text{cm}^{-1}) \tag{3 – 24}$$

表 3 – 7　三号电导池常数标定

| 氯化钾溶液浓度/(mol·L$^{-1}$) | 电压电极输出电压/mV | 电压电极之间阻值/Ω | 电压电极之间电导/μS | 25 ℃下电导率/(μS·cm$^{-1}$) | 电导池常数/cm$^{-1}$ |
| --- | --- | --- | --- | --- | --- |
| 0.1 | 45 | 45 | 22 222 | 12 880 | 0.579 |
| 0.01 | 408 | 408 | 2 451 | 1 413 | 0.576 |
| 0.001 | 3 906 | 3 906 | 256 | 146.8 | 0.574 |

　　测得三号电导池的电导池常数为

$$K_3 = \frac{0.579 + 0.576 + 0.574}{3} \approx 0.576 \, (\text{cm}^{-1}) \tag{3 – 25}$$

### 3.4.2 不同浓度溶液在相同温度下电导率测试平台的搭建与试验

**1. 电导率传感器测试系统功能框图**

电导率传感器测试系统功能具有温度调节、不同浓度更换、电源供电、信号采集等功能,可利用烘箱实现测量溶液的温度控制,利用双路稳压直流电源实现传感器的供电,利用所设计的信号采集电路实现传感器的模拟信号采集,利用6位半数字万用表记录传感器输出电压信号。设计具有三种电导池常数的电导池,分别对四种不同浓度氯化钾溶液进行标定,测量输出的电压信号,计算对应的电导率值,据此做出溶液电导率随溶液浓度变化的关系曲线。控制在不同温度下检测传感器的输出与温度的对应关系,给出传感器的温度特性。如图3-24所示为电导率测试系统功能框图。

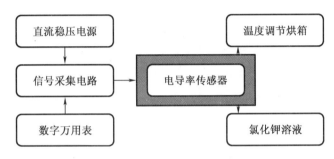

图 3-24 电导率测试系统功能框图

**2. 试验数据记录与分析**

在25 ℃时,用标定好的三种电导池分别测量上述四种不同浓度的氯化钾溶液,输出电压如表3-8所示。

表 3-8 不同浓度氯化钾溶液的输出电压(25 ℃) （单位:mV）

| 氯化钾浓度(mol·$L^{-1}$) | | 1 | 0.1 | 0.01 | 0.001 |
|---|---|---|---|---|---|
| 电导池型号 | 一号 | 5.7 | 50 | 455 | 4 359 |
| | 二号 | 5.3 | 46 | 416 | 3 984 |
| | 三号 | 5.2 | 45 | 408 | 3 906 |

根据 $\sigma = K\dfrac{I}{V} = \dfrac{K}{R}$,代入测得的电导池常数,换算出电导率,三种电导池测得不同浓度氯化钾溶液的电导率如表3-9所示。

表 3 – 9　不同浓度氯化钾溶液的电导率 ( 25 ℃ )　　　( 单位:μS·cm$^{-1}$ )

| 氯化钾溶液浓度 ( mol·L$^{-1}$ ) | | 1 | 0.1 | 0.01 | 0.001 |
|---|---|---|---|---|---|
| 电导池型号 | 一号 | 112 632 | 12 840 | 1 411 | 147.3 |
| | 二号 | 110 943 | 12 783 | 1 413 | 147.6 |
| | 三号 | 110 769 | 12 800 | 1 412 | 147.5 |

　　由于所选氯化钾溶液浓度范围跨度较大,当用普通的坐标系进行曲线绘制时,较低浓度溶液的电导率与溶液浓度的关系很难展现出来,所以一般采用半对数坐标系进行表达。根据表 3 – 9 绘制在三种电导池中测得的电导率随氯化钾溶液浓度变化的关系曲线如图 3 – 25 所示。

　　理论上氯化钾溶液浓度在较低范围变化时,电导率与浓度变化是呈线性变化的。浓度越低,电阻率越高,电导率越低;浓度越高,电阻率越低,电导率越高。由图 3 – 25 可以看出,氯化钾溶液浓度由 0.001 mol/L 变化到 0.1 mol/L 时,电导率的绝对增量相对较低;当氯化钾溶液浓度由 0.1 mol/L 变化到 1 mol/L 时,电导率的绝对增量迅速拉升。满足的规律是:浓度每扩大十倍,电导率的增量也扩大约 10 倍。

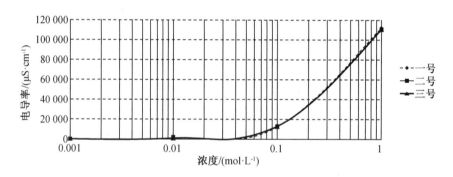

图 3 – 25　三种电导池中测得的电导率随氯化钾溶液浓度变化的关系曲线 ( 25 ℃ )

　　将测得结果与标准氯化钾溶液 ( 25 ℃ ) 电导率进行比较,三种电导池测得的绝对误差、相对误差分别如表 3 – 10、表 3 – 11、表 3 – 12 所示。

表 3 – 10　一号电导池测得电导率的误差 ( 25 ℃ )

| 氯化钾溶液浓度/ ( mol·L$^{-1}$ ) | 标准电导率/ ( μS·cm$^{-1}$ ) | 测得电导率/ ( μS·cm$^{-1}$ ) | 绝对误差/ ( μS·cm$^{-1}$ ) | 相对误差/% |
|---|---|---|---|---|
| 1 | 111 800 | 112 632 | 832 | 0.74 |
| 0.1 | 12 880 | 12 840 | 40 | 0.31 |
| 0.01 | 1 413 | 1 411 | 2 | 0.14 |
| 0.001 | 146.8 | 147.3 | 0.5 | 0.34 |

表 3 - 11　二号电导池测得电导率的误差(25 ℃)

| 氯化钾溶液浓度/<br>( mol · L $^{-1}$ ) | 标准电导率/<br>( μS · cm $^{-1}$ ) | 测得电导率/<br>( μS · cm $^{-1}$ ) | 绝对误差/<br>( μS · cm $^{-1}$ ) | 相对误差/% |
|---|---|---|---|---|
| 1 | 111 800 | 110 943 | 857 | 0.77 |
| 0.1 | 12 880 | 12 783 | 97 | 0.75 |
| 0.01 | 1 413 | 1 413 | 0 | 0 |
| 0.001 | 146.8 | 147.6 | 0.8 | 0.54 |

表 3 - 12　三号电导池测得电导率的误差(25 ℃)

| 氯化钾溶液浓度/<br>( mol · L $^{-1}$ ) | 标准电导率/<br>( μS · cm $^{-1}$ ) | 测得电导率/<br>( μS · cm $^{-1}$ ) | 绝对误差/<br>( μS · cm $^{-1}$ ) | 相对误差/% |
|---|---|---|---|---|
| 1 | 111 800 | 110 769 | 1 031 | 0.92 |
| 0.1 | 12 880 | 12 800 | 80 | 0.62 |
| 0.01 | 1 413 | 1 412 | 1 | 0.07 |
| 0.001 | 146.8 | 147.5 | 0.7 | 0.48 |

综合来看,三种电导池测量精度都相对较高,误差在1%以内,一号电导池测量效果最优,浓度跨度很大时测量误差相差较小,精度较高。

### 3.4.3　电导率传感器测试系统的搭建与试验

**1. 电导率传感器测试系统组成**

为了研究温度对溶液电导率的影响,控制浓度这一参量不变,只变化温度值。首先配制0.1 mol/L的氯化钾溶液,用烘箱控制温度。溶液温度在10 ℃、15 ℃、20 ℃、25 ℃、30 ℃时,用精度相对较高的一号电导池测量输出的电压。将已经测得的 $K_1 = 0.642$ cm $^{-1}$ 代入,计算得到不同温度下的电导率。不同温度下电导率测试平台模型如图 3 - 26 所示。

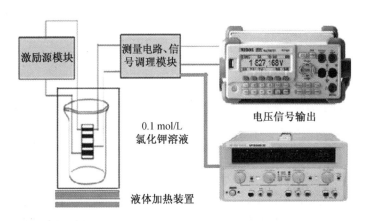

图 3 - 26　不同温度下电导率测试平台模型(氯化钾溶液浓度为 0.1 mol/L)

再配制 0.01 mol/L、0.001 mol/L 的氯化钾溶液,测试方法同上。

**2. 试验数据记录与分析**

0.1 mol/L 的氯化钾溶液,在溶液温度为 10 ℃、15 ℃、20 ℃、25 ℃、30 ℃时,用一号电导池测量得到的输出电压和计算出的电导率数据记录如表 3 – 13 所示。

表 3 – 13  不同温度下氯化钾溶液的输出电压和电导率(0.1 mol/L)

| 温度/℃ | 10 | 15 | 20 | 25 | 30 |
|---|---|---|---|---|---|
| 输出电压/mV | 69 | 61 | 55 | 50 | 45 |
| 电导率/($\mu$S · cm$^{-1}$) | 9 304 | 10 525 | 11 673 | 12 840 | 14 267 |

由表 3 – 13 可绘制出氯化钾溶液电导率随温度变化曲线,如图 3 – 27 所示。

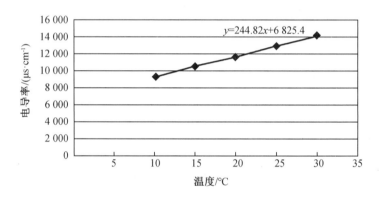

图 3 – 27  氯化钾溶液电导率随温度变化曲线(0.1 mol/L)

由图 3 – 27 可知,氯化钾溶液的电导率随温度的升高而升高,温度在 10 ~ 30 ℃变化时,同一溶液的电导率和温度的关系呈线性变化。由图中的拟合公式可知,图中曲线斜率为 244.82,表示温度每升高 1 ℃,电导率增加 244.82 $\mu$S/cm。将 25 ℃作为参考温度时,根据公式

$$\sigma_{25} = \frac{\sigma_t}{1 + \beta_1(t - 25)} \tag{3 – 26}$$

式中   $\sigma_t$——$t$ 温度时溶液的电导率,$\mu$S/cm;

$\sigma_{25}$——25 ℃温度时溶液的电导率,$\mu$S/cm;

$\beta_1$——溶液电导的温度系数。

可得到当氯化钾溶液浓度为 0.1 mol/L 时,一号电导池的温度系数为

$$\beta_1 = \frac{244.82}{12\ 840} \approx 0.019\ 07 \tag{3 – 27}$$

同理,0.01 mol/L 的氯化钾溶液,在溶液温度为 10 ℃、15 ℃、20 ℃、25 ℃、30 ℃时,用一号电导池测量得到的输出电压和计算出的电导率数据记录如表 3 – 14 所示。

表 3 – 14  不同温度下氯化钾溶液的输出电压和电导率(0.01 mol/L)

| 温度/℃ | 10 | 15 | 20 | 25 | 30 |
|---|---|---|---|---|---|
| 输出电压/mV | 629 | 560 | 502 | 455 | 414 |
| 电导率/($\mu S \cdot cm^{-1}$) | 1 021 | 1 146 | 1 279 | 1 411 | 1 551 |

由表 3 – 14 可绘制出氯化钾溶液电导率随温度变化曲线,如图 3 – 28 所示。

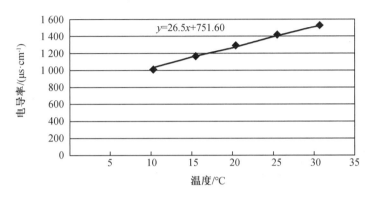

图 3 – 28  氯化钾溶液电导率随温度变化曲线(0.01 mol/L)

可得到当氯化钾溶液浓度为 0.01 mol/L 时,一号电导池的温度系数为

$$\beta_2 = \frac{26.5}{1\ 411} \approx 0.018\ 78 \tag{3 – 28}$$

同理,0.001 mol/L 的氯化钾溶液,在溶液温度为 10 ℃、15 ℃、20 ℃、25 ℃、30 ℃时,用一号电导池测量得到的输出电压和计算出的电导率数据记录如表 3 – 15 所示。

表 3 – 15  不同温度下氯化钾溶液的输出电压和电导率(0.001 mol/L)

| 温度/℃ | 10 | 15 | 20 | 25 | 30 |
|---|---|---|---|---|---|
| 输出电压/mV | 6 058 | 5 439 | 4 830 | 4 359 | 3 970 |
| 电导率/($\mu S \cdot cm^{-1}$) | 105.9 | 118 | 132.9 | 147.3 | 161.7 |

由表 3 – 15 可绘制出氯化钾溶液电导率随温度变化曲线,如图 3 – 29 所示。

可得到当氯化钾溶液浓度为 0.001 mol/L 时,一号电导池的温度系数为

$$\beta_3 = \frac{2.818}{147.3} \approx 0.019\ 13 \tag{3 – 29}$$

通过以上试验可知,同一溶液的电导率随温度升高而增大。浓度不同时,其温度系数也不一样。

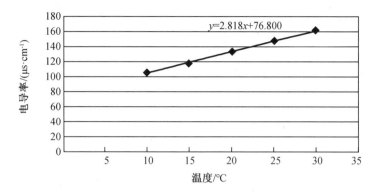

图 3 – 29　氯化钾溶液电导率随温度变化曲线(0.001 mol/L)

### 3.4.4　温度补偿

**1. 进行温度补偿的必要性**

溶液中多个参数和物理量都与温度变化息息相关,比如电解质的电离度、溶解度、离子迁移速度等都受温度的直接影响,这些量一旦发生变化,势必会对电导率的测量产生误差,影响测量精度。因此就要研究温度对电导率的影响,并必须减小温度在测量过程中产生的不利作用。溶液电导率具有正温度系数,也就是当温度升高时,溶液黏度降低,离子受束缚的力减小,在电场作用下的定向移动变得更快,导电性能就变得更强,从而溶液的电导率升高。当被测对象相同时,需要一个电导率测量的基准温度以便比较介质特性,如果被测对象所处温度不是基准温度,这就需要用温度补偿的方法折算成基准温度下的电导率来进行比较。

**2. 温度补偿的方法**

近年来通过国内外研究者的不懈努力,提出并论证了多种电导率的温度补偿方案,下面对传统的电导率温度补偿方法做介绍。

(1)恒温法

保持溶液温度在基准温度,对基准温度下溶液的电导率进行测量,这种方法的工作原理虽然简便但是实验设备较昂贵,目前在条件完善的实验室中应用较多。

(2)手动温度补偿法

这种方法就是在电导率检测仪上增加手动温度补偿模块,溶液温度需要预先测出,将溶液温度系数设定为一个固定值,测量误差比较大,精度不高。

(3)自动温度补偿法

这种方法是在电导率检测仪的电路设计中增设自动温度补偿模块,测量时对溶液温度没有要求,并能将任意温度下测得的电导率值转化为基准温度下的电导率值。该方法又可细分如下:

①热敏电阻补偿法:该方法首先要搭建电阻网络,电阻网络是一种基于热敏电阻补偿法的温度补偿电路。它的工作原理是在温度变化时,溶液电阻值也会随之发生变化,如果在电路中加入热敏电阻,便可通过它的改变量来平衡前者的误差。该方法有充分的理论基础,但由于二者随温度变化的不确定性,很难找到对应曲线完全一致的热敏电阻,因此该方

法常常停留在理论阶段。

②参比法补偿:这种补偿方法的原理是按一定形式将测量电导池和参考电导池连接在一起,其中参考电导池用来封装待测样品,测量电导池用来盛放待测溶液,两个电导池溶液随温度变化具有同时性,当温度变化一定时,两个电导池变化相同,从而使温度产生的影响相互抵消。使用这种参考比较法测量效果较好,但是由于参考电导池里盛放样品的电导率决定了电导率测量的范围,因此这种方法测量电导率范围相对狭窄。

作为当前研究热点,通过精确测量电导率和温度,拟合出经验公式,能够更有效地进行补偿,通常利用单片机作为温度补偿的工具,将测出的温度值和电导率值存入到单片机中,通过查表实现温度补偿。对于一般电解质溶液,在低浓度且精度要求不高的情况下,补偿公式可近似为式(3-26),即

$$\sigma_{25} = \frac{\sigma_t}{1 + \beta_1(t - 25)}$$

一般情况下溶液温度系数 $\beta_1$ 为 0.02,对测量精度要求不高时可直接代入这些温度系数值进行电导率的换算。

综上所述,可以采用二维敏感数据处理的办法,用最小二乘法原理拟合出经验公式,对氯化钾溶液的浓度、温度两个参数进行标定,精确处理数据,消除测量误差,减小温度对测量结果的影响。

# 3.5 二维敏感单元数据处理

## 3.5.1 浓度、温度二维敏感单元数据处理方案

### 1. 二维敏感单元数据处理原理

已知气体浓度的敏感单元输出电压为 $U$,而浓度并不是唯一参量,温度也对试验结果有影响。因此,若只针对浓度进行一维标定试验,通过计算相关物理量的曲线来求取被测浓度值,进而得出对应电导率值的办法是错误的,即使所忽略的其他量影响较小,所测得的值也是不够精确的,因为被测浓度参量 $RH$ 与输出电压 $U$ 并不是一元函数的对应关系。二维数据输入与输出的系统框图如图3-30所示。

图3-30 二维数据输入与输出的系统框图

加入温度参量 $t$ 后,其输出电压 $U_t$ 代表温度信息为 $t$,则浓度参量 $RH$ 可以用 $U$ 和 $U_t$ 组成的二元函数来表示,即 $RH = f(U, U_t)$;同理,也可以用浓度参量和温度敏感单元输出 $U_t$ 的二元函数来表示浓度敏感单元的输出电压 $U$,即 $U = g(RH, U_t)$。

二维坐标 $(U_i, U_{it})$ 决定了 $RH_i$ 在一个平面上,可以利用二次曲面拟合方程来描述,表达式为

$$RH = \alpha_0 + \alpha_1 U + \alpha_2 U_t + \alpha_3 U^2 + \alpha_4 UU_t + \alpha_5 U_t^2 + \varepsilon_1 \qquad (3-30)$$

$$U = \alpha_0' + \alpha_1' RH + \alpha_2' U_t + \alpha_3' RH^2 + \alpha_4' RHU_t + \alpha_5' U_t^2 + \varepsilon_2 \qquad (3-31)$$

式中, $\alpha_0 \sim \alpha_5$ 与 $\alpha_0' \sim \alpha_5'$ 为常系数; $\varepsilon_1$、$\varepsilon_2$ 为高阶无穷小。

当采集到输出值 $U$ 和 $U_t$ 后,代入式(3-30),通过计算就能得到被测量 $RH$,再将输出值 $U_t$ 以及计算得到的 $RH$ 的值代入到式(3-31)中,就可以求得拟合后输出值 $U$。因此,应该先确定常系数 $\alpha_0 \sim \alpha_5$ 与 $\alpha_0' \sim \alpha_5'$,再将测得的数据代入,即可求得确定的常系数。其整体过程为首先进行二维标定试验,然后根据最小二乘法原理,由标定的输入、输出值确定常系数 $\alpha_0 \sim \alpha_5$ 与 $\alpha_0' \sim \alpha_5'$。

**2. 试验标定方法**

在所设计的电导率检测仪的量程范围内确定 $n$ 个浓度标定点,在温度传感器的工作范围内确定 $m$ 个温度标定点,浓度 $RH$ 和温度 $t$ 构成的标准值发生器在各个标定点的标准输入值为

$$RH_i : RH_1, RH_2, RH_3, RH_4, \cdots, RH_n$$

$$t_j : t_1, t_2, t_3, t_4, \cdots, t_m$$

经标定,在 $m$ 个温度梯度值下引出相同个数的敏感单元的输入-输出特性,即 $RH - U$ 特性簇,同时能够得到对应于 $n$ 个浓度状态的温度敏感单元的 $n$ 条输入-输出特性,即 $t - U_t$ 特性簇。

**3. 二次曲面拟合方程待定常数的确定**

要想确定式(3-30)和式(3-31)的常系数,通常用最小二乘法原理来求得,并使各系数值带入原方程后的对应均方误差最小。系数 $\alpha_0 \sim \alpha_5$ 与 $\alpha_0' \sim \alpha_5'$ 的求法相同。下面以 $\alpha_0 \sim \alpha_5$ 为例说明求取步骤。

标定 $RH_k$ 与二次曲面的拟合方程,应计算得到的 $RH(U_k, U_{tk})$ 之间存在的偏差 $\Delta k$,其方差 $\Delta k^2$ 为

$$\Delta_k^2 = [RH_k - RH(U_k, U_{tk})]^2 \qquad k = 1, 2, 3, \cdots, m \times n \qquad (3-32)$$

其均方误差 $\delta_1$ 为

$$\delta_1 = \frac{1}{m \times n} \sum_{k=1}^{m \times n} [RH_k - (\alpha_0 + \alpha_1 U_k + \alpha_2 U_{tk} + \alpha_3 U_k^2 + \alpha_4 U_k U_{tk}^2 + \alpha_5 U_{tk}^2)]^2$$

$$= \delta_1(\alpha_0, \alpha_1, \alpha_2, \alpha_3, \alpha_4, \alpha_5) = 最小值 \qquad (3-33)$$

由式(3-33)可知,均方误差 $\delta_1$ 是常系数 $\alpha_0 \sim \alpha_5$ 的函数。由多元函数求极限的条件,为满足均方误差 $\delta_1$ 取最小值,可令下列各偏导数为零,即

$$\frac{\partial \delta_1}{\partial \alpha_0} = 0; \quad \frac{\partial \delta_1}{\partial \alpha_1} = 0; \quad \frac{\partial \delta_1}{\partial \alpha_2} = 0;$$

$$\frac{\partial \delta_1}{\partial \alpha_3} = 0; \quad \frac{\partial \delta_1}{\partial \alpha_4} = 0; \quad \frac{\partial \delta_1}{\partial \alpha_5} = 0$$

则可得6个方程为

$$\begin{cases} \alpha_0 l + \alpha_1 \sum_{k=1}^{l} U_k + \alpha_2 \sum_{k=1}^{l} U_{tk} + \alpha_3 \sum_{k=1}^{l} U_k^2 + \alpha_4 \sum_{k=1}^{l} U_k U_{tk} + \alpha_5 \sum_{k=1}^{l} U_{tk}^2 = \sum_{k=1}^{l} RH_k \\[2mm] \alpha_0 \sum_{k=1}^{l} U_k + \alpha_1 \sum_{k=1}^{l} U_k^2 + \alpha_2 \sum_{k=1}^{l} U_{tk} U_k + \alpha_3 \sum_{k=1}^{l} U_k^3 + \alpha_4 \sum_{k=1}^{l} U_k^2 U_{tk} + \alpha_5 \sum_{k=1}^{l} U_k U_{tk}^2 = \sum_{k=1}^{l} U_k RH_k \\[2mm] \alpha_0 \sum_{k=1}^{l} U_{tk} + \alpha_1 \sum_{k=1}^{l} U_k U_{tk} + \alpha_2 \sum_{k=1}^{l} U_{tk}^2 + \alpha_3 \sum_{k=1}^{l} U_k^2 U_{tk} + \alpha_4 \sum_{k=1}^{l} U_k U_{tk}^2 + \alpha_5 \sum_{k=1}^{l} U_{tk}^3 = \sum_{k=1}^{l} U_{tk} RH_k \\[2mm] \alpha_0 \sum_{k=1}^{l} U_k^2 + \alpha_1 \sum_{k=1}^{l} U_k^3 + \alpha_2 \sum_{k=1}^{l} U_k^2 U_{tk} + \alpha_3 \sum_{k=1}^{l} U_k^4 + \alpha_4 \sum_{k=1}^{l} U_k^3 U_{tk} + \alpha_5 \sum_{k=1}^{l} U_k^2 U_{tk}^2 = \sum_{k=1}^{l} U_k^2 RH_k \\[2mm] \alpha_0 \sum_{k=1}^{l} U_k U_{tk} + \alpha_1 \sum_{k=1}^{l} U_k^2 U_{tk} + \alpha_2 \sum_{k=1}^{l} U_k U_{tk}^2 + \alpha_3 \sum_{k=1}^{l} U_k^3 U_{tk} + \alpha_4 \sum_{k=1}^{l} U_k^2 U_{tk}^2 + \alpha_5 \sum_{k=1}^{l} U_k U_{tk}^3 = \sum_{k=1}^{l} U_k U_{tk} RH_k \\[2mm] \alpha_0 \sum_{k=1}^{l} U_{tk}^2 + \alpha_1 \sum_{k=1}^{l} U_k U_{tk}^2 + \alpha_2 \sum_{k=1}^{l} U_{tk}^3 + \alpha_3 \sum_{k=1}^{l} U_k^2 U_{tk}^2 + \alpha_4 \sum_{k=1}^{l} U_k U_{tk}^3 + \alpha_5 \sum_{k=1}^{l} U_{tk}^4 = \sum_{k=1}^{l} U_{tk}^2 RH_k \end{cases}$$

$$(3-34)$$

式中，$l = m \times n$ 是标定点的总数。式(3-34)整理后可得

$$\begin{cases} \alpha_0 l + \alpha_1 E + \alpha_2 F + \alpha_3 G + \alpha_4 H + \alpha_5 I = A \\ \alpha_0 E + \alpha_1 G + \alpha_2 H + \alpha_3 J + \alpha_4 K + \alpha_5 L = B \\ \alpha_0 F + \alpha_1 H + \alpha_2 I + \alpha_3 K + \alpha_4 L + \alpha_5 M = C \\ \alpha_0 G + \alpha_1 J + \alpha_2 K + \alpha_3 N + \alpha_4 O + \alpha_5 P = D \\ \alpha_0 H + \alpha_1 K + \alpha_2 L + \alpha_3 O + \alpha_4 P + \alpha_5 Q = T \\ \alpha_0 I + \alpha_1 L + \alpha_2 M + \alpha_3 P + \alpha_4 Q + \alpha_5 R = S \end{cases} \qquad (3-35)$$

式(3-35)中，

$$E = \sum_{k=1}^{l} U_k \qquad F = \sum_{k=1}^{l} U_{tk} \qquad G = \sum_{k=1}^{l} U_k^2$$

$$H = \sum_{k=1}^{l} U_k U_{tk} \qquad I = \sum_{k=1}^{l} U_{tk}^2 \qquad J = \sum_{k=1}^{l} U_k^3$$

$$K = \sum_{k=1}^{l} U_k^2 U_{tk} \qquad L = \sum_{k=1}^{l} U_k U_{tk}^2 \qquad A = \sum_{k=1}^{l} RH_k$$

$$B = \sum_{k=1}^{l} U_k RH_k \qquad C = \sum_{k=1}^{l} U_{tk} RH_k \qquad M = \sum_{k=1}^{l} U_{tk}^3$$

$$N = \sum_{k=1}^{l} U_k^4 \qquad O = \sum_{k=1}^{l} U_k^3 U_{tk} \qquad P = \sum_{k=1}^{l} U_k^2 U_{tk}^2$$

$$Q = \sum_{k=1}^{l} U_k U_{tk}^3 \qquad R = \sum_{k=1}^{l} U_{tk}^4 \qquad S = \sum_{k=1}^{l} U_{tk}^2 RH_k$$

$$D = \sum_{k=1}^{l} U_k^2 RH_k \qquad T = \sum_{k=1}^{l} U_k U_{tk} RH_k$$

根据试验标定点的输入标准值 $RH_k$、$t_k$，以及二维敏感单元相应的输出值 $U_k$、$U_{tk}$，可以计算得到 $A-D$、$E-T$ 的值，代入到方程组(3-35)中，解出矩阵方程就能够求得系数 $\alpha_0 \sim \alpha_5$，

$\alpha_0' \sim \alpha_5'$ 的求解过程与上述方法一致。

### 3.5.2　浓度、温度二维敏感单元数据处理过程

浓度敏感信号经一号电导池测试的输出电压 $U$ 是输入参量浓度 $RH$ 的输出信号,用一号电导池测量参量浓度 $RH$ 分别为 1 mol/L、0.1 mol/L、0.01 mol/L、0.001 mol/L 的氯化钾溶液时,电导池电压电极间的输出电压是 $U$,也就是浓度标定点的数量取 $n=4$。

温度敏感信号经温度传感器输出的电压 $U_t$ 为输入参量温度 $t$ 的输出信号,用温度传感器测量输入参量 $t$(10 ℃、15 ℃、20 ℃、25 ℃、30 ℃)的输出电压信号 $U_t$,也就是温度标定点的数量取 $m=5$。将用于浓度、温度二维试验标定的数据记录在表 3 – 16 中。

表 3 – 16　用于浓度、温度二维试验标定的数据

| 项目 | | | 浓度/(mol·L$^{-1}$) | | | |
|---|---|---|---|---|---|---|
| | | | 1 | 0.1 | 0.01 | 0.001 |
| 温度/℃ | 10 | $U$/mV | 7.7 | 69 | 629 | 6 058 |
| | | $U_t$/V | 0.256 | 0.255 | 0.254 | 0.253 |
| | 15 | $U$/mV | 6.9 | 61 | 560 | 5 439 |
| | | $U_t$/V | 0.377 | 0.376 | 0.375 | 0.374 |
| | 20 | $U$/mV | 6.3 | 55 | 502 | 4 830 |
| | | $U_t$/V | 0.424 | 0.422 | 0.423 | 0.420 |
| | 25 | $U$/mV | 5.7 | 50 | 455 | 4 359 |
| | | $U_t$/V | 0.502 | 0.501 | 0.500 | 0.499 |
| | 30 | $U$/mV | 5.3 | 45 | 414 | 3 970 |
| | | $U_t$/V | 0.612 | 0.615 | 0.613 | 0.611 |

用表 3 – 16 中的 $U$ 计算出的电导率为数据处理前的电导率。将表 3 – 16 中所列 20 组试验标定数据 $(U,U_t)$ 代入式(3 – 30)、式(3 – 31)、式(3 – 34)和式(3 – 35),用 MATLAB 计算各个系数为

$\alpha_0 = -1.452\ 5$,$\alpha_1 = -0.290\ 8$,$\alpha_2 = -8.533\ 3$,$\alpha_3 = 0.002\ 0$,$\alpha_4 = -0.976\ 7$,

$\alpha_5 = -8.902\ 3$,$\alpha_0' = 1.152\ 6$,$\alpha_1' = -1.183\ 0$,$\alpha_2' = 9.134\ 1$,$\alpha_3' = -0.000\ 2$,

$\alpha_4' = -5.260\ 5$,$\alpha_5' = 13.370\ 4$

从而得到输出的电压值 $U'$,此值即是在考虑温度影响的条件下,实现温度补偿后的电压电极间的输出值。再通过 $\sigma = k_1 \dfrac{I}{U'}$ 计算电导率,数据处理后输出的电压值和电导率值如表 3 – 17。

表3-17　数据处理后输出的电压值和电导率值

| 项目 | | | 浓度/(mol·L⁻¹) | | | |
|---|---|---|---|---|---|---|
| | | | 1 | 0.1 | 0.01 | 0.001 |
| 温度/℃ | 10 | $U'/mV$ | 7.703 1 | 68.958 1 | 627.566 0 | 6 079.545 4 |
| | | 电导率/(μS·cm⁻¹) | 83 343 | 9 310 | 1 023 | 105.6 |
| | 15 | $U'/mV$ | 6.970 1 | 61.470 7 | 560.209 4 | 5 417.721 5 |
| | | 电导率/(μS·cm⁻¹) | 92 108 | 10 444 | 1 146 | 118.5 |
| | 20 | $U'/mV$ | 6.298 1 | 54.979 9 | 502.740 8 | 4 834.337 3 |
| | | 电导率/(μS·cm⁻¹) | 101 936 | 11 677 | 1 277 | 132.8 |
| | 25 | $U'/mV$ | 5.716 2 | 49.984 4 | 454.996 5 | 4 367.347 0 |
| | | 电导率/(μS·cm⁻¹) | 112 312 | 12 844 | 1 411 | 147.0 |
| | 30 | $U'/mV$ | 5.295 0 | 45.211 3 | 413.659 8 | 3 972.772 3 |
| | | 电导率/(μS·cm⁻¹) | 121 247 | 14 200 | 1 552 | 161.6 |

此外,还需要分别在数据处理前对电导率、温度影响进行考虑并在数据处理后将电导率与标准电导率比较,以得出加入温度参量拟合的优越性。所用到的标准电导率值如表3-18所示。

表3-18　标准电导率值　　　　　　　　　　　　　　（单位:μS·cm⁻¹）

| 温度/℃ | 浓度/(mol·L⁻¹) | | | |
|---|---|---|---|---|
| | 1 | 0.1 | 0.01 | 0.001 |
| 10 | 83 190 | 9 330 | 1 020 | 105.57 |
| 15 | 92 540 | 10 480 | 1 147 | 118.80 |
| 20 | 102 090 | 11 670 | 1 278 | 132.70 |
| 25 | 111 800 | 12 880 | 1 413 | 146.80 |
| 30 | 121 650 | 14 120 | 1 552 | 161.40 |

为了体现二维敏感数据处理方法的可行性,将用该方法处理后的数据和处理前的数据分别与表3-18中的标准值进行比较,分别计算出测量误差。通过对两者的误差进行对比,检查用二维敏感单元数据处理法得到的电导率值是否比数据处理前电导率值精度更高,如果是,说明这种方法是可行的,能够有效降低误差,可以提高测量结果的准确性。为进一步分析,将数据处理前、后电导率值分别与标准值进行比较得到的误差,所有数据记录于表3-19中。

表 3 – 19　数据处理前、后电导率值及误差　　　　（单位:μS·cm$^{-1}$）

| 项目 | | | 1 mol/L 时 | | 0.1 mol/L 时 | | 0.01 mol/L 时 | | 0.001 mol/L 时 | |
|---|---|---|---|---|---|---|---|---|---|---|
| | | | 电导率 | 误差 | 电导率 | 误差 | 电导率 | 误差 | 电导率 | 误差 |
| 温度/℃ | 10 | 数据处理前 | 83 376 | 186 | 9 304 | − 26 | 1 021 | 1 | 105.9 | 0.33 |
| | | 数据处理后 | 83 343 | 153 | 9 310 | − 20 | 1 023 | 3 | 105.6 | 0.03 |
| | 15 | 数据处理前 | 93 043 | − 503 | 10 525 | 45 | 1 146 | − 1 | 118.0 | − 0.8 |
| | | 数据处理后 | 92 108 | − 432 | 10 444 | − 36 | 1 146 | − 1 | 118.5 | − 0.3 |
| | 20 | 数据处理前 | 101 905 | − 185 | 11 673 | 3 | 1 279 | 1 | 132.9 | 0.2 |
| | | 数据处理后 | 101 936 | − 154 | 11 677 | 7 | 1 277 | − 1 | 132.8 | 0.1 |
| | 25 | 数据处理前 | 112 632 | 832 | 12 840 | − 40 | 1 411 | − 2 | 147.3 | 0.5 |
| | | 数据处理后 | 112 312 | 512 | 12 844 | − 36 | 1 411 | − 2 | 147.0 | 0.2 |
| | 30 | 数据处理前 | 121 132 | − 518 | 14 267 | 147 | 1 551 | − 1 | 161.7 | 0.3 |
| | | 数据处理后 | 121 247 | − 403 | 14 200 | 80 | 1 552 | 0 | 161.6 | 0.2 |

由表 3 – 19 所示数据可知,加入温度敏感数据进行拟合的结果提高了测量精度,减小了误差。

# 第4章 环境安全——气体传感器

气体传感器是一种专门检测气体的传感器,它将需要测得的气体信息转换成便于观察、处理的信息,以便了解气体的成分、浓度等重要信息。有毒、可燃、易爆气体容易危害人身安全,二氧化碳等气体对环境也有很大的影响,检测这些气体就成为一项非常重要的工作,它不仅可以对人体进行防护,还可以为环境问题提供巨大的帮助。

## 4.1 气体传感器

### 4.1.1 气体传感器分类

气体传感器的分类方法有多种,如果按气体传感器的运作机理,目前国内外对甲烷浓度检测的传感器主要分为下面几种。

**1. 半导体式气体传感器**

半导体式气体传感器就是利用半导体材料作为气敏元件的气体传感器。半导体气体传感器可以分为电阻型半导体式气体传感器和非电阻型半导体式气体传感器。

电阻型半导体式气体传感器,当其内部的半导体与待测气体发生接触时,会导致传感器的电阻值发生改变,从而可以输出一个电阻变化信号,与之对应的是待测气体的浓度变化。电阻型半导体式气体传感器用金属氧化物作为材料制作而成。根据半导体与气体发生接触部位的不同,可以将半导体式气体传感器继续分类,把发生接触在表面的称为表面控制型,而把发生接触在体内的称为体控制型。表面控制型电阻式传感器有很多种,如以 $SnO_2$ 为主的系列、以 $ZnO$ 为主的系列、以其他金属氧化物为主的系列,以及利用了有机半导体材料的系列。体控制型电阻式传感器也有很多种,如以 $Fe_2O_3$ 为主的系列和燃烧控制型等。

非电阻型半导体气体传感器,其内部的半导体对气体产生吸附和反应,导致半导体的某些特性发生改变,从而完成对气体浓度的检测。如通过形成金属与半导体界面,使其吸附气体时,可以影响二极管的整流特性,这是金属 – 半导体结二极管型气体传感器;运用 MOS 结构,利用电容 – 电压特性的漂移达到测量被测气体浓度的目的,这是 MOS 二极管型传感器;另外,还可以利用 MOS FET 阈值电压的变化检测被测气体的浓度,这是 MOS FET 型传感器。由于行业的需求和国家法规的完善,气体传感器的性能参数和质量指标要求不断提高,半导体气体传感器向低功耗、高可靠、长寿命、微小型的方向发展。

1968 年,日本的费加罗公司推出了一款半导体式气体传感器,它是世界上推入市场的第一款气体传感器。它的基底材料是陶瓷,当时抢占了大批市场,但是它有一个最明显的缺点——功耗大,于是后来费加罗公司又推出了 $H_2S$ 低功耗气体传感器。

20 世纪 90 年代,硅微热板式气体传感器蓬勃发展,研制成果不断出现。但是其又有稳定性差、寿命短等问题,于是研究人员又把技术转回到陶瓷基底上,得到陶瓷微热板式气体传感器。微热板功耗低,响应速度快,这为气体传感器变得更加微型集成、更加功能多样、更加智能有效提供了新途径,例如,美国 IST 公司的 Mega – Gas 气体传感器就成功拥有了多样功用和一定智能,如图 4 – 1 所示。

图 4 – 1　Mega – Gas 气体传感器

近年来,微热板式气体传感器发展越来越好,出现了 $Al_2O_3$ 陶瓷类型,它的尺寸比之前的要小很多,有很强的柔韧性,能耐受高温环境。另外,大连理工大学运用 CMOS 工艺把钨作为加热电阻,克服了硅微加热器的不稳定性。但是由于硅微纳米的工艺优势,以及它的可集成化,目前还没有产品能取代硅微加热器气体传感器。一些半导体气体传感器如图 4 – 2 所示。

硅基微热板式
气体传感器

传统的陶瓷
管烧结型气
体传感器

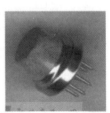

$Al_2O_3$ 基气体传感器

QCM气体传感器

SAW气体传感器

图 4 – 2　一些半导体气体传感器

## 2. 热导式气体传感器

热导式气体传感器由两个热导池构成,它们分别作为工作热导池和参比热导池成为电桥的两个桥臂。由于被测气体与空气有不同的热导率,所以其进入工作热导池气室时,带走的热量也会与空气不同,于是敏感元件的温度产生了变动,以致敏感元件的电阻也发生了改变,而被测气体不进入参比热导池,其电阻不变,如此就打破了电桥的均衡,使电桥输出一个电压信号,被测气体的浓度改变,输出的电压信号也会随之发生改变,于是这个电压信号就与被测气体浓度的大小一一对应,从而实现了对待测气体浓度的检测。

热导传感器在工业界的应用有很长时间的历史,它是最早应用于气体测量分析的气体传感器。它在工作时的稳定性很好,特别是在高浓度的被测气体之下;它测量待测气体浓度的范围很广,基本0~100%都可以做到;它能够检测很多种气体,例如氢气、甲烷、二氧化硫等,这些都是我们很看重的有特质的气体。

虽然经过多年的发展,热导式气体传感器仍然需要进一步提高性能,否则它的应用范围就会受到限制。英国哈奇是主要生产气体分析仪的公司,一直是全球最主要的供货商之一。如图4-3所示是哈奇公司的新款便携式气体分析仪和其中的热导式气体传感器。该热导式传感器的检测范围广,测量精度高,拥有高量程和固有的高度稳定性,是理想的热导式气体传感器。

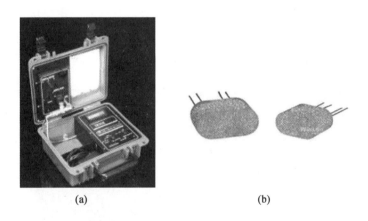

(a)　　　　　　　　　　(b)

图4-3　哈奇公司便携式气体分析仪和其中的热导式气体传感器

### 3. 催化燃烧式气体传感器

催化燃烧式气体传感器的核心是两个热敏感元件,它们分别作为工作元件和参比元件成为电桥的两个桥臂。对电桥通入电流之后,这两个电阻值相同的元件会达到相同的温度,此时通入被测气体,由于工作元件上包裹有含有催化剂的载体粉,所以会发生无火焰燃烧反应,散发出大量的热,工作元件的温度上升并且电阻值增大。而在包裹参比元件的载体粉中并没有掺杂催化剂,就不会有无火焰燃烧出现,所以参比元件的温度并不会发生变化并且其电阻值也不变。如此就打破了电桥的均衡,使电桥输出一个电压信号,而被测气体的浓度改变输出的电压信号也会随之发生改变,于是这个电压信号就与被测气体浓度的大小一一对应,这样就实现了对待测气体浓度的检测。

催化燃烧式气体传感器非常适合对可燃性气体进行检测,它非常可靠并且性能优良,制作简单并且成本低廉,非可燃性气体对它不会形成干扰,而环境对它的影响更是非常小,所以它的精度较高。如图 4 - 4 所示为催化燃烧式气体传感器。

图 4 - 4　催化燃烧式气体传感器

### 4. 相干光干涉式气体传感器

由于光在空气中和待测气体中的传播速度是不同的,当两束由同一光源发出的光,分别经过待测气体和空气,会产生一个光程差,而待测气体浓度的变化会导致这个光程差产生变化,因为这两束光是相干光,所以可以形成干涉,而干涉条纹的偏移量反映的就是待测气体的浓度。

光干涉式甲烷测定器是这种类型中的典型范例,它不仅能测定甲烷浓度,还能迅速准确地检测二氧化碳等其他气体的浓度,它的测量浓度范围大,误差小,是非常实用的传感器。如图 4 - 5 所示为光干涉式甲烷测定器。

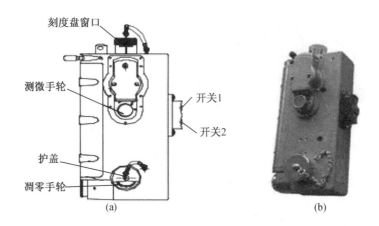

刻度盘窗口

测微手轮

开关1

开关2

护盖

调零手轮

(a)　　　　　　　　　　　　　　　(b)

图 4 - 5　光干涉式甲烷测定器

### 5. 红外吸收式气体传感器

不同气体的红外吸收光谱特征不同,而光源也有一个发射谱,当其与气体的红外吸收光谱出现有相叠的部分时,才会产生被测气体吸收对应波长的光,从而导致光强产生改变。被测气体浓度的改变会导致光强发生改变,而这个光强是与被测气体的浓度一一对应的,这样就实现了对被测气体浓度的测量。

由于每种气体对应不同的吸收频率,所以待测气体不会受其他气体的影响,多组分气体完全适用红外吸收式气体传感器。红外吸收式气体传感器只是让光穿过气体,所以不会因为这种气体的一些有害性、有毒性而产生不好的影响。待测气体浓度的变化导致光程差的变化,而光程差对于待测气体浓度变化的响应是非常快的,所以红外吸收式气体传感器非常灵敏。

20 世纪 70 年代,红外气体分析仪就已经在工业大范围应用,但当时只是应用的模拟类。80 年代末数字化使红外气体分析仪产生巨大的跨越,不仅解决了非常重要的非线性问题,而且大大强化了它的功能,提高了测量精度,完成了技术性的升级。如图 4 – 6 所示为 QGS – 08B 型薄膜微音红外气体分析器。

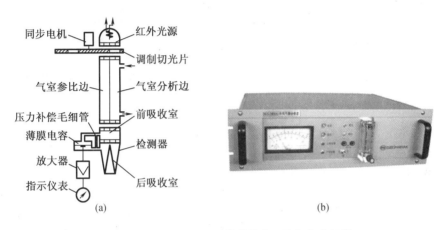

图 4 – 6　QGS – 08B 型薄膜微音红外气体分析器

### 6. 光离子化气体传感器

光离子化气体传感器采用光束强行照射待测气体,待测气体一旦吸收到足够多的光子,就会促使待测气体分子发生电离,待测气体浓度不同其产生的离子流大小也不同,所以完成检测离子形成的电流大小就能够完成对待测气体浓度的检测。光离子化气体传感器直接采用光束照射在离子室内的待测气体,待测气体受到的干扰非常小,不用担心气体的有毒性、有害性,并且其形成信号快、灵敏度高。

1976 年,第一批 PID 光离子化气体分析器由美国 HNU 公司首先推入市场。1993 年,美国的华瑞科学仪器公司发行首台便携式光离子化气体分析器 MicroRAE,而后又在 2004 年推出首台可以检测多种气体的佩戴式气体分析器 EntryRAE。不仅如此,英国的离子科学公司推出的 FIRSTCHECK6000EX 更是首台精度能达到 PPB 级的光离子化气体分析器。另外,2001 年俄罗斯也制造出了光电分析器。

中国科学院生态环境研究中心经过漫长的探索,不懈的努力,终于在 1989 年研制出首台光离子化气体分析器。复旦大学也在 1988 年成功开发出便携式光电离有害气体检测器。如图 4 – 7 所示为 ToxiRea Plus 和 PID – 200 智能表。

### 7. 电化学气体传感器

电化学气体传感器多种多样,常用的三种如下:恒电位电解式传感器,待测气体进入电解池时,由电极产生的电场将使待测气体产生电化学反应释放出电荷,产生电流,待测气体浓度的改变会导致电流大小的改变,所以电流的大小与待测气体的浓度一一对应,这样就完成了对待测气体浓度的测量;原电池式气体传感器,采用检测待测气体产生的电池电流的方式完成对待测气体浓度的检测;电量式气体传感器,在其中,待测气体会和电解质反应,产成一定的电流,采用检测这个电流的方式来完成对待测气体浓度的检测。

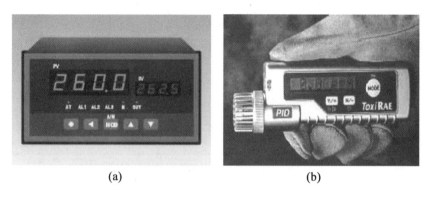

(a)                                  (b)

图 4 – 7    ToxiRea Plus 和 PID – 200 智能表

电化学气体传感器不需要高成本,对待测气体的响应快速,灵敏度高,适用于现场长时间对待测气体进行监测。但是,它有可能与待测气体之外的气体发生反应而产生误差,所以使用时需要避开这些气体。另外,它的寿命也都很短,一般在使用 1 ~ 2 年后就需要更换了。

1950 年,电化学传感器在记载中第一次出现。到 1960 年,由于离子选择性电极和酶电极的研究发现,使电化学传感器获得了平稳而快速的进步。而到 1970 年,电化学传感器达到了分子水平。近年来,由于材料和技术的持续更新,电化学传感器的应用领域越来越广。如图 4 – 8 所示为电化学一氧化碳传感器。

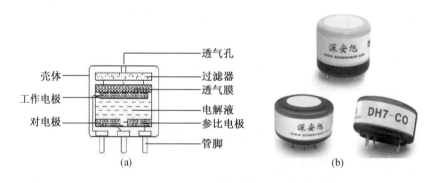

(a)                                  (b)

图 4 – 8    电化学一氧化碳传感器

## 4.1.2    气体传感器特性

### 1. 稳定性

传感器在运作的时候,对于基本响应是否会产生变化,每次使用的时候是否还能保持一致的响应,这是它的稳定性,它取决于两个漂移:零点漂移和区间漂移。零点漂移是传感器在初始状态下,也就是在待测气体浓度为0时,在运作时生成的响应的变化。区间漂移则是指传感器在非初始状态下,也就是有待测气体进入时,在运作时的输出响应产生的变化,其一般反应为传感器在运作时的输出响应的减小。

**2. 灵敏度**

气体浓度的变化对应气体传感器的输出信号,气体浓度发生一个变化就会得到一个它的输出信号的变化,后者与前者的比就是气体传感器的灵敏度,它主要由传感器结构设计采用的技术来决定。如果一个气体传感器的灵敏度太低,那么当待测气体的浓度达到最低爆炸限时,它容易反应不过来,甚至会让待测气体的浓度超过最低爆炸限,这是不可取的。所以通常,在理想状态下都需要有高灵敏度。

**3. 选择性**

选择性又称为交叉灵敏度,选择一定浓度的某种能造成干扰的气体代替待测气体进入传感器,得到输出响应,这个输出响应与被测气体的特定浓度下的输出响应一致,,这样就确定了它的交叉灵敏度。交叉灵敏度对于气体传感器是非常重要的,在气体传感器追踪一种气体时,交叉灵敏度有便于了解干扰气体对气体传感器的干扰,并尽可能地避免这个干扰;而在气体传感器追踪多种气体时,这样的干扰更为明显,交叉灵敏度会严重影响到气体传感器是否可靠。所以通常,在理想状态下都需要有高选择性。

**4. 抗腐蚀性**

抗腐蚀性要求气体传感器能承受大多数的寻常性腐蚀,例如常见的酸、碱和氧化等,并且在待测气体非常大量、包裹住气体传感器时,它仍然能够承受这样的工作环境,而后在回到平常的运作环境时,它也不会产生较大的漂移。

以上的基本特性,主要取决于结构的设计和制作材料的选择。通过设计合适的气体传感器结构并挑选合适的材料减小气体传感器的误差或者开发出高性能的新型材料,都可以提高它的性能,更好地测量气体的浓度。

气体传感器的使用还与它的类型有关,优先选择满足所需性能的类型和参数都需要进一步的研究。

由于待测气体和工作环境的不同,我们需要选择不同类型的传感器。如果需要测量的气体是多组分气体,可以选用红外吸收式气体传感器,它能完全忽略多组分的影响;如果需测量的气体是有毒、有害气体,可以选用红外吸收型传感器或光离子型传感器,等等。根据工作环境的不同,需要的气体传感器的测量范围、结构要求、性能要求都会不同,例如有的气体只需要测量其高浓度,因为其低浓度时没有影响,而有的气体浓度稍有变化都需要严加防范,这就需要传感器的灵敏度非常高了。所以在考虑足够周全后才能决定采用哪种类型的气体传感器,再仔细斟酌一些性能的参数。

通常,灵敏度越高越好,因为一旦灵敏度高,检测的气体浓度即使有微小的变化也能看到输出响应的变化,这样就能及时反映,便于对响应的分析。但是,灵敏度一旦很高,外部干扰也极易混入,增大测量误差,所以又需要高信噪比。另外,响应时间也是越快越好,这样才能更实时地反映待测气体浓度的变化,给予更充裕的反应和报警时间。除此之外,气体传感器还要具备一定的稳定性,这样在使用一段时间后,它的漂移很小,能够有效减小误差。

如表 4 - 1 所示是常用气体传感器性能对比,可以帮助我们选择出更适用的传感器。

表 4 - 1  气体传感器性能对比

| 传感器 | 稳定性 | 精度 | 选择性 | 校正周期 | 测量范围 | 价格 |
| --- | --- | --- | --- | --- | --- | --- |
| 热导式 | 好 | 低 | 中 | — | 大 | 低 |
| 催化燃烧式 | 中 | 中 | 差 | 15 天 | 小 | 低 |
| 光干涉 | 好 | 中 | 差 | — | 大 | 中 |
| 红外吸收 | 好 | 高 | 好 | 自校正 | 中 | 高 |

## 4.2  气体传感器的设计与制造工艺

### 4.2.1  敏感元件热丝

选择电阻丝需要考虑许多因素,如选择电阻温度系数 $\alpha$ 较大的金属丝做热敏电阻,可以提高热导池的灵敏度,而 $\alpha$ 是否稳定又是决定测量精度的重要因素之一。另外,从仪器使用寿命考虑,要求电阻丝应有一定的强度和耐腐蚀性。

电阻率可以体现各种材料的电阻特性,其与导体的一些表面物理参数没有关系,只由导体的材料决定,受温度的影响。电阻的表达式为 $R = \rho L / S$,由于长度和横截面积都可以自由决定,所以需要选择合适的电阻率 $\rho$。$\rho$ 随温度 $t$ 的变化关系为 $\rho_t = \rho_0 (1 + \alpha t)$,式中,$\rho_t$ 与 $\rho_0$ 分别是 $t\,℃$ 和 $0\,℃$ 的电阻率。温度对电阻率的影响由电阻温度系数 $\alpha$ 决定,而 $\alpha$ 由材料本身决定。

如表 4 - 2 所示为金属电阻率及其电阻温度系数,金、银足够稳定且耐腐蚀性好,但是电阻率和电阻温度系数较小,并且电阻温度系数不很稳定;铜和铝温度稍高容易与气体发生反应,不够稳定且耐腐蚀性不好,电阻率和电阻温度系数不够大,电阻温度系数也不够稳定;铁和镍虽然电阻率和电阻温度系数足够大,但是不够稳定,容易与待测气体发生反应,且没有较好的耐腐蚀性;铂丝的化学性质比较稳定(酸碱中只有王水能够溶解它),并且有较好的催化活性,在空气中不氧化,足够耐热,熔点高达 1 768.3 ℃,电阻率和电阻温度系数较大,铂丝在 0 ~ 100 ℃ 电阻温度系数的平均值为 0.003 9,相对于其他材料是较为稳定的。

表4－2　金属电阻率及其电阻温度系数

| 金属 | 温度/℃ | 电阻率/×$10^{-8}\Omega\cdot m$ | 电阻温度系数/($℃^{-1}$) |
|---|---|---|---|
| 金 | 20 | 2.40 | 0.003 24(20 ℃) |
| 银 | 20 | 1.586 | 0.003 8(20 ℃) |
| 铜 | 20 | 1.678 | 0.003 93(20 ℃) |
| 铁 | 20 | 9.71 | 0.006 51(20 ℃) |
| 铝 | 20 | 2.654 8 | 0.004 29(20 ℃) |
| 镍 | 20 | 6.84 | 0.006 9(0～100 ℃) |
| 铂 | 20 | 10.6 | 0.003 9(0～100 ℃) |

如图4－9所示为铂丝线圈。

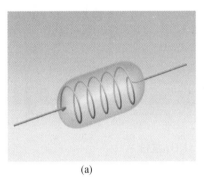
(a)

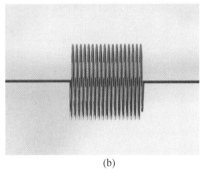
(b)

图4－9　铂丝线圈

## 4.2.2　载体材料

热导式气体传感器的载体材料需要满足一定的要求和性能。

①载体材料必须满足涂敷材料必要的绝缘性;

②载体材料必须比表面积大,因为比表面积大的材料具有发达的空隙构造,这样用纳米材料烧结成的多孔结构与待测气体的接触面积将会非常大,可以使待测气体带走的热量更高,电阻值的变化比较明显,可以提高热导式气体传感器的灵敏度;

③由于载体材料涂敷包裹的铂丝既细且轻,容易变形,一旦变形就会使其电阻值发生改变,所以要求载体材料的密度比较低,质量比较小;

④载体材料应该受环境变动的影响要小;

⑤最后载体材料要有一定的催化活性。

如表4－3所示为几种材料的性能比较,纳米碳材料(碳纤维)耐热度和催化活性较低;纳米不锈钢只是比表面积大,无论是绝缘性、密度还是其他都不符合传感器的设计要求;$\alpha$－$Al_2O_3$比表面积很低(小于1 $m^2$/g),有碍于气体的流动;$\gamma$－$Al_2O_3$比表面积大,密度比钢低,质量更要小得多,耐热度也不错,还有一定的催化活性,纳米级三氧化二铝更是分布均匀,并且绝缘性能非常优越。

表 4 – 3　几种材料的性能比较

| 材料名称 | 绝缘性 | 比表面积 | 密度 | 耐热度 | 催化活性 |
|---|---|---|---|---|---|
| 纳米碳(碳纤维) | 好 | 大 | 低 | 500 ℃ | 低 |
| 纳米不锈钢 | 差 | 大 | 高 | 500 ℃左右 | 低 |
| 纳米 $\alpha$ – $Al_2O_3$ | 好 | 小 | 低 | 2 000 ℃ | 低 |
| 纳米 $\gamma$ – $Al_2O_3$ | 好 | 大 | 低 | 900 ℃以下 | 高 |

如图 4 – 10 所示为用于制作载体的 $\gamma$ – $Al_2O_3$ 浆粉。

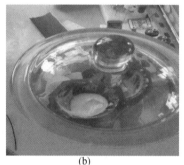

(a)　　　　　　　　　　　　(b)

图 4 – 10　$\gamma$ – $Al_2O_3$ 浆粉

如图 4 – 11 所示为烧结后的 $\gamma$ – $Al_2O_3$ 载体球微观视图。

(a)　　　　　　　　　　　　(b)

图 4 – 11　$\gamma$ – $Al_2O_3$ 载体球微观视图

### 4.2.3　表面去敏化处理

由于制作的是热导式气体传感器,而热导式气体传感器最怕出现催化燃烧反应,所以要进行表面去敏化处理从而完全去除催化燃烧的可能。

氧化钯是一种黑色粉末,在空气中性质稳定,不容易发生化学反应,将其涂敷在载体上可以增加它的黑度,减小其热辐射散失的热量,可作为很好的催化剂。

为了去除氯化钯催化燃烧的可能,把它与氧化铅混合加热燃烧,使催化剂铅中毒,而后将混合物涂敷至载体上,完全去除其催化性,断绝其催化燃烧的可能,这样就可以有效保证热导式气体传感器只有热导效果,提高了测量精度。由于采用电桥补偿原理,所以要对工作热导池和参比热导池进行相同的去敏化处理,方便达成补偿效果。

### 4.2.4 传感器结构及封装设计

如图4-12所示为热导池的基座设计图和实物图。热导池的基座为铜质材料,底部选择的是玻璃封底。

(a)设计图          (b)实物图

**图4-12 热导池的基座设计图和实物图**

如表4-4所示为几种材料的性能比较,通过比较发现,铜的绝缘性差,对电阻值有影响;陶瓷封闭性差,影响测量气体浓度的精度;塑料耐热性差,温度变化容易造成影响;而玻璃的封闭性、耐热性、绝缘性都非常好,可以提高热导式气体传感器的稳定性和测量精度。

**表4-4 几种材料的性能比较**

| 材料名称 | 封闭性 | 耐热性 | 绝缘性 |
|---|---|---|---|
| 铜 | 好 | 好 | 差 |
| 陶瓷 | 较差 | 好 | 好 |
| 塑料 | 较好 | 差 | 好 |
| 玻璃 | 好 | 好 | 好 |

如图4-13所示为工作热导池与参比热导池结构对比。热导池结构包括钢帽、基座及其接焊的敏感元件。由图可见,热导池的钢帽结构为一个顶部有开口,而另一个顶部没有开口。钢帽顶部有开口的热导池作为工作热导池,需要待测气体能够进入气室,钢帽顶部没有开口的热导池作为参比热导池,不需要待测气体进入其中,只需要装入空气并进行完全封闭作为补偿件即可。

图4-13　工作热导池与参比热导池结构对比

不同用途的热导式气体传感器对热导池的外壳设计不同,由于本设计需要测量高浓度的甲烷气体,且热导池内温度会比较高,这样就有可能出现爆炸的情况,所以需要热导池的外壳具有一定的防爆能力。本设计采用粉末冶金外壳及铝皮外套(图4-14)。

图4-14　粉末冶金外壳及其铝皮外套

常见的防爆原理有间隙防爆、减小点燃能量防爆、隔离点火源与爆炸性气体、特定条件下加强电气安全措施等。

本设计采用的粉末冶金外壳是利用的间隙防爆原理,利用金属粉末之间的孔隙隔断火焰的发散并且降低爆炸产生的温度,进行灭火和防止爆炸产物穿出,又叫隔爆。

我国有一套全面的防爆标准。其中,针对爆炸性气体环境,GB 3836.14—2000 标准中规定:

0区:爆炸性气体环境不断持续或总是产生的地方。

1区:平常工作的时候,有一定概率产生爆炸性气体环境的地方。

2区:平常工作的时候,完全不会产生爆炸性气体环境,就算产生也只是偶尔产生且持续时间非常短的地方。

对爆炸性气体环境的分区和国家标准防爆等级如表4-5、表4-6所示。

表 4-5　对爆炸性气体环境的分区

| 危险物质 | 长期存在<br>（大于 1 000 h/年） | 正常运行时存在<br>（10～1 000 h/年） | 不正常时存在<br>（少于 10 h/年） |
|---|---|---|---|
| 气体 | 0 区 | 1 区 | 2 区 |

表 4-6　国家标准防爆等级

| 序号 | 防爆类型 | 代号 | 国家标准 | 防爆措施 | 适用区域 |
|---|---|---|---|---|---|
| 1 | 隔爆型 | d | GB 3836.2 | 隔离存在的点火源 | 1 区、2 区 |
| 2 | 曾安型 | e | GB 3836.3 | 设法防止产生点火源 | 1 区、2 区 |
| 3 | 本安型 | ia | GB 3836.4 | 限制点火源的能量 | 0～2 区 |
| | | ib | GB 3836.4 | 限制点火源的能量 | 1 区、2 区 |
| 4 | 正压型 | ip | GB 3836.5 | 危险物质与点火源隔开 | 1 区、2 区 |
| 5 | 充油型 | o | GB 3836.6 | 危险物质与点火源隔开 | 1 区、2 区 |
| 6 | 充砂型 | q | GB 3836.7 | 危险物质与点火源隔开 | 1 区、2 区 |
| 7 | 无火花型 | n | GB 3836.8 | 设法防止产生点火源 | 2 区 |
| 8 | 浇封型 | m | GB 3836.9 | 设法防止产生点火源 | 1 区、2 区 |
| 9 | 气密型 | h | GB 3836.10 | 设法防止产生点火源 | 1 区、2 区 |

由于热导式气体传感器测量甲烷浓度的环境分类至 2 区，适合用隔爆性防爆措施，所以适合采用粉末冶金外壳。

设计选用的是粉末冶金多孔材料，它是用球状或不规则形状的金属或合金粉末经过压制塑形然后烧结而成。材料内部孔隙密度高，利于气体传输。这里选择的是利用铜粒作为粉末冶金材料，它的导热性能非常好，耐高温，有一定的耐腐蚀性，可再生且使用寿命长，是非常好的防爆外壳。另外，对于制作的外壳壁厚度也有要求，不需要太厚，太厚会影响气体的传输，造成材料的浪费和元件的臃肿；也不需要太薄，太薄会导致它的防爆能力减弱，是非常不必要的；所以，外壳的壁厚度能达到确保其防爆能力的厚度即可。

如图 4-15 所示为热导式气体传感器热导池底部封装设计及其铝壳外皮。

图 4-15　热导式气体传感器热导池底部封装及其铝壳外皮

设计时可采用塑胶材料进行封装。原因如下:首先,其可以随意塑形,有利于设计封装;其次,其拥有相当高的强度和耐磨性,增长寿命;再次,其拥有好的耐腐蚀性,不易氧化;最后,其具有非常好的绝缘性,可以有效提高测量精度。

设计中在热导式气体传感器的粉末冶金外壳上再包覆上一层铝皮,由于粉末冶金外壳是完全透气的,这样设计主要是为了形成相对封闭的空间,防止待测气体向外扩散,并且在铝皮上开有一块圆形缺口,而这就是待测气体进入传感器的通道。

### 4.2.5  热导式气体传感器的制造

第一步,对铂丝实行绕丝操作。利用绕丝机将直径为 0.02 mm 的铂丝绕 18 圈,这样能使铂丝的冷态值达到 2 ~ 3 Ω。如图 4 – 16 所示为绕丝机和绕丝成功的铂丝。

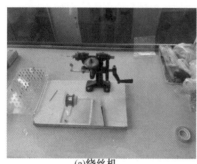

(a)绕丝机          (b)绕丝成功的铂丝

**图 4 – 16  绕丝机和绕丝成功的铂丝**

第二步,进行点焊操作。利用点焊机将绕丝好的铂丝点焊在基座上,对于直径微小的铂丝,利用点焊机将视图放大以方便进行点焊操作。如图 4 – 17 所示为点焊机。

**图 4 – 17  点焊机**

第三步,进行点载体粉操作。将已经准备好的并且已经进行去敏化处理的载体粉包裹在铂丝上。由于铂丝直径很小,在操作时容易使铂丝螺旋处变形,所以在点载体粉时需要时时仔细观察,防止在操作时使铂丝变形,产生误差。如图 4 – 18 所示为载体球及其实物图。

(a)载球体

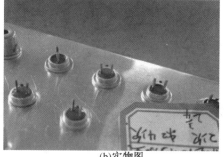
(b)实物图

图 4 – 18　载体球及其实物图

第四步,进行烧结操作。载体粉含有非常多的水分,所以在烧结前需要采用烘干箱对完成前三步的结构进行烘干,烘干完成后就可以进行烧结了。由于本设计需要热导池少,所以没有使用烧结箱进行烧结,而是利用的简易办法(图 4 – 19),这种办法适用于少量热导池的烧结。将电压调整到 2.6·V 左右时,涂敷有载体材料的部分发红发亮,这是由于其已经达到了 700~800 ℃的高温,这样维持 15 min 左右,就完成了对材料的烧结。烧结可以使载体粉稳定,使其在寻常遇冷和遇热的情况下不发生变化,保证不影响气体的传输和铂丝的阻值。

图 4 – 19　简易烧结

第五步,进行盖帽操作。这里采用的是利用压帽机将钢帽压盖到基座上,形成热导池结构。如图 4 – 20 所示为压帽机和热导池。

(a)压帽机

(b)热导池

图 4 – 20　压帽机和热导池

第六步,对完成好的热导池实行通电老化。传感器在被使用时,在初期和末期容易出现失效的情况,通电老化就是使传感器快速度过这个容易出现失效的初期,并且在传感器的环境发生变化时仍能使其保持稳定。在热导池的制作过程中,铂丝由于绕丝等一系列操作,将会产生应力,如果应力没有去除干净,铂丝的电阻值就会高低变化,变得不稳定,所以需要对热导池进行通电老化,用以去掉铂丝产生的应力。如图4-21所示为老化控制柜。

第七步,配对。这里需要工作和参比两个热导池,它们作为惠斯登电桥上的相邻两臂,基于电桥补偿原理,这两个热导池需要材料一致、结构一致,以便两个热导池的电阻值相同。虽然制作的热导池都是同样的材料和结构,但是不可避免地会产生误差,所以需要找到阻值最相近的两个热导池。本设计中由于制作出的热导池少,所以没有采用配对箱对热导池进行配对,只是对热导池的电阻值进行测量,然后从这些热导池中选择电阻值最为相近的一组。

第八步,封装。用成品的粉末冶金外壳套住配对好的两个热导池,并用塑胶枪对其进行底部灌封,最后用铝壳将其包覆。如图4-22所示为塑胶枪。

图4-21　老化控制柜　　　　　　　　图4-22　塑胶枪

# 4.3　气体传感器的测试

## 4.3.1　电源模块电路

电源模块主要为信号放大调节电路提供合适和稳定的电压,如图4-23所示为电源模块电路图。电源模块电路分为上下两个运放部分,上方运放部分输出2 V电压,下方运放部分输出1 V电压。

在图4-23中,$D_2$是一个2.5 V的基准电压源,它有一端接地,在5 V的电压输入与基准电压源之间的节点上的电压为二者电压值的差2.5 V,从这个节点往后是分压电路。$R_2$与$R_3$并联后与$R_4$和$R_5$形成分压,因为$R_2 = R_3 = R_4 = R_5$,所以$R_2$与$R_3$并联之后的节点处的电压为2 V,而$R_4$和$R_5$之间的节点的电压为1 V。

电路中运放U1A的同向输入电压为2 V,电路是一个电压跟随器,它的输出电压为2 V。电路中运放U2B的同向输入为1 V,该电路也是一个电压跟随器,输出电压为1 V。

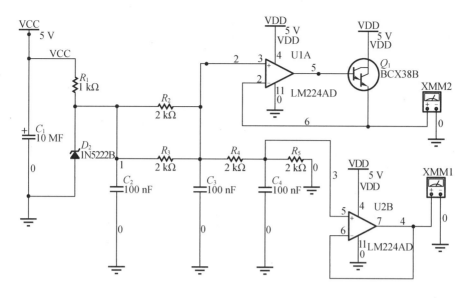

图 4－23 电源模块电路图

### 4.3.2 信号转换放大电路

信号转换放大电路主要分为三部分,第一部分如图 4－24 所示为电桥电路。热导式气体传感器的两个热导池作为电桥的相邻两臂,即 $R_3$ 和 $R_4$。电桥的电压输入为 2 V,$R_1$ 和 $R_2$ 是电桥的两个固定电阻,电桥的输出电压则由 $R_3$、$R_4$ 之间节点和 $R_1$、$R_2$ 之间节点给出为 $V_a$、$V_b$ 的差分输出,电位器 $R_{12}$ 负责调零。

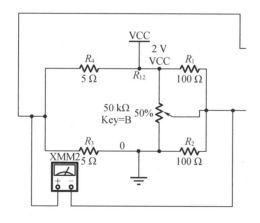

图 4－24 电桥电路

第二部分如图 4－25 所示为滤波放大电路,电桥的输出电压作为电路的输入,电容只起滤波作用,$R_8$ 部分为偏置,输出电压为 $U_{o1}$,所以在这里可采用虚短和叠加原理对输入和输出的关系进行计算。

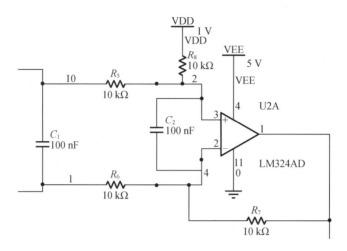

图 4 - 25　滤波放大电路

由图 4 - 25 可知

$$\frac{1\text{V} - U_+}{R_8} = -\frac{V_a - U_+}{R_5} \qquad (4-1)$$

$$\frac{U_{o1} - U_-}{R_7} = -\frac{V_b - U_-}{R_6} \qquad (4-2)$$

由于在电路中,有 $R_5 = R_6 = R_7 = R_8$,并且 $U_+ = U_-$,所以可以得到

$$U_{o1} = V_a - V_b + 1\text{V} \qquad (4-3)$$

在待测气体没有进入热导式气体传感器时,需要对电桥进行初始调零,通过电位器 $R_{12}$ 使得电桥的输出电压为零,即 $V_a - V_b = 0$,这是为了保证电桥的平衡以及电桥有输出只是因为待测气体进入热导式气体传感器而不是电桥本身就有输出。那么,通过以上的推导公式不难得出此时的 $U_{o1} = 1\text{V}$,而这正对应待测气体浓度为 0 的情况。

第三部分如图 4 - 26 所示为反相放大电路,$U_{o1}$ 作为电路的输入,同样电容只起滤波作用,$R_{10}$ 部分同样也为偏置,输出电压为 $U_o$,同样采用虚短和叠加原理对电路输入和输出的关系进行计算。

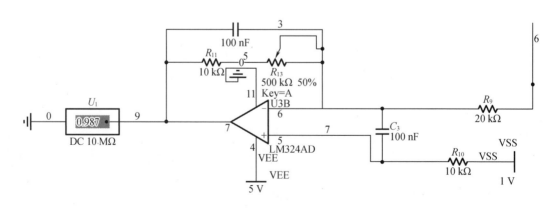

图 4 - 26　反相放大电路

由图 4 – 26 可知

$$U_+ = 1\text{V} \tag{4-4}$$

$$\frac{U_o - U_-}{R_{11} + R_{13}} = -\frac{U_{o1} - U_-}{R_9} \tag{4-5}$$

由于在电路中,有 $U_+ = U_-$,所以可以得到

$$U_o = \frac{1\text{V} - U_{o1}}{R_9}(R_{11} + R_{13}) + 1\text{V} \tag{4-6}$$

通过前部分电路知道,在待测气体没有进入热导池时即待测气体浓度为 0 时,$U_{o1} = 1$ V,此时可以知道 $U_o = 1$ V,这就是待测气体浓度为 0 时对应的输出电压。根据热导式气体传感器的原理,当待测气体进入热导池后,由于甲烷的热导率比空气大,所以带走的热量比空气多,从而导致工作热导池的电阻值减小,而参比热导池由于没有待测气体进入保持了原来的状态,电阻值不变。于是不可避免的,电桥平衡遭到了破坏,所以电路中 $V_a - V_b$ 会不等于 0 而产生一个负值,$U_{o1}$ 将小于 1 V,那么 $U_o$ 大于 1 V。随着待测气体浓度的升高,带走的热量越多,工作热导池的电阻值会越小,于是 $U_o$ 将会越大。当待测气体的浓度达到 100% 时,输出电压 $U_o$ 将会达到最大值,通过调节电位器 $R_{13}$ 可以调节最大值的大小。在这里将输出电压最大值调整为 3 V,而待测气体浓度为 0 时有输出电压的最小值为 1 V,如此就实现了将输出电压信号控制在 1~3 V,方便了对信号的观察和对数据的分析。

### 4.3.3　气体传感器测试

如图 4 – 27 所示为实际测试电路,连接热导式气体传感器,接通电源,对其进行整体测试。

**图 4 – 27　实际测试电路**

如表 4 – 7 所示为不同甲烷浓度的整体电路最后的输出电压。

**表 4 – 7　不同甲烷浓度的整体电路最后的输出电压**

| 甲烷浓度/% | 100 | 50 | 33.3 | 16.6 | 11.1 | 5.5 | 3.7 | 1.8 | 1.2 |
|---|---|---|---|---|---|---|---|---|---|
| 输出电压/V | 3.007 | 2.183 | 1.831 | 1.439 | 1.301 | 1.157 | 1.099 | 1.049 | 1.029 |

用最小二乘法求出其回归直线为

$$\hat{y} = \hat{a} + \hat{b}\hat{x} \tag{4-7}$$

$$b = \frac{\sum_{i=1}^{n} x_i y_i - n\bar{x}\bar{y}}{\sum_{i=1}^{n} x_i^2 - n\bar{x}^2} \tag{4-8}$$

$$\hat{a} = \bar{y} - \hat{b}\bar{x} \tag{4-9}$$

式中,$n = 9$,$\bar{x} = 24.8\%$,$\bar{y} = 1.566$,根据式(4-7)、式(4-8)、式(4-9)可以求得

$$\hat{b} = 2.04$$
$$\hat{a} = 1.06$$

可得回归直线的方程为

$$\hat{y} = 2.04\hat{x} + 1.06 \tag{4-10}$$

图 4-28 为甲烷浓度变化与输出电压关系折线图与其回归直线对比。

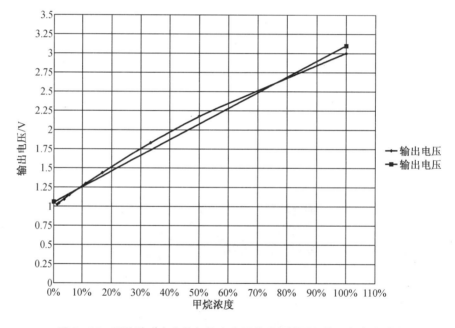

**图 4-28　甲烷浓度变变化与输出电压关系折线图与其回归直线对比**

一般来说,热导式气体传感器的输入信号甲烷浓度和输出电压信号的关系曲线与其回归直线的最大偏差,与其满量程输出(传感器的待测信号甲烷浓度达到最大值,即 100% 时,对应的输出电压值就是满量程输出)的比值,即为线性度。

由图 4-28 可知,甲烷浓度与输出电压关系曲线与其回归直线的最大偏差出现在甲烷浓度约为 50% 时,此时 $\Delta y_{\max} = 2.183 - 2.08 = 0.103(\mathrm{V})$,而热导式气体传感器和整体电路最后的满量程输出为 3.007 V,所以传感器并整体电路的线性度为

$$\delta = \frac{\Delta y_{\max}}{3.007\ \mathrm{V}} \approx 0.034 \tag{4-11}$$

由表4-7和图4-28可知,电路输出实现了在甲烷浓度为0~100%时,输出电压控制在1~3 V,并且得到的输出电压线性度较好,满足设计要求。

## 4.4 气体传感器的性能评估

### 4.4.1 气体传感器性能测试平台

如图4-29所示为测试系统的整体图示。图中分为气袋、直流稳压电源、注射器、热导式气体传感器及其电桥部分、计算机部分。

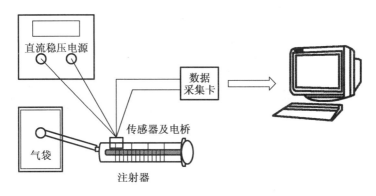

图4-29 测试系统的整体图示

热导式气体传感器具有检测待测气体浓度的功能,在对传感器进行性能标校时会用到不同浓度的标准气体,要想得到标准气体需要专业配制。实验室中可以将高浓度的纯气与载气以一定体积比混合,这样就可以得到想要浓度的气体。

混合标准气体的配制方法有很多,可分为静态配气法和动态配气法两种,本设计中的性能测试不需要大量和长时间的配制,所以只需要采用静态配气法即可。由于简便且用量少,设计选用静态配气法中的注射器配气法,即用注射器取一定体积比的待测气体和载气,从而获得一定浓度的待测气体。如图4-30所示为钢瓶和气袋,里面就是高纯度待测气体和载气,纯度高达99.9%,本设计选用甲烷气体和氮气作为注射器取材的原料。跟随气袋的就是注射器,本设计采用的是150 mL注射器,其上开有一个孔洞,将热导式气体传感器固定其上,这样就能使待测气体顺利进入其中。热导式气体传感器连接有两个固定电阻形成一个惠斯登电桥,只要通电就能得到一个输出电压信号。

本设计采用LabVIEW进行信号处理,所以要使用能与之配套的数据采集卡,数据采集卡采集电桥输出电压并传输给计算机中的LabVIEW,如图4-31所示,本设计使用的是NI USB 6009数据采集卡,它有8路差分的模拟输入通道和2路模拟输出通道,采取总线供电以便于随身携带。通过数据采集卡配合LabVIEW进行数据采集,而后应用LabVIEW的虚拟滤波器进行滤波,并把滤波后的信号快速、实时地记录下来。

(a)钢瓶

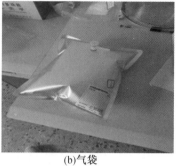
(b)气袋

图 4 – 30　钢瓶和气袋

图 4 – 31　NI USB 6009 数据采集卡

试验时使电桥连接直流稳压电源,并将电桥的输出差分信号接入数据采集卡,数据采集卡再与计算机相连。在 LabVIEW 中添加对通道一的数据采集,然后在添加一个虚拟滤波器对其实行滤波,如图 4 – 32 所示。

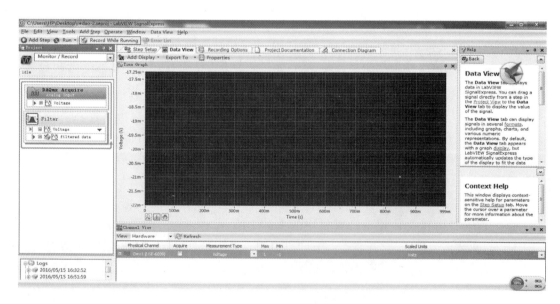

图 4 – 32　系统界面

如图4－33所示为搭建的整体测试系统。

图4－33　搭建的整体测试系统

## 4.4.2　气体传感器性能评估

首先开启直流稳压电源并将电源电压调至 2 V,接着使 LabVIEW 程序运行,同时它会实时记录数据。等到信号平稳下来,用注射器取 50 mL 甲烷气体,此时对应待测气体浓度为 100%,记录的输出电压信号开始发生变化。待信号稳定后,再用注射器取 50 mL 氮气,此时注射器中的甲烷气体浓度变为 50%,输出电压信号再次发生变化。待信号稳定后,继续用注射器取 50 mL 氮气,注射器中的甲烷气体浓度再次下降,变为 33.33%,输出电压信号也随之变化。进行到这个阶段,注射器中已被混合气体占满,此时需要将其中的混合气体推出去 100 mL,注射器中剩余浓度为 33.33% 的甲烷气体共 50 mL,然后重复以上操作,分别测得甲烷气体浓度变为 16.66%、11.11%、5.55%、3.7%、1.85%、1.23% 时的输出电压的变化,待其稳定下来,使程序停止运行,得到电源电压为 2V 的输出电压实时变化图,如图4－34 所示。

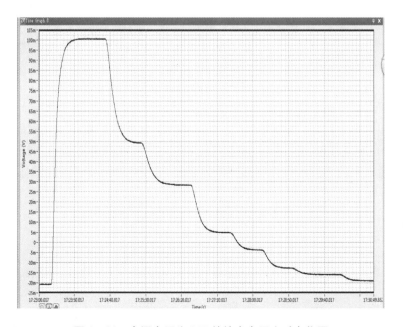

图4－34　电源电压为 2 V 的输出电压实时变化图

将注射器内的气体全部推出,将直流稳压电源电压上调至 2.5 V,重新运行程序,重复 2 V 电压测试时的操作,得到电源电压为 2.5V 的输出电压实时变化图,如图 4-35 所示。

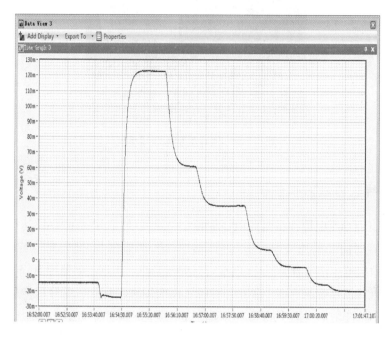

图 4-35 电源电压为 2.5 V 的输出电压实时变化图

### 1. 灵敏度

如表 4-8 所示为电源电压为 2 V 时不同甲烷浓度对应的输出电压。

表 4-8 电源电压为 2 V 时不同甲烷浓度对应的输出电压

| 甲烷浓度/% | 100 | 50 | 33.3 | 16.6 | 11.1 | 5.5 | 3.7 | 1.85 | 1.2 |
|---|---|---|---|---|---|---|---|---|---|
| 输出电压/mV | 100.6 | 49.3 | 28.3 | 4.9 | −3.8 | −12.7 | −16 | −19 | −20.2 |

如图 4-36 所示为电源电压为 2 V 时输入信号甲烷浓度和输出信号电压的关系曲线。气体浓度对应其输出电压信号,如果气体浓度发生一个变化就会得到一个它的输出电压的变化,那么后者比上前者就是气体传感器的灵敏度,即甲烷浓度每变化 1% 对应输出电压的变化量。

如表 4-9 所示为电源电压为 2 V 时每次甲烷浓度变化的灵敏度。

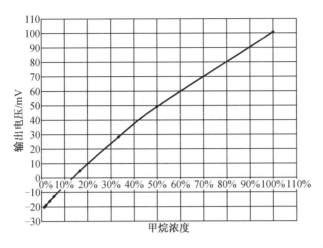

**图4-36　电源电压为2 V时输入信号甲烷浓度和输出信号电压的关系曲线**

**表4-9　电源电压为2 V时每次甲烷浓度变化的灵敏度**

| 甲烷浓度的变化量/% | 对应输出电压的变化量/mV | 灵敏度/mV |
|---|---|---|
| 50 | 51.3 | 1.026 |
| 16.66 | 21 | 1.26 |
| 16.66 | 23.4 | 1.4 |
| 5.55 | 8.7 | 1.57 |
| 5.55 | 8.9 | 1.6 |
| 1.85 | 3.3 | 1.78 |
| 1.85 | 3 | 1.62 |
| 0.62 | 1.2 | 1.93 |

如表4-10所示为电源电压为2.5 V时不同甲烷浓度对应的输出电压。

**表4-10　电源电压为2.5 V时不同甲烷浓度对应的输出电压**

| 甲烷浓度/% | 100 | 50 | 33.3 | 16.6 | 11.1 | 5.5 | 3.7 | 1.8 | 1.2 |
|---|---|---|---|---|---|---|---|---|---|
| 输出电压/mV | 122.7 | 61 | 35.3 | 7 | -4.4 | -15.6 | -19.8 | -24.5 | -25.9 |

如图4-37为电源电压为2.5 V时输入信号甲烷浓度和输出信号电压的关系曲线。

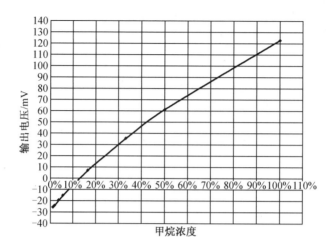

**图 4 - 37　电源电压为 2.5 V 时输入信号甲烷浓度和输出信号电压的关系曲线**

如表 4 - 11 所示为电源电压为 2.5 V 时每次甲烷浓度变化的灵敏度。

**表 4 - 11　电源电压为 2.5 V 时每次甲烷浓度变化的灵敏度**

| 甲烷浓度的变化量/% | 对应输出电压的变化量/mV | 灵敏度/mV |
|---|---|---|
| 50 | 61.7 | 1.234 |
| 16.66 | 25.7 | 1.54 |
| 16.66 | 28.3 | 1.7 |
| 5.55 | 11.4 | 2.05 |
| 5.55 | 11.2 | 2.02 |
| 1.85 | 4.2 | 2.27 |
| 1.85 | 4.7 | 2.54 |
| 0.62 | 1.4 | 2.26 |

通过对表 4 - 9 和表 4 - 11 比较得知,本设计制造的热导式气体传感器具有较高的灵敏度,甲烷浓度每变化 1% 其对应的输出电压的变化都大于 1 mV。电源电压为 2.5 V 时的灵敏度比电源电压为 2 V 时的灵敏度略高,但是无论电源电压为 2 V 还是 2.5 V,甲烷浓度都是在较低浓度下变化时热导式气体传感器的灵敏度较高,所以本设计制造的热导式气体传感器更适合用于较低浓度甲烷气体的测量。

**2. 线性度**

参数估计是在模型结构已知的情况下,利用过程输入、输出的试验数据,按某种估计方法求取模型参数。参数估计方法很多,下面仅介绍常用的最小二乘法。

一个单输入、单输出的线性 $n$ 阶常数系统,可用差分方程表示为

$$y(k) + a_1 y(k-1) + a_2 y(k-2) + \cdots + a_n y(k-n)$$
$$= b_1 u(k-1) + b_2 u(k-2) + \cdots + b_n u(k-n) + e(k) \tag{4-12}$$

式中　$u(k)$——实际过程的输入序列；

　　　$y(k)$——实际过程的输出序列；

　　　$e(k)$——模型残差，它是一个随机变量序列；

　　　$n$——模型的阶数。

参数估计（$n$ 已知）时，从输入、输出数据求取方程中的定常系数 $a_1, a_2, \cdots, a_n, b_1, b_2, \cdots, b_n$。

若对输入、输出观察了（$N+n$）次，则得到的输入、输出序列为

$$\{u(k), y(k) \mid k = 1, 2, \cdots, N+n\}$$

为了估计上述 $2n$ 个未知参数，要构成如式（4-12）那样的 $N$ 个观察方程，即

$$y(n+1) = -a_1 y(n) - \cdots - a_n y(1) + b_1 u(n) + \cdots + b_n u(1) + e(n+1)$$

$$y(n+2) = -a_1 y(n+1) - \cdots - a_n y(2) + b_1 u(n+1) + \cdots + b_n u(2) + e(n+2)$$

$$\vdots$$

$$y(n+N) = -a_1 y(n+N-1) - \cdots - a_n y(N) + b_1 u(n+N-1) + \cdots + b_n u(N) + e(n+N)$$

$$(4-13)$$

其中，$N \geqslant 2n+1$。

若将上述观察方程组用向量形式表示则为

$$y(N) = x(N)\theta(N) + e(N) \tag{4-14}$$

或

$$y = x\theta + e \tag{4-15}$$

式中，$y(N)$ 为测试向量，$x(N)$ 为数据向量，$\theta(N)$ 为参数向量，$e(N)$ 为随机干扰向量，即

$$y(N+1) = \begin{bmatrix} y(1) \\ \vdots \\ y(N) \\ y(N+1) \end{bmatrix} = \begin{bmatrix} y(N) \\ \vdots \\ y(N+1) \end{bmatrix} \quad x(N+1) = \begin{bmatrix} x(N) \\ \vdots \\ x^{\mathrm{T}}(N+1) \end{bmatrix}$$

$$x[N] = \begin{bmatrix} x^{\mathrm{T}}(1) \\ x^{\mathrm{T}}(2) \\ \vdots \\ x^{\mathrm{T}}(N) \end{bmatrix} = \begin{bmatrix} -y(n) & -y(n-1) \cdots -y(1) & u(n) & u(n-1) \cdots u(1) \\ -y(n+1) & -y(n) \cdots -y(2) & u(n+1) & u(n) \cdots u(2) \\ \vdots & \vdots & \vdots & \vdots \\ -y(n+N-1) & -y(n-N-2) \cdots -y(N) & u(n+N-1) & u(n+N-2) \cdots u(N) \end{bmatrix}$$

$$e(N) = \begin{bmatrix} e(n+1) \\ e(n+2) \\ \vdots \\ e(n+N) \end{bmatrix} \quad \theta(N) = \begin{bmatrix} a_1 \\ \vdots \\ a_n \\ b_1 \\ \vdots \\ b_n \end{bmatrix} \tag{4-16}$$

则式（4-14）是（$n+N$）个数据的最小二乘估计公式。

参数估计的最小二乘原理是从式（4-12）的一类模型中找出这样一个模型，在这个模型中，过程的参数向量 $\theta$ 的估计量 $\hat{\theta}$，能使模型误差尽可能地小，就是要求估计出来的参数

使得观察方程组(4-13)的残差平方和(损失函数)

$$J = \sum_{k=n+1}^{n+N} e^2(k) = e^{\mathrm{T}}e \tag{4-17}$$

最小。

将式(4-15)代入式(4-17)可得

$$J = (y - x\theta)^{\mathrm{T}}(y - x\theta) \tag{4-18}$$

为了求出模型中的未知参数,必须求解方程组

$$\begin{cases} \dfrac{\partial J}{\partial a_i} = 0 \\ \dfrac{\partial J}{\partial b_i} = 0 \end{cases} \tag{4-19}$$

其中,$i = 1, 2, \cdots, n$。

若对式(4-18)直接求导,可得

$$\frac{\partial J}{\partial \hat{\theta}} = \frac{\partial}{\partial \hat{\theta}} [(y - x\hat{\theta})^{\mathrm{T}}(y - x\hat{\theta})] = -2x^{\mathrm{T}}(y - x\hat{\theta}) = 0$$

或

$$x^{\mathrm{T}}x\theta = x^{\mathrm{T}}y \tag{4-20}$$

从上式可求得最小二乘估计$\hat{\theta}$

$$\hat{\theta} = (x^{\mathrm{T}}x)^{-1}x^{\mathrm{T}}y \tag{4-21}$$

通常认为$x^{\mathrm{T}}x$为非奇异矩阵,有逆矩阵存在。

根据最小二乘法原理,可以对供给电桥的电源电压为 2 V 时测得的对应甲烷浓度的输出电压(表4-8),用最小二乘法求出它的回归直线,$n = 9$,$\bar{x} = 24.8\%$,$\bar{y} = 12.38$,根据最小二乘公式可以求得

$$\hat{b} = 123.81$$
$$\hat{a} = -18.32$$

所以电源电压为 2 V 时它的回归直线方程为

$$\hat{y} = 123.81\hat{x} - 18.32 \tag{4-22}$$

如图4-38所示为电源电压为 2 V 时输入信号甲烷浓度和输出信号电压的关系曲线图与其回归直线对比。

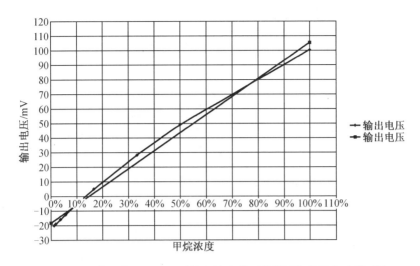

**图4-38　电源电压为2 V时输入输出关系曲线图与其回归直线对比**

由图4-38比较可知,输入输出关系直线与其回归直线的最大偏差出现在甲烷浓度大约为50%时,此时 $\Delta y_{\max} = 49.3 - 43.58 = 5.72(\text{mV})$ ,而电源电压为2 V时的满量程输出为100.6 mV,所以电源电压为2 V的线性度为

$$\delta = \frac{\Delta y_{\max}}{100.6 \text{ mV}} = 0.057 \qquad (4-23)$$

对供给电桥的电源电压为2.5 V时测得的对应甲烷浓度的输出电压(表4-10),同样用最小二乘法求出它的回归直线, $n = 9, \bar{x} = 24.8\%, \bar{y} = 15.1$ ,根据公式可以求得

$$\hat{b} = 152$$
$$\hat{a} = -22.6$$

所以电源电压为2.5 V时它的回归直线方程为

$$\hat{y} = 152\,\hat{x} - 22.6 \qquad (4-24)$$

如图4-39所示为电源电压为2.5 V时输入信号甲烷浓度和输出信号电压的关系曲线图与其回归直线对比。

由图4-39比较可知,输入输出关系曲线与其回归直线的最大偏差出现在甲烷浓度约为50%时,此时 $\Delta y_{\max} = 61 - 53.4 = 7.6(\text{mV})$ ,而电源电压为2.5 V的满量程输出为122.7 mV,所以电源电压为2.5 V时的线性度为

$$\delta = \frac{\Delta y_{\max}}{122.7 \text{ mV}} = 0.062 \qquad (4-25)$$

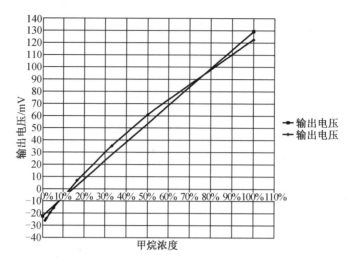

图 4 - 39　电源电压为 2.5 V 时输入输出关系曲线图与其回归直线对比

根据线性度的定义,线性度越小说明它的非线性误差越小,说明其越接近线性,观察电源电压为 2 V 和 2.5 V 时热导式气体传感器的线性度,它们都很小,说明本设计制作的热导式气体传感器的线性度性能较好,达到了 5% 左右。接下来将电源电压为 2 V 和 2.5 V 时的线性度进行比较,虽然它们相差很小,但是相比较而言电源电压为 2 V 时的线性度更小,它的输入输出关系曲线更接近线性,所以在使用中应采用 2 V 的电源电压。

**3. 响应时间**

热导式气体传感器的响应时间是当甲烷气体浓度发生变化的时候,从甲烷气体浓度变化开始,然后输出电压发生变化到其稳定下来为止的整个响应过程的时间。

如表 4 - 12 所示为响应时间表,选取了甲烷浓度高、中、低三个阶段的浓度变化时的响应时间,并将整个响应过程分为了四个部分。

表 4 - 12　响应时间表

| 电源电压 | 甲烷浓度 | 从开始变化到响应过程的 | | | |
| --- | --- | --- | --- | --- | --- |
| | | 50% | 63% | 90% | 稳定下来 |
| 2 V | 从 100% 到 50% | 9 s | 12 s | 23 s | 46 s |
| | 从 50% 到 33.33% | 11 s | 14 s | 24 s | 48 s |
| | 从 11.11% 到 5.55% | 9 s | 11 s | 19 s | 39 s |
| 2.5 V | 从 100% 到 50% | 8 s | 10 s | 20 s | 43 s |
| | 从 50% 到 33.33% | 9 s | 12 s | 21 s | 44 s |
| | 从 11.11% 到 5.55% | 8 s | 10 s | 18 s | 39 s |

热导式气体传感器的响应时间其实就是甲烷气体浓度变化之后,热导池的电阻值变化到稳定下来所用的时间,它主要由热量传递的速度来决定,而在待测气体和载气一定并且没有大的环境变化时,热导式气体传感器的材料和结构就决定了热量传递的速度,包括粉

末冶金的透气性、载体材料的孔隙密度和铝壳外皮的开口面积大小等。观察表4－12发现，电源电压在2 V和2.5 V时热导式气体传感器的每一次浓度变化的响应时间相差不大。而在观察甲烷浓度在高、中、低三个阶段的浓度变化时的响应时间发现，无论电源电压是2 V还是2.5 V，甲烷浓度为低浓度时的响应时间均较快，说明本设计制作的热导式气体传感器更适用于较低甲烷气体浓度的测量。

观察表4－12中的响应时间，均在40 s左右，但这是稳定下来的时间，通常观测是看响应过程的63%，本测试在12 s左右，这样的响应时间是较慢的，但对于热导式气体传感器来说是正常的。

**4. 稳定性**

热导式气体传感器的稳定性用灵敏度漂移来衡量，灵敏度漂移就是第二次测试的灵敏度与第一次测试的灵敏度的差与第一次测试的灵敏度的百分比。

在用电源电压为2 V进行测试之后的第七天，再次用同样的方法对其进行同样的电源电压为2 V的测试。如图4－40所示为输出电压的实时变化图。

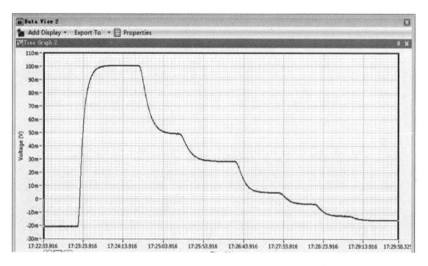

图4－40　输出电压的实时变化图

如表4－13所示为不同甲烷浓度对应的输出电压。

表4－13　不同甲烷浓度对应的输出电压

| 甲烷浓度/% | 100 | 50 | 33.3 | 16.6 | 11.1 | 5.55 | 3.7 | 1.85 | 1.23 |
|---|---|---|---|---|---|---|---|---|---|
| 输出电压/mV | 101.4 | 49.2 | 28 | 4.4 | －4.4 | －13.4 | －16.7 | －19.8 | －21.1 |

如表4－14所示为甲烷浓度变化时的灵敏度。

表 4 - 14  甲烷浓度变化时的灵敏度

| 甲烷浓度的变化量/% | 对应输出电压的变化量/mV | 灵敏度/mV |
| --- | --- | --- |
| 50 | 52.20 | 1.044 |
| 16.66 | 21.20 | 1.272 |
| 16.66 | 23.60 | 1.416 |
| 5.55 | 8.80 | 1.585 |
| 5.55 | 9.00 | 1.622 |
| 1.85 | 3.35 | 1.810 |
| 1.85 | 3.05 | 1.648 |
| 0.62 | 1.25 | 2.016 |

对电源电压为 2 V 的两次测试的灵敏度进行了比较,并计算得到灵敏度漂移,如表 4 - 15 所示。

表 4 - 15  灵敏度漂移

| 第一次测试的灵敏度/mV | 第二次测试的灵敏度/mV | 灵敏度漂移/% |
| --- | --- | --- |
| 1.026 | 1.044 | 1.75 |
| 1.26 | 1.272 | 0.95 |
| 1.40 | 1.416 | 1.14 |
| 1.57 | 1.585 | 0.95 |
| 1.60 | 1.622 | 1.37 |
| 1.78 | 1.810 | 1.68 |
| 1.62 | 1.648 | 1.73 |
| 1.93 | 2.016 | 4.46 |

从表 4 - 15 可知,经过七天,去掉最后一个偏离较大的数据,设计制造的热导式气体传感器的灵敏度漂移在 1% 左右。

# 第5章　工业流程控制——厚膜式压力传感器

压力是生产过程控制中的重要参数,许多生产过程都是在一定的压力条件下进行的。例如,高压容器的压力不能超过规定值;某些减压装置要求在低于大气压的真空中进行;某些生产过程中,压力的大小直接影响产品的产量与质量等。此外,其他一些过程参数如温度、流量、液位等往往也需要通过压力来间接测量。所以压力的检测在生产过程控制中占有特殊的地位。

## 5.1　压力传感器

### 5.1.1　压力的概念及检测

**1. 压力的概念**

所谓压力是指垂直作用于单位面积上的力,用符号 $P$ 表示。在国际单位制中,压力的单位是帕斯卡(简称帕,用符号 Pa 表示,$1\ Pa = 1\ N/m^2$),它也是我国压力的法定计量单位。目前在工程上,其他一些压力单位也在使用,如工程大气压、标准大气压、毫米汞柱和毫米水柱等。

由于参考点不同,在工程上又将压力表示为如下两种:

①差压,差压是指两个压力之间的相对差值。

②绝对压力,绝对压力是指相对于绝对真空所测得的压力,如大气压力就是环境绝对压力。

各种压力之间的关系如图 5 – 1 所示。其中,$P_g$ 为表压力(测量压力);$P_{abs}$ 为绝对压力(直接作用于容器或物体表面的压力,即物体受的实际压力);$P_{atm}$ 为国际标准大气压强;$P_v$ 为真空度。

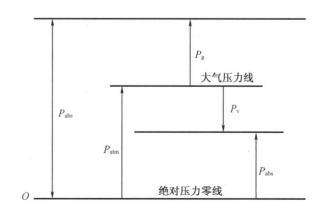

图 5 – 1　各种压力之间的关系

通常情况下,各种工艺设备和检测仪表均处于大气压力之下,因此工程上经常用表压力和真空度来表示压力的大小,一般压力仪表所指示的压力即为表压或真空度。

**2. 工程上常用的压力及差压测量仪表**

测量压力和差压的仪表类型很多,按其转换原理的不同,可分为四大类。

(1)液柱式压力计

液柱式压力计根据的是流体静力学原理,把被测压力转换成液柱的高度差,即以液柱的高度平衡测压力。因为它的价格低廉且在 ±1 标准大气压范围内准确度较高,所以常用来测量低压、负压和差压。利用这种原理测量压力的仪表有 U 型管压力计、单管式压力计和斜管式微压计等。

(2)活塞式压力计

活塞试压力计是根据液体传送压力的原理,将被测压力与活塞上所加的砝码质量进行平衡来测量的。它的测量精度很高,允许误差可小到 0.05% ~ 0.002%,但必须人工增减砝码,不能自动测量。一般作为标准型压力测量仪表来检验其他类型的压力计。

(3)弹性式压力计

弹性式压力计是根据弹性元件在其弹性限度内,形变与所受压力成正比例的关系制成的仪表。它结构简单,造价低廉,精度高,有较宽的测量范围(0.98 Pa ~ 100 MPa),能远距离传送信号,因此,这是目前工业上应用最广泛的一种压力测量仪表。

(4)电气式压力计

电气式压力计将被测压力的变化转换为电阻、电感、电动势等各种电气量的变化,从而实现压力的间接测量。这种压力计反应迅速,易于远距离传送。在测量快速变化、脉动压力及高真空或超高压的场合下较为适用。

## 5.1.2  弹性式压力计

弹性式压力计是在基本机械元件基础上,增加了附加装置(如记录机构、电气变换装置、控制元件等)从而实现了压力的记录、远传、信号报警和自动控制等功能。

### 1. 弹性元件

弹性元件是弹性式压力计的测压敏感元件。根据测压范围及被测介质的不同,弹性元件的材料及形状也不同。当被测压力 $P < 20$ MPa 时,弹性元件材料一般用磷铜;当被测压力 $P > 20$ MPa 时,弹性元件材料一般用合金钢;当被测介质具有腐蚀性时,弹性元件一般用不锈钢(耐腐蚀)材料制成。常用的几种弹性元件形状如图 5 − 2 所示。

图 5 − 2(a)为单圈弹簧管,是将扁圆形或椭圆形的金属空心管弯成圆弧形,一端封口作为自由端,另一端作为测量端,通入压力 $P$ 后,它的自由端就会产生位移。这种单圈弹簧管刚性较大,自由端位移较小,因此能测量较高的压力(最高可达 1 000 MPa)。图 5 − 2(b)为多圈弹簧管,可以增加弹簧管自由端的位移。图 5 − 2(c)为膜片,有平膜片与波纹膜片(同心波纹状的圆形金属薄膜片)两种形式,它受到压力变形时,圆心纵向位移,可以测量较低的压力。图 5 − 2(d)为膜盒,将两张膜片沿周边对焊成一薄壁盒子,内充温度系数很小的液体(例如硅油),可以提高测压范围。图 5 − 2(e)为波纹管,是一个周围为波纹状的薄壁金

属筒体。这种弹性元件易变形,而且位移大,常用于微压与低压的测量(一般不超过 1 MPa)。

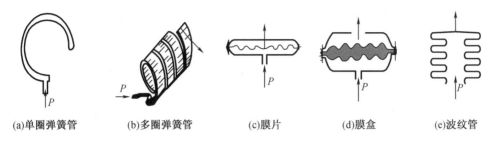

(a)单圈弹簧管  (b)多圈弹簧管  (c)膜片  (d)膜盒  (e)波纹管

**图 5-2 常用几种弹性元件形状**

**2.弹簧管压力表**

弹簧管压力表的测量范围极广,品种规格繁多。有单圈弹簧管压力表、多圈弹簧管压力表;有普通压力表,还有耐腐蚀的氨用压力表、禁油的氧气压力表等。它们的外形与结构基本是相同的,只是所用的弹簧管形状或材料有所不同。单圈弹簧管压力表的结构原理如图 5-3 所示。

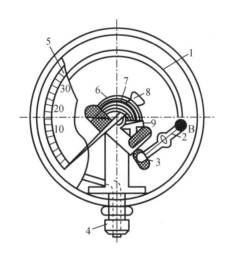

1—弹簧管;2—拉杆;3—螺钉;4—接头;5—面板;6—游丝;7—中心齿轮;8—指针;9—扇形齿轮。

**图 5-3 单圈弹簧管压力表的结构原理**

弹簧管 1 是压力表的测量元件,它是一根弯成 270°圆弧的椭圆截面的空心金属管子。管子的自由端 B 封闭,另一端固定在接头 4 上。当通入被测压力 $P$ 后,由于椭圆形截面在压力 $P$ 的作用下,将趋于圆形,而弯成圆弧形的弹簧管也随之产生向外挺直的扩张变形。由于变形,使弹簧管的自由端 B 产生位移。输入压力越大,产生的变形也越大。由于输入压力与弹簧管自由端 B 的位移成正比,所以只要测得 B 点的位移量,就能反映压力 $P$ 的大小,这就是弹簧管压力表的基本测量原理。

弹簧管自由端 B 的位移量一般很小,直接显示有困难,所以必须通过放大机构才能指示出来。具体的放大过程如下:弹簧管自由端 B 的位移通过拉杆 2 使扇形齿轮 9 做逆时针偏转,于是指针 8 通过同轴的中心齿轮 7 的带动做顺时针偏转,在面板 5 的刻度标尺上显示出被测压力 P 的数值。由于弹簧管自由端的位移与被测压力成正比例关系,因此弹簧管压力表的刻度标尺是线性的。

游丝 6 用来压紧齿轮,以克服因扇形齿轮和中心齿轮间的传动间隙而产生的仪表变差。调整螺钉 3 的位置,可以改变机械传动的放大系数,实现压力表量程的调整。

在生产中,常常需要把压力控制在某一范围内,当压力低于或高于规定范围时,就会破坏正常工艺条件,甚至可能发生危险,这时就需要报警或启动安全措施。在普通弹簧管压力表内增加一些元器件,便可成为带有报警和接点控制功能的电接点信号压力表,它能在压力超出规定范围时及时发出声光报警信号,并通过中间继电器启动安全措施。

如图 5-4 所示是电接点信号压力表的结构和工作原理示意图。压力表测量指针上有动触点 2,表盘上另有两根可人工移动的指针,分别叫上限、下限报警指针,上面分别有静触点 4 和 1。使用时按工艺要求,将上限报警指针设置在上限压力刻度值处、下限报警指针设置在下限压力刻度值处。当被测压力达到上限值时,测量指针与上限报警指针重合,动触点 2 和静触点 4 接触,红色信号灯 5 的电路接通,红灯亮。当被测压力低到下限值时,动触点 2 与静触点 1 接触,接通了绿色信号灯 3 的电路。红、绿信号灯电路中还可接入中间继电器输出接点控制信号。

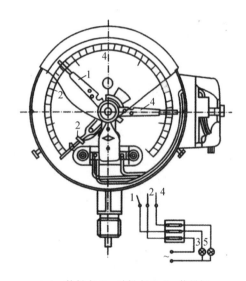

1、4—静触点;2—动触点;3、5—信号灯。

图 5-4  电接点信号压力表的结构和工作原理示意图

弹性式压力计在使用时,为保证测量精度和弹性元件的使用寿命,被测压力下限应不低于量程的 1/3;上限应不高于量程的 3/4(被测压力变化缓慢时)或 2/3(被测压力变化频繁时)。

### 5.1.3  电气式压力计

电气式压力计泛指各种能将压力转换成电信号进行传输及显示的仪表。这类仪表品种较多,各有特点。由于可以远距离传送信号,所以广泛用于控制系统中。

电气式压力计一般由压力敏感元件、测量和信号处理电路组成。常用的信号处理电路有补偿电路、放大转换电路等,电气式压力计组成框图如图5-5所示。

图5-5　电气式压力计组成框图

压力敏感元件的作用是感受被测压力,将其转换成便于检测的物理量(位移量、电阻量、电容量等),由测量电路检测转换成电压或电流信号,再经信号处理电路放大转换为标准信号输出或进行指示记录。

压力敏感元件配上测量电路就能将压力转换成常规电信号,一般称之为传感器。不同的压力计主要是传感器不同,后级的信号处理电路基本相同。下面简单介绍电容式差压变送器和应变式压力传感器、压阻式压力传感器、压电式压力传感器。

**1. 电容式差压变送器**

电容式差压变送器采用差动电容作为检测元件,无机械传动和调整装置,因而具有结构简单、精度高(可达0.2级)、稳定性好、可靠性高和抗震性强等特点。

电容式差压变送器由检测部件和转换放大电路组成,电容式差压变送器的构成框图如图5-6所示。

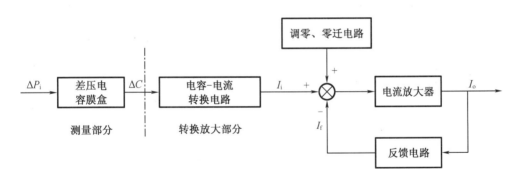

图5-6　电容式差压变送器的构成框图

(1)检测部件

如图5-7所示为检测部件结构示意图。它由感压元件、正压室、负压室和差动电容等组成。检测部件的作用是将输入差压 $\Delta P_i$ 转换成电容量的变化。

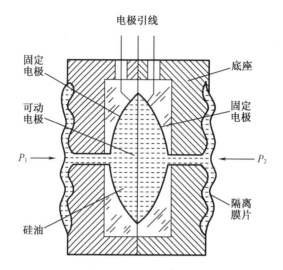

图 5 - 7　检测部件结构示意图

由图 5 - 7 可见,当压力 $P_1$、$P_2$ 分别作用到隔离膜片时,通过硅油将其压力传递到中心感压膜片(为可动电极)。若差压 $\Delta P_i = P_1 - P_2 \neq 0$,可动电极将产生位移,并与正、负压室两个固定弧形电极之间的间距不等,形成差动电容。如果把 $P_2$ 接大气,则所测差压即为 $P_1$ 的表压。

设输入差压 $\Delta P_i$ 与可动电极的中心位移 $\Delta d$ 的关系为

$$\Delta d = K_1(P_1 - P_2) = K_1 \Delta P_i \tag{5-1}$$

式中,$K_1$ 为由膜片材料特性与结构参数确定的系数。

设可动电极与正、负压室固定电极的距离分别为 $d_1$、$d_2$,形成的电容分别为 $C_1$、$C_2$。当 $P_1 = P_2$ 时,则有 $C_1 = C_2 = C_0$,$d_1 = d_2 = d_0$;当 $P_1 > P_2$,则有 $d_1 = d_0 + \Delta d$,$d_2 = d_0 - \Delta d$。根据理想电容计算公式,有

$$\left.\begin{array}{l} C_1 = \dfrac{\varepsilon A}{d_0 + \Delta d} \\[3mm] C_2 = \dfrac{\varepsilon A}{d_0 - \Delta d} \end{array}\right\} \tag{5-2}$$

式中　$\varepsilon$——极板间介质的介电常数;

　　　$A$——极板面积。

此时,两电容之差与两电容之和的比值为

$$\frac{C_2 - C_1}{C_2 + C_1} = \frac{\varepsilon A \left( \dfrac{1}{d_0 - \Delta d} - \dfrac{1}{d_0 + \Delta d} \right)}{\varepsilon A \left( \dfrac{1}{d_0 - \Delta d} + \dfrac{1}{d_0 + \Delta d} \right)} = \frac{\Delta d}{d_0} = K_2 \Delta d \tag{5-3}$$

将式(5 - 2)代式(5 - 3),可得

$$\frac{C_2 - C_1}{C_2 + C_1} = K_1 K_2 (P_1 - P_2) = K_3 \Delta P_i \tag{5-4}$$

可见,检测部件把输入差压线性地转换成两电容之差与两电容之和的比值。

（2）转换放大器

转换放大电路原理图如图 5-8 所示。它由电容/电流转换电路、振荡器电流稳定电路、放大电路与量程调整等环节组成。

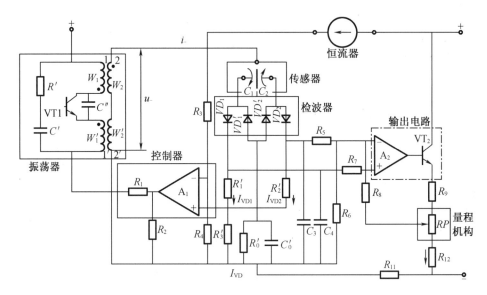

图 5-8  转换放大电路原理图

①电容/电压转换电路中，由振荡器提供的稳定高频电流先通过差动电容 $C_1$、$C_2$ 进行分流，再经过二极管检波后分别为 $I_{VD1}$ 与 $I_{VD2}$。它们又分别流经 $R_1'$ 和 $R_2'$，汇合后的 $I_{VD}$ 再流经 $R_3'$。由此可得关系式

$$
\left.
\begin{aligned}
I_{VD} &= I_{VD1} + I_{VD2} \\[4pt]
I_{VD1} &= \frac{C_2}{C_1 + C_2} I_{VD} \\[4pt]
I_{VD2} &= \frac{C_1}{C_1 + C_2} I_{VD} \\[4pt]
I_{VD1} - I_{VD2} &= \frac{C_2 - C_1}{C_1 + C_2} I_{VD} = K_3 \Delta P_i \cdot I_{VD}
\end{aligned}
\right\}
\tag{5-5}
$$

令 $u_{R_1'} = I_{VD1} \times R_1'$，$u_{R_2'} = I_{VD2} \times R_2'$，$u_{R_3'} = I_{VD} \times R_3'$，并设 $R_1' = R_2' = R_3'$，则有

$$
\frac{u_{R_1'} - u_{R_2'}}{u_{R_3'}} = \frac{(C_2 - C_1)}{C_2 + C_1} = K_3 \Delta P_i
\tag{5-6}
$$

式中，$K_3$ 为常量。若能使 $I_{VD}$ 为常量，则有 $u_{R_3} = I_{AD} \times R_3$ 为常数。

由式（5-6）可见，电容/电压转换电路将差动电容（或压差）转换成了差动电压，只要测出 $u_{R_1'} - u_{R_2'}$，就可得知差压 $\Delta P$。

②振荡器电流稳定电路的作用是使 $I_{VD}$ 为常量，振荡器为 $LC$ 型振荡器。电路中绕组 $W_1$ 和 $W_1'$ 按图示同名端（以圆点"·"表示）配置，以满足振荡器起振的正反馈条件（如集电极电

位下降时,通过变压器耦合使发射极电位也下降,从而加剧了集电极电位的进一步下降;反义亦然)。有关稳幅振荡的建立与位移检测放大电路中振荡器的原理类似,这里不再重述。振荡器输出电流由放大器 $A_1$ 的输出电压进行控制,其控制过程为当电流 $I_{VD}$ 因受到某种干扰而增大时,$u_{R3}$ 相应增大,放大器 $A_1$ 的输出电压也相应增高,因而使振荡器的基/射极的供电电压减小,基极电流也相应减小,导致振荡器的输出电流减小,最终使 $I_{VD}$ 保持不变。

③放大电路与量程调整该电路将差动电压引入放大器 $A_2$ 的输入端,经放大后由射级跟随器 $VT_2$ 转换成4~20 mA DC输出。改变电位器 $RP$ 的滑动抽头位置即可改变反馈强度从而改变量程。关于零点调整与迁移由外加电信号完成,本书从略。

**2. 应变式压力传感器**

应变式压力传感器是利用电阻应变原理制成的。电阻应变片有金属应变片(金属丝或金属箔)和半导体应变片两类。如图 5 – 9 所示为金属丝应变片。将金属丝弯成栅状粘贴在绝缘基片上,上面再以绝缘基片覆盖。

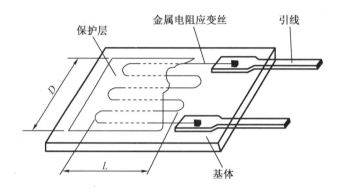

图 5 – 9　金属丝应变片

根据电阻值计算公式 $R = \rho \dfrac{L}{S}$,当被测压力使金属丝应变片产生应变,金属丝被拉伸变形时,电阻丝长度 $L$ 增大,电阻丝截面积 $S$ 减小,其电阻值增加。金属丝被压缩变形时,电阻丝长度 $L$ 减小、电阻丝截面积 $S$ 增大,其电阻值减小。应变片阻值的变化通过桥式电路转换成相应的毫伏级电动势,再经过放大后输出。

应变片压力传感器的结构图如图 5 – 10(a)所示。应变筒 1 的上端与外壳 2 固定在一起,下端与不锈钢密封膜片 3 紧密接触,两片康铜丝应变片 $r_1$ 和 $r_2$ 用特殊胶合剂(缩醛胶等)紧贴在应变筒的外壁。$r_1$ 沿应变筒轴向贴放,作为测量片;$r_2$ 沿径向贴放,作为补偿片。应变片随应变筒变形并与之保持绝缘。当被测压力 $P$ 作用于膜片而使应变筒轴向受压变形时,沿轴向贴放的应变片 $r_1$ 也将产生轴向压缩应变 $\varepsilon_1$,于是 $r_1$ 的阻值减小 $\Delta r_1$;而径向贴放的应变片 $r_2$ 受到纵向拉伸应变 $\varepsilon_2$,于是 $r_2$ 阻值增大,但是 $\varepsilon_2$ 比 $\varepsilon_1$ 要小,所以 $\Delta r_1 > \Delta r_2$。

应变片 $r_1$ 和 $r_2$ 与两个固定电阻 $r_3$、$r_4$ 组成测量桥路,如图 5 – 10(b)所示。$r_1$ 和 $r_2$ 为相邻臂,应变筒变形时,一个增大、一个减小,可维持桥路电流基本不变。

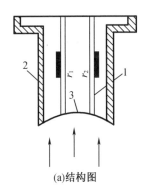 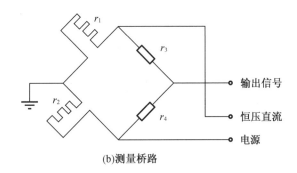

(a)结构图　　　　　　　　　　(b)测量桥路

1—应变筒;2—外壳;3—膜片。

图5-10　应变片式压力传感器

设被测压力为零时,$r_1 = r_2 = r_3 = r_4$,则被测压力大于零时,电桥输出的不平衡电压 $U$ 为

$$U \approx -\frac{E}{2r_1}\Delta r_1 \qquad (5-7)$$

这种传感器的被测压力可达25 MPa。桥路供电最大为10 V DC,桥路最大输出电压为5 mV DC。传感器的固有频率在25 000 Hz 以上,故有较好的动态性能,适用于快速变化的压力测量。

**3. 压阻式压力传感器**

压阻式压力传感器是根据半导体材料的压阻效应测压的。半导体材料受压时电阻率发生变化,导致电阻发生变化。同样用电桥将电阻的变化转换成电压输出,就测出了电压。仪表的结构非常简单,工作可靠、频率响应宽。图5-11是扩散硅压力传感部件的结构图。

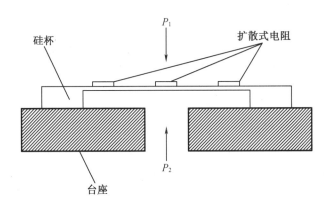

图5-11　扩散硅压力传感部件结构图

在杯状单晶硅膜片的底面上,沿一定的晶轴方向扩散着四个等值的长条形电阻。当硅膜片受压力作用时,扩散电阻受到应力作用,晶体处于扭曲状态,晶格之间的距离发生变化,使禁带宽度以及载流子浓度和迁移率改变,导致扩散电阻的电阻率 $\rho$ 发生强烈的变化,而使电阻发生变化,这种现象称为压阻效应。用 $\Delta R$ 表示扩散硅电阻的变化,它的变化率为

$$\frac{\Delta R}{R} = \left(\frac{\Delta \rho}{\rho}\right)\mathrm{d}\sigma = k\sigma \tag{5-8}$$

式中　$d$——压阻系数；

　　　$\rho$——电阻率；

　　　$\sigma$——应力；

　　　$k$——比例系数。

可见半导体扩散电阻的电阻变化主要是电阻率 $\rho$ 的变化造成的。其灵敏度比应变片电阻高约 100 倍。在图 5 – 11 中，硅杯被烧结在膨胀系数和自己相同的玻璃台座上，以保证温度变化时硅膜片不受到附加应力的作用。

当硅膜片受压时，不同区域受到的应力大小、方向并不相同。硅膜片应力分布如图 5 – 12(a)所示。可见中心区与四周的应力方向是不同的。例如当中心区受拉应力时，外围区域将受压应力，离中心为半径 63% 左右的地方应力为零。为了减小半导体电阻随温度变化引起的误差和提高线性度，在膜片中心区和外围区的对称位置各扩散两个电阻，把 $R_1 \sim R_4$ 接成桥路，如图 5 – 12(b)所示。

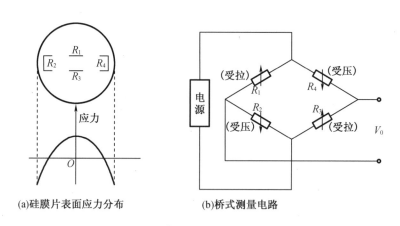

(a)硅膜片表面应力分布　　　　(b)桥式测量电路

**图 5 – 12　硅膜片应力分布与桥式测量电路**

图 5 – 12(b)是全桥电路，除电阻温度漂移可以得到很好地补偿外，桥路输出电压的敏感度是单臂桥的四倍，且线性度好。在使用几伏的电源电压时，桥路输出信号幅度可达几百毫伏。

在工业测量中，为避免被测介质对硅膜片的腐蚀或毒害，有的传感器将硅膜片置于硅油中，用波纹膜片隔离，被测压力只能通过隔离膜片传递给硅膜片。

目前用这种半导体敏感元件制成的压力仪表精度可达 0.25 级或更高。其主要优点是结构简单，尺寸小，特别是便于用半导体工艺大量生产，价格低廉，因而逐渐成为压力传感器的主流产品。

### 4. 压电式压力传感器

压电式压力传感器是利用某些材料的压电效应原理制成的，具有这种效应的材料如压电陶瓷、压电晶体等被称为压电材料。

压电效应就是压电材料在一定方向受外力作用而产生形变时,内部将产生极化现象,同时在其表面产生电荷,当去除外力时,又重新返回不带电的状态,这种机械能转变成电能的现象,称之为压电现象。压电材料上电荷量的大小与外力的大小成正比。

常见的压电材料是人工合成的,天然的压电晶体也有压电现象,但效率低,利用难度较大。压电陶瓷是人工烧结的一种多晶压电材料,烧结方便,容易成形,强度高,而且压电系数高,为天然单晶石英晶体的几百倍,成本只有石英单晶的1%,因此压电陶瓷广泛被用作高效压力传感器的材料。常用的压电陶瓷材料有钛酸钡、锆钛酸铅等。

压电陶瓷材料烧结后,材料内部有许多无规则排列的"电畴",并不具有压电性。这些"电畴"在一定外界温度和强极化电场的作用下,按外电场的方向整齐排列,这就是极化过程。极化后的陶瓷材料,撤去外界的极化电场,其内部电畴的排列不变,具有很强的极化性,这时陶瓷材料才具有压电性。

如图5-13所示是压电陶瓷极化方向示意图。压电陶瓷的极化方向为 $z$ 轴方向,而在 $z$ 轴方向上受外力作用,则在垂直于 $z$ 轴的 $x$、$y$ 轴平面的上面和下面出现正、负电荷。

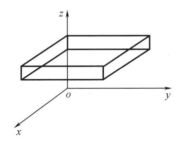

图5-13　压电陶瓷极化方向示意图

若在材料 $x$ 轴方向或 $y$ 轴方向接收外力作用,同样会在 $x$、$y$ 轴平面的上、下面出现电荷的堆积,电量大小与受力的大小成正比,压电陶瓷受外力作用,在晶体上、下面出现感应电荷,相当于一个静电场发生,或是一个以压电材料为介质的电容器。电容量大小为

$$C = \varepsilon_0 \varepsilon_r \frac{A}{d} \qquad (5-9)$$

式中　$\varepsilon_0$——真空介电常数,$\varepsilon_0 = 8.85 \times 10^{-12}$ F/m);

　　　$\varepsilon_r$——压电材料相对介电常数;

　　　$A$——极板面积,m$^2$;

　　　$d$——压电材料厚度,m。

电容两端开端的电压 $U = Q/C$,$Q$ 为极板上电荷量,其大小取决于外力的大小。因为电量 $Q$ 很小,因此感应出的电压也很小。为了能检测到 $U$ 的变化量,要求陶瓷本身有极高的阻抗,同时前级放大器也应有极高的输入阻抗,通常检测电路的前级放大器使用场效应管。由于输入阻抗极高,所以极易窜入干扰信号,前级放大器应直接接在传感器的输出端,信号经放大后,输出一个高电平、低阻抗的检测信号。

# 5.2 压力传感器的设计与制造工艺

根据传感器功能材料的选取理论,对传感器功能材料的选择就弹性元件材料、转换元件材料以及引线材料三种进行分析。

电容型传感器一般由电容转换器、测量电路以及壳体三部分组成。以下对其中的两部分即电容芯片以及外壳封装部分进行详细介绍,并对传感器芯片的制作工艺技术及流程进行阐述。

## 5.2.1 传感器功能材料优选

### 1. 弹性元件材料

温度对传感器的影响与其结构大小和弹性元件材料有关,在选取弹性元件材料时,应考虑受温度变化较小且结构形状变化较小的一类材料。因此,大部分电容型传感器的弹性元件材料会选取陶瓷、玻璃或石英等材质。也可以通过在弹性元件上镀金属膜等方法来减小温度对极板结构大小的影响。

另外,由于电容压力传感器的容值较小(本设计的电容容值为 40 ~ 70 pF),当电源频率较低时,电容型传感器固有的容抗就极大,其旁路等效漏电阻的阻抗就会很大。对于这种具有较大复阻抗的传感器,绝缘是必须解决的重要问题。如果弹性元件材料选的不合适,其等效漏电阻受外界温度或者湿度的影响就会极大,最终影响后面的测量结果。所以,在选取弹性元件材料时,应选取抵抗潮湿能力较强、漏电阻较大且外表面阻值较大的材料。

综合温度、湿度及漏电阻等对电容性能会产生影响的问题,弹性元件材料较为适合选取陶瓷、玻璃、石英三种材料。现对三种材料的物理化学性能进行分析,再结合本设计实际情况以及材料经费情况进行对比,最终选定弹性元件的材料。三种材料的物理化学性能对比如表 5 - 1 所示。

表 5 - 1　三种材料的物理化学性能对比

| 材料 | 物理性能 | 化学性能 |
|---|---|---|
| 陶瓷 | 不易变形,阻值率大,抗压能力强,耐磨,熔点高 | 抗腐蚀性强 |
| 石英 | 抗压能力较强,硬度较强,熔点高 | 抗腐蚀性较强 |
| 玻璃 | 抗压能力一般,硬度一般,熔点高 | 抗腐蚀性较强 |

根据表 5 - 1 可知,这三种材料的物理化学性能相差不大,经过对比发现,陶瓷抗压能力较优于石英和玻璃。陶瓷抗压能力强于另外两者,硬度强且受温度变化影响的形变较小,可使弹性元件材料构成的传感器结构较为稳定;其抵抗潮湿能力较强且电阻率大,可使其旁路漏电阻对其的影响降低。由于所设计的传感器应用环境为海水,而海水的水溶液中含盐量非常大,具有较强的腐蚀性,随着海水深度的增加,其腐蚀性也会增强,因此,弹性元件

材料的抗腐蚀性尤为重要,而陶瓷的耐腐蚀性强这一特点满足了本设计对弹性元件材料的要求。综合这三种材料的物理化学性能分析,陶瓷材质的耐压、耐湿度、耐腐蚀以及电阻率等各方面性能较为优越,最终选取陶瓷材质作为弹性元件材料。

市面上常见的 $Al_2O_3$ 陶瓷材料有如下三种,三种陶瓷物理性能如表 5-2 所示,经过对比,最终本设计的弹性元件材料选用其中的 99 陶瓷。

表 5-2　三种陶瓷物理性能

| 品种 | 密度/(g·cm⁻³) | 静态抗压强度/MPa | 防护系数 |
|---|---|---|---|
| 99 陶瓷 | 3.82 | 1 100 | 1.92 |
| 97 陶瓷 | 3.59 | 1 050 | 1.75 |
| 95 陶瓷 | 3.40 | 1 006 | 1.43 |

**2. 转换元件材料**

常用的电容型传感器的极板材料有金、银、铂、铜四种。我们由前面弹性元件材料的选择分析清楚了解到温度对极板结构大小的影响以及零件材料受温度变化的影响都较大,故在转换元件材料选择时要考虑选用膨胀系数相对较小的材料。由于传感器极板是感受压力的,故对于转换元件材料的刚度也有一定的要求。除了这些,对极板的导热系数、熔沸点也有要求,需选择较为合适的。另外电阻率较小,焊接方便也是在转换元件材料选取时需要考虑到的。现对常见的几种转换元件材料物理性能进行列表分析(表 5-3)。

表 5-3　常见材料物理性能

| 材料名称 | 电阻率/(μΩ·cm⁻¹) | 温度系数/(1·℃⁻¹) | 密度/(g·cm⁻³) | 膨胀系数/(×10⁶·℃⁻¹) | 熔点/℃ | 热容量/[W·s·(g·℃)⁻¹] | 导热系数/[W·(cm·℃)⁻¹] |
|---|---|---|---|---|---|---|---|
| 银 | 1.62 | 0.003 6 | 10.5 | 19.7 | 960 | 0.234 | 4.2 |
| 铜 | 1.75 | 0.004 4 | 8.9 | 16.5 | 1 083 | 0.393 | 3.93 |
| 金 | 2.35 | 0.003 6 | 19.3 | 14.4 | 1 063 | — | 3.12 |
| 铝 | 2.80 | 0.004 2 | 2.7 | 23.8 | 658 | 0.910 | 2.22 |
| 青铜 | 5.20 | 0.001 5 | 8.8 | 17.0 | 900 | 0.420 | 2.00 |
| 锌 | 6.00 | 0.003 9 | 7.1 | 17.1 | 419 | 0.420 | 1.10 |
| 黄铜 | 6.50 | 0.001 0 | 8.6 | 18.7 | 900 | 0.393 | 1.30 |
| 铂 | 10.50 | 0.003 9 | 21.4 | 8.8 | 1 773 | 0.134 | 0.70 |
| 镍 | 11.30 | 0.006 0 | 8.8 | 13.0 | 1 452 | 0.460 | 0.75 |
| 锡 | 13.10 | 0.004 4 | 7.4 | 26.7 | 232 | 0.234 | 0.63 |

表 5-3 所列材料中,传感器极板材料最常用的是金、银、铜、铝、青铜及铂。由表可知金属银的电阻率较小、密度大小居中、导热系数较大、热容量适中且温度系数较低,熔点也较

为适合。再综合金属银的延展性能好、焊接方便以及成本偏低的一系列特点,最终选定用金属银作为该传感器转换元件的材料。

**3. 引线材料**

在压力传感器芯片的某一地方上制造出电极,芯片上的电路依靠内引线和电极相结合,由电极引入输出随压力改变的电压。电极和内引线大多采用蒸发或溅射、电镀等技术,再经过刻蚀等过程制造而成,有时还要进行合金化处理。内引线的始端便是电极,外引线是焊接在电路板上的。压力传感器的引线起着芯片上的电极与焊接在电路板上的外引线之间的桥梁作用。即将细导线一端与电容的电极相结合,另一端与电路板外引线相连接,而细导线自身则利用其刚性悬空,与外界所有物体相互隔绝。

直径越细,单位长度电阻越大,电阻工作会使得导线产生热能,当大于引线的熔点后便会导致它的熔断。工作中要求引线的导电性能较好,一个直径确定的键合引线,往往又用单位长度的阻值和熔断电流来判断其导电能力的好坏。由于传感器应用于环境较为恶劣的条件下,因而对于引线的化学稳定性要求也较高。又由于引线用的是较细的金属丝,其大多采用拉丝的方法制造出,所以在线丝选择时应选延展性较好的引线材质。另外,对于焊接方便、热膨胀系数方面也需要有一定的考量。

目前市场上常用的引线材料有金线、银线、铝丝以及铜丝四种。现对这四种材料的优缺点进行分析(表5-4),再结合实际情况,优选出较为适合的引线材料。

表5-4　常见材料优缺点

| 材料 | 优点 | 缺点 |
|---|---|---|
| 金线 | 不易氧化,导电性好,化学性能稳定,延展性好 | 价格贵 |
| 银线 | 电阻率小,导电性较好,化学性能较稳定,延展性较好,价格适中 | 氧化性适中 |
| 铝丝 | 重量小,价格便宜 | 易氧化,导电性一般,易熔断,化学稳定性较差 |
| 铜丝 | 电阻率较小,导电性较好,价格较便宜 | 会氧化 |

由表5-4可以观察出金线、银线和铜丝的电阻率以及导电性等性能较好,要远远优于铝丝的性能。在这三种材料中金线的价格是最贵的,考虑到经费可实现性以及现有材料等情况,银线是较为适合的选择。再分析银线的性能可以发现其电阻率、导电性以及化学性能等都较好,满足本设计需求。因此,最终选取银线作为引线供传感器使用。

## 5.2.2 压力传感器结构设计

**1. 电极板设计**

本设计的电极板结构如图5-14所示,传感器的两电极板结构相同,均是在圆形陶瓷弹性片上有一个圆形金属电极板。由于当外界压力过大时,两电极板容易发生短路从而造成电容的损坏,因此在金属极板上还需刷一层绝缘膜,本设计的绝缘膜选用玻璃材质。在金属电极板的外围是起消除边缘效应作用的保护环。在粘连两极板时,两极板侧边的凹槽使上下两极板方便对齐。其中的两个小孔是为了后期引出引线预留。

图5-14 电极板结构

**2. 结构设计**

本设计的电容芯片结构如图5-15所示,两电极板与侧边凹槽相对齐。在两极板之间夹有一玻璃环从而形成电容的间隙空腔,该玻璃环的厚度为0.05 mm。由于后期要通过小孔向内灌银浆来向外引线,因此其宽度要大于两极板上的小孔直径。玻璃环结构如图5-16所示。

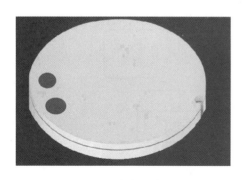 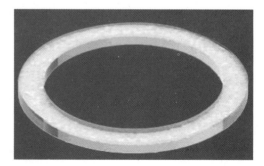

图5-15 电容芯片结构　　　　图5-16 玻璃环结构

## 5.2.3 传感器制造工艺技术

在制造电容型传感器的过程中,常采用给弹性元件材料镀可导电的金属材质镀层的方法,从而达到减小极板厚度的目的。常用的电容型传感器的镀膜技术有两种,分别是厚膜技术和薄膜技术。

厚膜技术是通过丝网印刷技术将金属材质的转换元件浆料刷至非导电材质上,然后经过烧结、清除残余细屑以及流平烘干最终达到使金属材质浆料与基板粘连的目的。

薄膜技术是将金属或其他非金属材质经源转至其他非金属材质基片上,再经光刻工艺达到镀膜的目的。该薄膜技术应用环境大多为真空条件,常用的有两种,分别是蒸发镀膜和溅射淀积。蒸发镀膜法是利用蒸发原理,加热需蒸镀的材料使其蒸发到非金属材质基片上,从而在非金属材质基片上生成所需蒸镀材料薄膜。

现对常见镀膜技术的优缺点通过列表来分析对比(表5-5)。

表5-5 常见镀膜技术的优缺点

| 技术 | 优点 | 缺点 |
|---|---|---|
| 厚膜丝网印刷 | 结构及工艺简单,价格较低 | 线条清晰度较差 |
| 薄膜蒸发镀膜 | 工艺较为简单,易掩膜 | 低压成膜率低,不易维持材料比分,成本较高 |
| 薄膜溅射淀积 | 附着性强,材料比分易维持 | 对仪器要求高,利用率不高,工艺复杂且成本高 |

分析表5-5三种技术优缺点可知,由于薄膜蒸发镀膜与薄膜溅射淀积的价格较高,且工艺较复杂,因而偏向于采取厚膜丝网印刷技术。结合本设计对线条清晰度及材料比分要求不高的特点,以及现有仪器条件等情况,最终确定采用厚膜丝网印刷技术。

综合现有试验器材,现对电容传感器制造过程进行描述,如图5-17所示。

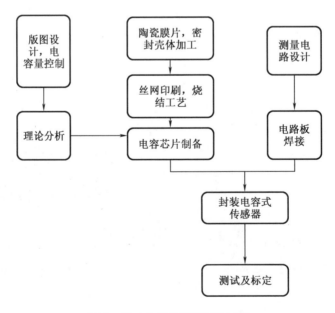

图5-17 电容传感器制造过程

电容传感器前端电容芯片的制备是传感器制造的核心,若制造欠佳,最终将不能达到要求的性能,更有甚者会无法正常工作。现对本试验中的电容芯片制备步骤进行具体表述。

①根据电极板设计版图,印至丝网上最终制成丝网掩膜,并调整陶瓷基片位置使其与丝网掩膜上图形相对应;

②将 Ag 浆料放于丝网上,使用刮板上下两次刮过掩膜,浆料通过网孔漏至下端接触的陶瓷片上;

③将陶瓷基片放入烘箱烘干 2 h,温度控制在 90 ~ 120 ℃,经过烘干,浆料中的有机溶剂即可被蒸发掉;

④烘干后将基片放入电炉中烧结 30 ~ 60 min,温度控制在 500 ℃左右,最终使 Ag 分子紧密结合形成金属膜;

⑤用同样方法将玻璃浆料刷至陶瓷片上烘干并烧结,形成玻璃绝缘膜;

⑥将厚度为 0.05 mm 玻璃环与两电极板相粘连并烧结,最终制造成电容芯片。

### 5.2.4 烧结封装技术

本设计的封装结构如图 5 - 18 所示。该封装外壳为 304 不锈钢材质,可起到屏蔽寄生电容干扰的作用。其外部螺纹与要测压力位置的内部螺纹相吻合,起到将整个外壳拧合在所要测位置处的作用。由于本设计的传感器是双面感压的,因而传感器应该竖直放置在封装壳内。本设计将芯片通过图 5 - 18 中外壳 1 处的凹槽卡在封装壳内,凹槽示于图 5 - 19中。电容芯片两端的引线通过该凹槽进入外壳后端最终与测量电路相连接。为了固定电容芯片并且防止外部海水造成引线短路,需要将芯片放置于凹槽处后浇筑玻璃浆料并烧结固定。如图 5 - 20 所示为实物封装外壳。

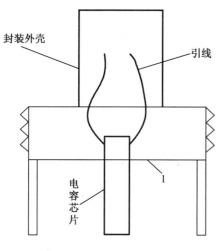

图 5 - 18 封装结构

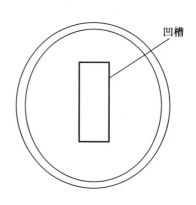

图 5 - 19 封装外壳部件 1

图 5 – 20　实物封装外壳

# 5.3　压力传感器的测试

电容型传感器一般可分为电容转换器、测量电路以及壳体三部分。本节着重介绍测量电路部分,从信号调理电路的硬件和软件两方面来介绍信号调理电路部分的设计与功能的完成。

电容型传感器将被测量变化转换成容值的变化,但是容值的变化不易测量,故必须采用测量电路将容值的变化转变成 $U$、$I$ 以及 $f$ 的变化,本设计中采用将其转变成 $f$ 的方法进行测量。

根据测试要求,可以由 51 单片机作为主控芯片来实现系统方案,单片机控制方案系统结构图如图 5 – 21 所示。

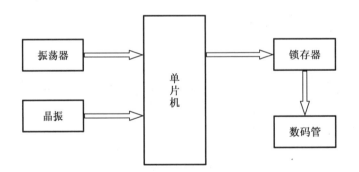

图 5 – 21　单片机控制方案系统结构图

**1. 振荡器模块**

振荡器模块选用的是能够 $RC$ 振荡且输出波形为方波的 555 振荡器。振荡器模块电路如图 5 – 22 所示。

**2. 单片机模块**

51 单片机的内部有两个定时器,分别是定时器 0 和定时器 1。每个定时器都有两种功能,可以作为定时器也可以作为计数器使用。设计时,采用定时器 0 来实现时钟模块的功能。外部脉冲则通过计数器 1 的脉冲输入端进行计数。晶振与单片机模块电路如图 5-23 所示,图中外部 555 计数脉冲与单片机 P3.5 管脚相连接,单片机的管脚与外部的两个锁存器相连接。

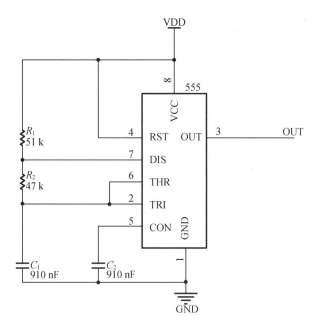

图 5-22 振荡器模块电路

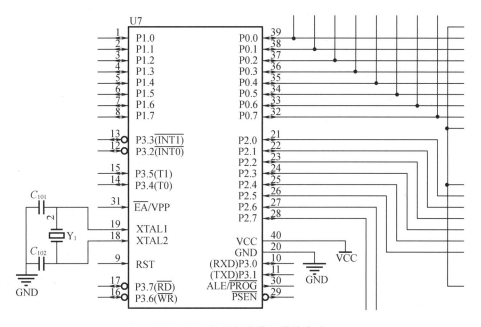

图 5-23 晶振与单片机模块电路

**3. 数码管显示模块**

数码管显示模块电路如图 5－24 所示,图中位选控制锁存器与单片机 P2.7 管脚相连接,段选控制锁存器与单片机 P2.6 管脚相连接,其数据输出与每一个数码管的各段管脚相连接。

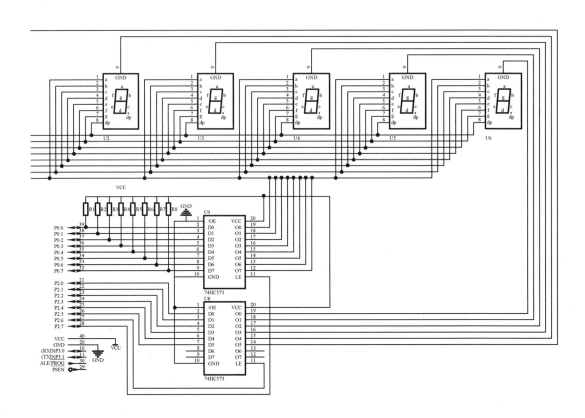

图 5－24　数码管显示模块电路

结合以上硬件电路各模块及所用单片机外围的各种芯片和元器件,可采用 C 语言对单片机的程序控制进行设计。

# 5.4　压力传感器的性能评估

传感器的输入与输出存在着一定的特性联系。标定是根据已有的标准传感器并使用相关规格的测量工具,对新制造出的传感器的输出量值达到标度的目的。根据传感器的输入类型不同,可将传感器的基本特性归为静态和动态两种。本节重点介绍的静态标定,对传感器静态性能参数进行具体分析及处理。

## 5.4.1　性能参数

传感器的静态性能指的是在被测量处于缓慢变化状态或静止不变状态下,用来判断该传感器的输入与输出之间关系的相关指标。该性能指标包含线性度、灵敏度以及重复性等,现对其中较为重要的几个指标进行详细的理论分析。

**1. 线性度**

描述输入量同输出量呈直线联系程度的物理量称之为线性度。根据第二章传感器理论知识可以知道,传感器的特性图形并非呈比例输出,而是一条有弧度的曲线。在实际生产中,需要在传感器的外部针对被测量进行标度,而刻度大多要求均匀分布。因而,就需要将该特性输出图形进行处理,最终近似成为一条直线。

常常采用相对误差来描述该近似直线与实际特性曲线的偏离程度。最大误差值与总量度的比值就是描述线性度的指标,其具体公式为

$$e_f = \pm \frac{\Delta_{max}}{y_{F \cdot s}} \times 100\% \quad (5-10)$$

式中 $\Delta_{max}$——两曲线最大偏离值;

$y_{F \cdot s}$——总量度值。

**2. 灵敏度**

灵敏度是表现当被测量变化时,传感器对其的快速应变程度。其具体公式为

$$S = \lim_{\Delta x \to 0} \left( \frac{\Delta y}{\Delta x} \right) = \frac{dy}{dx} \quad (5-11)$$

理想情况下,在总量度范围内,该传感器输出图形是一条直线,即其灵敏度是不变的。而在实际中,传感器的输出图形并非直线,每一点的灵敏度都是不一样的。因此,根据公式可知,在实际中该灵敏度可以用最终近似直线的斜率来表示。

**3. 重复性**

重复性描述在外界环境一样的情况下,当被测量同向变化时,其输出的多条曲线之间的相差情况。由于重复性属于偶然误差,测试数据的离散程度与偶然误差的精密度有关。因此应根据偏差来计算,故其具体公式为

$$S_i = \sqrt{\frac{\sum_{j=1}^{n} (y_{ij} - \overline{y_i})^2}{n-1}} \quad (5-12)$$

$$S = \sqrt{\frac{\sum_{i=1}^{m} S_i^2}{m-1}} \quad (5-13)$$

$$e_c = \frac{3S}{y_{F \cdot s}} \times 100\% \quad (5-14)$$

式中 $S_i$——子样标准差;

$S$——样本标准偏差;

$n$——测量次数,$j = 1 \sim n$;

$m$——测量点数,$i = 1 \sim m$。

**4. 滞后性**

滞后性描述输入量正方向增大的输出曲线与反方向减小的输出曲线之间的相差情况

（图 5 – 25）。常常采用两曲线的最大差值与总量度的比值来作为滞后性的指标,其具体公式为

$$e_z = \frac{\Delta_{max}}{y_{F \cdot S}} \times 100\% \qquad (5-15)$$

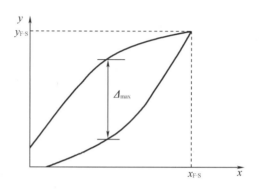

图 5 – 25　迟滞特性曲线

## 5.4.2　性能测试系统

测试系统原理框图与测试系统实物连接图分别如图 5 – 26 与图 5 – 27 所示。

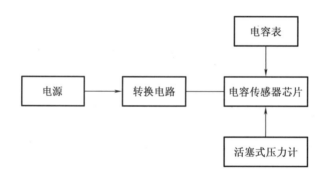

图 5 – 26　测试系统原理框图

图 5 – 27　测试系统实物连接图

系统利用活塞式压力计来测试传感器压力。该压力计是西安启华仪表公司制造的活塞压力计,该压力计的原理是利用活塞具有的质量和加在活塞上的特有砝码的质量共同作用在活塞面积上所产生的压力与液压容器内产生的压力持平来制作的。该压力计可以分为检验泵和测量系统两部分,检验泵含有手摇泵、油杯及两个阀,两个阀上装有两端锁母,用来与被检验的电容传感器相连;测量系统是由一个经过精密研磨后的活塞来直接感受底盘上的砝码重量。

现利用活塞压力计进行系统测试,其测试过程如下:

①根据上面测试系统原理连接线路。

②调整供电电源为 5 V 电压给信号调理电路及传感器供电。

③调整活塞压力计,通过增加砝码重量对传感器不断加压,并记录其电容表上的值以及转换电路上显示的频率值。

④不断减压进行相同操作。

⑤将所得数据进行处理并分析。

### 5.4.3  测试结果及数据处理

该系统的性能测试分为两部分进行,分别是电容芯片的压力与容值的测量以及测量电路中容值与频率的测量。本小节对电容压力传感器所得数据分别进行处理。

**1. 电容芯片数据处理**

此部分试验将施加给电容的压力平均分成六段进行测量,先从 0 MPa 到 6 MPa 按顺序加砝码增压进行测量,到 6 MPa 后再依次减砝码减压至 0 MPa,接着再依次增加至 6 MPa 进行测量,最后过七天再对其加压进行测量。

(1)灵敏度

如表 5 - 6 所示为压力与电容数据,是不同压力对应所测得的芯片的电容值。

表 5 - 6  压力与电容数据

| 压力/MPa | 0 | 1 | 2 | 3 | 4 | 5 | 6 |
|---|---|---|---|---|---|---|---|
| 输出电容/pF | 46.16 | 47.46 | 48.72 | 50.01 | 51.15 | 52.17 | 52.92 |

如图 5 - 28 所示为输入压力与输出电容的关系曲线。

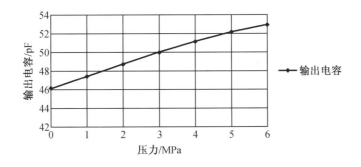

图 5 - 28  输入压力与输出电容的关系曲线

由传感器的灵敏度定义,它的输出容值响应的变化量与压力的变化量的比就是电容芯片的灵敏度,即为输入压力每变化 1 MPa 对应输出电容的变化量。如表 5 - 7 所示为电压变化时的灵敏度。

表 5 - 7　电压变化时的灵敏度

| 压力变化量/MPa | 输出电容值变化量/pF | 灵敏度/($pF \cdot MPa^{-1}$) |
| --- | --- | --- |
| 1 | 1.30 | 1.30 |
| 2 | 2.56 | 1.28 |
| 3 | 3.85 | 1.28 |
| 4 | 4.99 | 1.25 |
| 5 | 6.01 | 1.20 |
| 6 | 6.76 | 1.13 |

由表 5 - 7 可知,本设计的电容芯片具有较高的灵敏度,压力每变化 1 MPa 对应的输出电容容值的变化均大于 1 pF。但是,在输入压力值较小的情况下,该芯片的灵敏度相对来说更大。因此,本设计制造的电容式压力传感器更适合用于较低压力的测量,即海水深度较浅的测量。

(2)线性度

根据前面参数理论知识可知,线性度是描述输入量同输出量呈直线联系程度的物理量。因而,就需要一条近似直线与其比较。可采用最小二乘法求出它的回归直线。

最小二乘法求回归直线公式为

$$\hat{y} = \hat{a} + \hat{b}\hat{x} \tag{5-16}$$

$$\hat{b} = \frac{\sum_{i=1}^{n} x_i y_i - n\overline{x}\overline{y}}{\sum_{i=1}^{n} x_i^2 - n\overline{x}^2} \tag{5-17}$$

$$\hat{a} = \overline{y} - \hat{b}\overline{x} \tag{5-18}$$

在此,$n = 7$,$\overline{x} = 3$,$\overline{y} = 49.79$,根据上述公式可以求得

$$\hat{b} = 1.15$$

$$\hat{a} = 46.36$$

所以回归直线的方程为

$$\hat{y} = 46.36 + 1.15\hat{x}$$

如图 5 - 29 所示为输入压力与输出电容关系曲线与其回归直线对比。

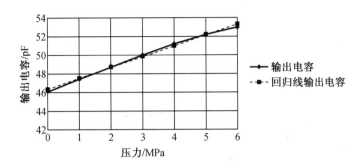

图 5 - 29　输入压力与输出电容关系曲线与其回归直线对比

由图 5 - 29 可知,输入输出关系曲线与其回归直线的最大偏差出现在输入 压力约为 6 MPa 的时候,此时 $\Delta_{max} = 53.26$ pF $- 52.92$ pF $= 0.34$ pF,而该电容芯片的满量程输出为 $y_{F \cdot s} = 52.92$ pF $- 46.16$ pF $= 6.76$ pF,所以该电容芯片的线性度为

$$e_f = \frac{\Delta_{max}}{y_{F \cdot s}} = \frac{0.34 \text{ pF}}{6.76 \text{ pF}} \approx 0.05$$

根据线性度的定义可知,线性度越小说明它的非线性误差越小,说明其越接近线性。由上式所得线性度可知,该电容芯片的线性度较小,可以控制在 5% 左右,说明本设计制作的电容芯片的线性度部分性能较好。

(3)重复性

根据前面参数理论知识可知,重复性是描述在外界环境一样的情况下,其输出的多条同向曲线之间的相差情况。如表 5 - 8 所示为压力与电容数据,即压力在同一正方向上进行增减测得的输出电容值。

表 5 - 8　压力与电容数据

| 压力/MPa | | 0 | 1 | 2 | 3 | 4 | 5 | 6 |
|---|---|---|---|---|---|---|---|---|
| 输出电容/pF | 正行程 | 46.16 | 47.46 | 48.72 | 50.01 | 51.15 | 52.17 | 52.92 |
| | 正行程 | 46.12 | 47.44 | 48.69 | 49.97 | 51.11 | 52.12 | 52.88 |

如图 5 - 30 所示为输入压力与输出电容关系曲线,即压力在同一正方向进行增减的输出电容曲线。

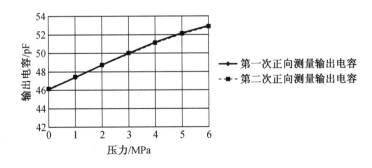

图 5 - 30　输入压力与输出电容关系曲线

根据重复性理论知识,其重复性误差公式为式(5-12)、式(5-13)以及式(5-14)。

其中,$n=7$,满量程输出为 $y_{F\cdot S}=52.92\ \text{pF}-46.12\ \text{pF}=6.80\ \text{pF}$,所以根据上述公式可求得 $S_1^2=0.000\ 8$,$S_2^2=0.000\ 2$,$S_3^2=0.000\ 5$,$S_4^2=0.000\ 8$,$S_5^2=0.000\ 8$,$S_6^2=0.001\ 3$,$S_7^2=0.000\ 8$。故

$$S=0.029$$

所以该传感器的重复性误差为

$$e_c=\frac{3S}{y_{F\cdot S}}=\frac{3\times0.029}{6.80}\approx0.013$$

根据重复性的定义,重复性误差越小说明两次测量的曲线越接近。由图5-30及重复性误差可知,该电容芯片的重复性误差较小,其对应误差在1%左右,说明本设计制作的电容式压力传感器的重复性部分性能较好。

(4)滞后性

滞后性是用来描述输入量正方向增大的输出曲线与反方向减小的曲线之间的差值情况。常常采用两曲线的最大差值与总量度的比值来作为滞后性的指标。如表5-9所示为两行程压力与电容数据,即压力按两个方向增减所测的输出容值。

表5-9　两行程压力与电容数据

| 压力/MPa | | 0 | 1 | 2 | 3 | 4 | 5 | 6 |
|---|---|---|---|---|---|---|---|---|
| 输出电容 /pF | 正行程 | 46.16 | 47.46 | 48.72 | 50.01 | 51.15 | 52.17 | 52.92 |
| | 反行程 | 46.12 | 47.34 | 48.61 | 49.91 | 51.02 | 52.11 | 52.92 |

如图5-31为输入压力与输出电容关系曲线,即压力按两个方向进行增减的输出电容曲线。

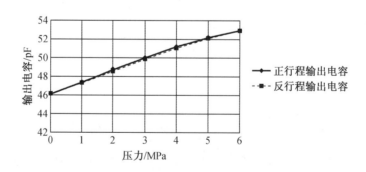

图5-31　输入压力与输出电容关系曲线图

由图5-31可知,两个不同方向曲线间的最大偏差出现在输入压力约为4 MPa的时候,此时 $\Delta_{max}=51.15\ \text{pF}-51.02\ \text{pF}=0.13\ \text{pF}$,而该电容式压力传感器的满量程输出为 $y_{F\cdot S}=52.92\ \text{pF}-46.16\ \text{pF}=6.76\ \text{pF}$,所以该电容式压力传感器的迟滞误差为

$$e_z = \frac{\Delta_{max}}{y_{F \cdot s}} = \frac{0.13 \text{ pF}}{6.76 \text{ pF}} \approx 0.019$$

根据迟滞性的定义,迟滞性误差越小说明两行程的曲线越接近。由上式所得迟滞误差可知,该电容压力传感器的迟滞误差较小,其对应误差在2%以下,说明本设计制作的电容式压力传感器的滞后性部分性能较好。

(5)稳定性

电容式压力传感器的稳定性可以采用它的灵敏度漂移来表征。在对传感器进行测试之后的第七天,再次用同样的方法对其进行测试。如表5-10所示为压力与电容数据,即此次测得的压力与对应传感器的电容输出。

表5-10 压力与电容数据

| 压力/MPa | 0 | 1 | 2 | 3 | 4 | 5 | 6 |
|---|---|---|---|---|---|---|---|
| 输出电容/pF | 45.93 | 47.22 | 48.47 | 49.73 | 50.88 | 51.89 | 52.62 |

如表5-11所示为灵敏度数据,即此次压力变化时电容芯片的灵敏度。

表5-11 灵敏度数据

| 压力变化量/MPa | 输出电容值变化量/pF | 灵敏度/(pF·MPa$^{-1}$) |
|---|---|---|
| 1 | 1.29 | 1.29 |
| 2 | 2.54 | 1.27 |
| 3 | 3.80 | 1.27 |
| 4 | 4.95 | 1.23 |
| 5 | 5.96 | 1.19 |
| 6 | 6.69 | 1.12 |

如表5-12所示为灵敏漂移,其通过两次测试的灵敏度比较并计算得到。

表5-12 灵敏度漂移

| 第一次测试的灵敏度/(pF·MPa$^{-1}$) | 第二次测试的灵敏度/(pF·MPa$^{-1}$) | 灵敏度漂移/% |
|---|---|---|
| 1.30 | 1.29 | 0.77 |
| 1.28 | 1.27 | 0.78 |
| 1.28 | 1.27 | 0.78 |
| 1.25 | 1.23 | 1.60 |
| 1.20 | 1.19 | 0.83 |
| 1.13 | 1.12 | 0.88 |

由表 5-12 可知,经过七天,去掉其中第四个偏离过多的数据,本设计制造的电容式传感器的灵敏度漂移基本接近 1%,表示这个电容式传感器的稳定性并不算好。主要原因为初期制造的电容式传感器稳定性均不理想,需要经过一段老化时期,其稳定性才会趋于稳定。到达稳定时期的电容传感器其稳定性误差一年内小于 1%。

**2. 信号调理电路数据处理**

本试验将通过测量电容与输出频率来对信号调理电路部分进行测试。与测试电容芯片方法一样通过读取电容表来获取容值,而输出频率则通过读取数码管显示数字来获取。如表 5-13 为测量电路数据,即电容变化对应的测量电路的频率输出。

表 5-13　测量电路数据

| 压力/MPa | 0 | 1 | 2 | 3 | 4 | 5 | 6 |
|---|---|---|---|---|---|---|---|
| 电容/pF | 46.16 | 47.46 | 48.72 | 50.01 | 51.15 | 52.17 | 52.92 |
| 显示频率/Hz | 215 546 | 209 642 | 204 220 | 198 952 | 194 518 | 190 715 | 188 012 |

由于在工程应用中,需要在传感器外部对被测量进行标度,而刻度大多要求均匀分布,常常用线性度来描述该近似直线与实际特性曲线的偏离程度。因而,就需要一条近似直线与其比较。此部分采用最小二乘法求出它的回归直线。

在此,$n = 7, \bar{x} = 49.79, \bar{y} = 200\,229$,根据最小二乘法公式可以求得

$$\hat{b} = -3\,219.70$$

$$\hat{a} = 360\,537.83$$

所以回归直线的方程为

$$\hat{y} = 360\,537.83 - 3\,219.70\,\hat{x}$$

如图 5-32 所示为频率与电容关系曲线与其回归直线对比。

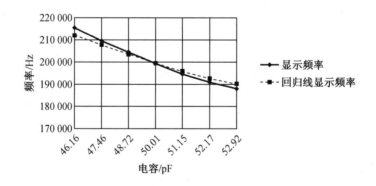

图 5-32　频率与电容关系曲线与其回归直线对比

由图 5-32 可知,输入输出关系曲线与其回归直线的最大偏差出现在输入压力约为 1 MPa 的时候,此时 $\Delta_{max} = 215\,546\ \text{Hz} - 211\,916.5\ \text{Hz} = 3\,629.5\ \text{Hz}$,而该测量电路的满量程

输出为 $y_{\mathrm{F \cdot S}} = 215\ 546\ \mathrm{Hz} - 188\ 012\ \mathrm{Hz} = 27\ 534\ \mathrm{Hz}$，所以该测量电路的线性度为

$$e_{\mathrm{f}} = \frac{\Delta_{\max}}{y_{\mathrm{F \cdot S}}} = \frac{3\ 629.5\ \mathrm{Hz}}{27\ 534\ \mathrm{Hz}} = 0.132$$

　　根据线性度的定义，线性度越小说明它的非线性误差越小，说明其越接近线性。由上式所得线性度可知，该测量电路的线性度在 10% 左右，说明本设计制作的传感器测量电路部分的线性度性能较为良好。由于电容传感器的输出本身具有非线性，并且本设计采用直接数码管显示频率，因而对于测量电路的线性度要求不高，其线性度在 10% 左右属于可接受范围。

# 第6章 交通汽车——润滑油质量检测传感器

随着现代工业的飞速发展,机械设备的可靠性和使用寿命的要求逐步提高,但各种机械在运转时都必然产生磨损,所以良好的润滑条件是减少零部件磨损、提高机械使用寿命的关键。可是在工业生产中,当润滑油逐渐被污染时,其介电常数会发生相应的变化,对机械设备、对运行安全造成威胁,但通过油液监测,生产人员能够掌握合理的换油时机并及时了解正在使用的润滑油的污染状况,对设备的工作状态做出初步判断并为工厂节约成本,可见,对润滑油状态的检测在工业生产中有重要的意义。由于在众多污染物中,水的介电常数与润滑油差异较大,因此,本书以测量润滑油中的含水量试验为例,对润滑油含水传感器的设计和试验分析进行介绍。

## 6.1 润滑油含水量检测的基本原理和研究现状

大量数据表明,工业生产中设备的摩擦和磨损是影响其可靠性和使用寿命的主要因素。作为机械设备的"血液",润滑油在机械设备的密封、润滑、减少摩擦、冷却、清洗、减振、防腐等方面起着重要作用。水作为一种主要的润滑油污染物,对其性能起至关重要的影响。因此,如何有效地检测含水量,来反映润滑油污染状态,可以更好地确定换油时间,保障机械设备可靠运行。

### 6.1.1 润滑油概述

**1. 润滑油的成分**

润滑油的成分可以分为两大类即润滑油的基础油和添加剂。

(1)润滑油的基础油

润滑油的基础油主要由合成基础油和矿物基础油两大类组成。目前生产最多的是以石油为原料生产出来的矿物基础油。制取这类润滑油原料充足,制得的油品价格便宜,质量也可以满足要求并且还可以通过加入适当添加剂的方法提高其质量,因而得到了广泛的运用。合成基础油是指通过化学方法人工合成的高性能润滑油,通常在综合性能上远优于普通矿物油,可在更为苛刻的工况下工作。与矿物油相比,合成润滑油的价格要高许多,所以一般应用在工作条件恶劣、对环保要求高的必要场合。

基础油的馏分是一个很复杂的含有各种碳氢化合物(烃类)的混合物。馏分中所含各种组分性质各异,主要由含氮、含氧的环烷烃(单环、双环、多环);烷烃(直链、支链、多支链);芳烃(单环芳烃、多环芳烃);含硫有机化合物和胶质化合物等组成。

(2)添加剂

润滑油添加剂是指加入基础油中的一种或几种化合物,以使润滑油得到某种新的特性或改善润滑油中已有的一些特性。正确使用添加剂可以在保证润滑油要求的基本性能的前提下,尽量提高润滑油的质量。常用的添加剂有很多,如摩擦缓和剂、抗氧化剂、油性剂、清净分散剂、防腐蚀剂等。它们各自有其特殊的功能,可以极大地提高润滑油的使用性能。

**2. 润滑油的作用**

使用润滑油是为了润滑机械的摩擦部位,减少摩擦抵抗,防止烧结和磨损,减少动力的损耗,以及减振、冷却、密封、防锈、清洁等,归纳如下。

（1）减少摩擦

在摩擦表面加入润滑油可以降低摩擦因数,从而减少摩擦阻力,节约能源消耗。所以在工业生产中使用的流体润滑,对润滑油的黏度有着很高的要求。

（2）冷却作用

润滑油可以减轻摩擦副的摩擦,由此减少发热量。其本身也可以吸热、传热、散热。

（3）防腐作用

通过将润滑油覆盖在摩擦表面,可以防止或避免空气、水、腐蚀性气体或液体、灰尘、氧化物等的腐蚀。油膜的厚度和润滑油的组成直接关系润滑油的防腐蚀能力。

（4）绝缘作用

部分润滑油的电阻较大,可在变压器及开关等电气装置中作为绝缘材料(如变压器油等)。将一些金属材料浸在润滑油中,可以大幅度提高绝缘强度。

（5）减振作用

润滑油吸附在金属表面,本身应力小。所以,使用润滑油的设备或部件在受到冲击载荷时具有吸收冲击的能力。

（6）清洗作用

在油路中循环的润滑油可以带走部分杂质,再经过过滤器滤掉杂质。部分润滑油还可以分散尘土和各种沉积物,起着保持设备洁净的作用。

（7）密封作用

润滑油包裹某些外露零部件可以形成密封,防止水分或者其他杂质的侵入,并提高设备内的压力。

**3. 润滑油的理化性能**

润滑油的理化性能是由其分子组成决定,可以反映出复杂的物理或化学变化过程的综合效应,直接决定了润滑油的使用性能。每一种润滑油都存在表明该产品的内在质量的固有理化性能,所以在判断润滑油是否符合机械的使用要求或者润滑油的污染状况时,应该首先进行理化分析。

（1）物理指标

外观(色度):润滑油的颜色通常能反映润滑油的精制程度和稳定性。对于基础油,一般烃类氧化物和硫化物被去除越多,它们的颜色越浅,性质越稳定。但是,由于生产过程不可能完全一致,即使在相同的精制条件下,同型号基础油的颜色和透明度也不可能是完全一样的。对于成品润滑油来说,由于添加剂的使用,仅通过外观或色度来判断润滑油的质量和状态是没有意义的。

黏度:流体流动时,其内部摩擦力的量度叫黏度。润滑油的内部摩擦力可以通过黏度反映,黏度值随着温度的升高而降低,在未添加任何添加剂之前,黏度越大,油膜强度也越高,其流动性表现就越差

水份:水份是润滑油中含水量,通常以百分比表示。水一般呈三种状态存在:游离水、乳化水和溶解水。润滑油中含水会妨碍润滑油的油膜形成,令其润滑效果变差,使可能出现的有机酸对金属的腐蚀急剧增加。综上所述,要尽可能地减少润滑油中的水份。

机械杂质:机械杂质是指存在于油液中不溶于烃类的胶状悬浮物或沉淀物。这些杂质中主要是铁屑之类和砂石,还包括添加剂中难溶于溶剂的有机金属盐。在通常情况下,润滑油的机械杂质都要求被控制在一定程度以下。

(2)化学指标

酸值:酸值是润滑油中酸总量的指标。一般来说,中和1 g润滑油中酸性物质所需的氢氧化钾的毫克数称为酸值。在水和空气的作用下,润滑油的酸值一般都会增大,对设备的腐蚀也会加剧,造成危害。

氧化安定性:润滑剂抵抗空气(或氧气)的作用并保持其性能不变的能力称为氧化安定性。与空气接触氧化,温度的升高和金属的催化作用都会加剧氧化的程度和速度。润滑油氧化的结果是,油的颜色增加,黏度增大,酸值增大,产生沉淀。

防腐蚀性:在化学或者电化学作用下金属表面发生的破坏称为金属的腐蚀。润滑油中的各类烃本身对金属没有腐蚀作用,引起金属腐蚀的主要是润滑油中的硫化物。这些腐蚀性物质可能是基础油或添加剂生产中所残留的,也有可能是润滑油的氧化产物或在存储、使用过程中产生的污染。

防锈性:防锈性是指润滑油阻止与接触的金属部件生锈的能力。水和氧气都是生锈必不可少的条件。但是工业润滑设备如液压系统和涡轮装置等由于使用环境的关系,与水的接触不可避免。为防止设备表面锈蚀损坏,一般还需要在润滑油中加入一些极性有机物作为防锈剂。

**4.润滑油污染的危害**

润滑油污染后,会引起元件卡死失灵,如齿轮啮合抖动,轴承松脱,调节阀工作不稳定,使整个系统性能降低;污物进入摩擦运动副,破坏相对运动之间的油膜,导致润滑油黏度发生改变,划伤间隙表面,加剧元件磨损,增加发热,繁殖细菌,加剧油液的化学作用,使润滑油老化变质,加速润滑油的劣化,削弱润滑性能,最终失去润滑作用;污染物进入系统内,导致其堵塞与锈蚀,造成设备运行不正常,产生大量震动和噪声。

## 6.1.2 润滑油检测技术及研究现状

无论是润滑油自身劣化变质,还是受到外界环境的影响,润滑油都会因此混入污染物,造成其性能下降。所以检测润滑油的各种污染物含量,即可读取机器的润滑油状态信息,推测设备运行状态,评判机器的磨损情况,预报故障乃至确定故障的具体部位、原因和类型。润滑油检测主要包括润滑油品质和润滑油中微粒检测两方面。

润滑油品质检测可以通过对油液的物理和化学性能指标来监测滑油的状态来识别润

滑油所引发的不良故障。主要包括黏度、酸值、含水量等。利用对同型号的全新润滑油与正在使用的润滑油的差别来比较并测定油液污染,同时还可以分析检测润滑油中添加剂成分及含量。

润滑油中微粒检测可以通过分析微粒性能实现对发动机的状态监测,微粒的出现大多是零部件的异常磨损造成的。一般油液经过颗粒计数分析之后,根据分析出的微粒大小与分布分析可以得到如下信息:①磨损微粒总量,可以判断磨损处于什么阶段;②微粒尺寸,可以判断磨损的严重程度;③微粒化学成分,可以判断磨损部件、故障的位置;④微粒形态,可以判断磨损类型,是疲劳磨损或黏着磨损等。

**1. 现有润滑油检测方法**

润滑油检测方法分为根据油液本身物理、化学性能的检测分析和润滑油携带磨损微粒检测分析两种。

本书对国内外润滑油伪劣、变质、污染测定采取的常用检测方法进行了比较(表6-1)。

表6-1 常用检测方法比较

| 检测方法 | 简介 | 优点 | 缺点 |
|---|---|---|---|
| 感官判断法 | 正牌润滑油多为黄褐色,流动过程比较均匀,且光泽较为明亮,无刺激性气味。凡是颜色混浊或者流动不均匀且带有刺鼻气味的均是变质或者劣等润滑油 | 简单方便 | 只能在油品污染较为严重的情况使用,依靠人为主观经验初步判断,在检验油品的真伪时容易引起纠纷 |
| 黏度分析检测法 | 利用润滑油的黏度变化检测润滑油的等级以及在使用过程中受到水分、外来固体等污染状况 | 易于小型化在线检测 | 受温度影响较大,价格较高,检测复杂 |
| 红外光谱技术检测法 | 通过光谱分析鉴定润滑油中污染物和添加剂的组成和含量。得到有机化合物的分子结构信息,据此判断设备和油液的状态 | 分析速度快,灵敏度高,可应用范围广,可在线检测 | 不能评定油污等级 |
| 铁谱分析法 | 在高梯度的强磁场下,磨损产物按尺寸大小有序排列。用光学显微镜和电子显微镜对杂质进行定性和定量分析,从而判断设备的磨损状况 | 技术成熟,监测的磨损颗粒尺寸范围大,表达的信息量多 | 无法测量不具有磁性的污染物,稳定性不高,操作麻烦 |

表6-1(续)

| 检测方法 | 简介 | 优点 | 缺点 |
|---|---|---|---|
| 颗粒计数检测法 | 用光源照射油液并通过传感器检测光通量,将之转换成电信号,经多级放大后传输到计数器 | 操作简单,节省人力,计数速度快,精确度较高,价格适中 | 无法独立应用于故障诊断 |
| 循环伏安检测法 | 电解溶剂和电解质混合后插入电极,当扫描电极达到峰值时,污染物在溶液中发生瞬间氧化,产生极强的电信号,据此判断润滑油的质量 | 灵敏度高,测定结果准确 | 操作复杂,消耗样品 |
| 光学显微镜技术法 | 将油液样本通过特殊的过滤膜,收集留存在滤膜上的颗粒,测定颗粒大小并在显微镜下计数,根据统计的尺寸和数量判断润滑油的品质和状态 | 能够直观地观察到颗粒污染物的实际形貌与尺寸,设备较简单,费用低,得到计数结果较准确 | 人工计数需要的时间长,操作人员易疲劳,计数的准确性很大程度上取决于操作人员的经验与主观性 |
| 介电常数检测法 | 该方法是通过检测润滑油的介电常数来判定油品质量 | 可综合反映油液品质,测量结果准确,易于小型化和在线监测 | 受温度、频率等外部干扰较大 |

由表6-1可看出,通过感官就可对变质程度大的润滑油大致进行检测,但是无法确定变质程度,如果变质程度小或变质不明显就很难察觉,因此不能用以判断润滑油的状态。通过光学显微镜计数受到人员主观因素影响较大,不符合课题要求。红外光谱检测法虽能通过检查油液各元素的含量综合判断出润滑油是否变质,但是无法判定具体污染物和污染程度,而且要耗费大量时间。铁谱技术和颗粒计数在润滑油单一检测磁性污染物时效果较好,忽略了其他杂质对润滑油品质的影响,作为评估依据不具有充分的说明性。循环伏安检测法虽然测量结果精度较高,但技术要求高,成本高,难以在现有技术下实现。黏度分析法测量所需的设备复杂,受到其他因素影响较大,同时测量结果单一。介电常数分析法是目前市场上应用最为广泛的油品检测技术,测量方法相对简单,可以较好地反映润滑油的品质,具有较高说服性。

因此,可以选择介电常数法来实时检测润滑油变化状况。但实际上润滑油中可能渗有的多种污染物如水、金属磨粒、酸等都会影响油的介电常数。所以需要多传感器融合来排除其他因素对介电常数的影响,单一传感器无法通过介电常数法来测量润滑油含水量。根据介电常数表,其中水(81)与油液(2~3)的介电常数相差较大,而其他杂质如金属(不大于10)、空气(1左右)、酸(4~6)等对介电常数的影响均比水要小得多,所以油液介电常数的变化主要反映了含水量,可以通过研究介电常数的变化来大致测定润滑油含水的状况。

**2. 国内外润滑油传感器研究现状**

润滑油检测技术是一门新兴的综合学科,目前经过多年的发展,在高新技术的刺激下,全球油品传感器的市场正在迅速扩大。特别是在北美洲和欧洲的发达国家,市场份额所占的比重较大。近年来,中国已在传感器和其相关方面加速研究,特别是工业的快速发展,很大幅度地推动了我国润滑油领域传感器的发展。

目前,润滑油传感器主要有:加拿大凯斯特普公司生产的金属监测传感器;日立分析仪器公司研制的嵌入式 X 荧光光谱仪(XRF);福斯特 – 米勒公司研制的在线红外油液状态监控器(OCM);美国阿尔泰公司研制的嵌入式 FSP2800B 油介质传感器;美国代顿大学和 Fluitec 公司联合研制的在线油液状态监控传感器 OCM 新型嵌入式油液黏度传感器和半导体微传感器等。

国内方面主要有:RZJ – 2 型润滑油传感器、激光式颗粒计数传感器和光纤类传感器。其中应用最多的是电磁类传感器。电磁类传感器对导电类颗粒较为敏感,尤其是铁磁性颗粒,而对非导电类检测性能较差。

目前,国外也有很多基于电介质的介电常数法制作的润滑油含水传感器。凯维力科公司开发的新型油品质传感器正是通过介电常数法实现了对润滑油含水量的实时定量分析。美国 Pall 公司和美海航司令部联合研制了新型薄膜聚合体电容水分传感器,可直接对润滑油含水量进行高精度测量。与国外产品的制造质量和技术水平相比,国内润滑油含水传感器精度较差,在其他方面也存在着许多不足之处。目前还没有标称分辨率可达 1% 的产品,其中大多数精度约为 3%。但生产厂家和它们生产的产品种类都在逐渐增多,现已形成十余种产品系列。如深圳先波科技有限公司的 FWS – Ⅱ 型电容式水分传感器,集成度差,体积较大,工作环境不如国外产品好。因此,研制一种高精度的润滑油含水量传感器是十分必要的,在市场上有广阔的应用前景。

**3. 润滑油检测存在问题**

影响润滑油介电常数的原因很复杂,因此需要尽可能地保证无关变量在测量中不变,主要有以下几个影响因素。

（1）频率

任何电容都会受到频率的影响,尤其是在测量含水量极少的润滑油时,微小电容测量受到频率的干扰通常难以忽略。

（2）温度

温度影响材料内部的结构和分子运动,因此也影响由材料本身性质决定的介电常数。温度对水的介电常数影响很大,如表 6 – 2 所示为水在不同温度下的介电常数。因为润滑油中通常都含有一定量的水,所以当温度变化时,油液的综合介电常数会产生相应的变化。

表 6 – 2　水在不同温度下的介电常数

| 温度/℃ | 0 | 10 | 20 | 30 | 40 | 60 | 80 |
|---|---|---|---|---|---|---|---|
| 介电常数 $\varepsilon$ | 87.74 | 83.83 | 80.10 | 76.55 | 73.15 | 66.82 | 61.03 |

（3）润滑油自身的影响

润滑油正常放置在空气中,就会在一定程度上被氧化,并且空气中含有的水分也可能会对测量造成一定影响,另外空气中部分物质还可能与润滑油发生反应,造成进一步的污染。

# 6.2 含水传感器的设计与制造工艺

水作为影响润滑油介电常数的一种主要污染物,对润滑油的性能起着至关重要的影响。通过测量电路可以测量电容传感器的电容,从而得到含水传感器检测介质电容的变化,并间接地获得润滑油的介电常数的变化。本节介绍了介电常数的概念和介电常数测量的理论基础,分析润滑油中的水分对含水传感器电容的影响,在此基础上设计3种造型的含水传感器,经比较后选用最符合试验和实际要求的一种结构。

## 6.2.1 介电常数法

### 1. 介电常数定义

介电常数表征的是材料能使电场通过的能力。但同时它还有另外一层物理含义,即允许电场通过,而不允许粒子通过。

事实上,理想的电介质是不存在的,任何物体都是具备一定导电能力的,只是这种导电能力有很大差异。总体而言,材料大体可以分为绝缘体、半导体、和导体3类。绝缘体的导电能力很差,基本上可以认为是理想电介质;半导体具备一定导电能力,也因此在实际的电子器件中有很广泛的应用价值;导体具有良好的导电性,在实际生活和生产中的应用最广泛。

电介质的存在方式一般有3种:固态、气态和液态。例如,空气即是一种常态为气态的电介质;大量的绝缘材料(如塑料、树脂等)是常态为固态的电介质,而润滑油是一种常态为液态的电介质。

介电常数以字母 $\varepsilon$ 表示,单位为法/米(F/m),定义为电位 $D$ 和电场强度 $E$ 之比,即 $\varepsilon = D/E$。

某种电介质的介电常数 $\varepsilon$ 与真空介电常数 $\varepsilon_0$ 之比称为该电介质的相对介电常数,$\varepsilon_r = \varepsilon/\varepsilon_0$。$\varepsilon_r$ 是无量纲的纯数,其与电极化率 $\chi_e$ 的关系为 $\varepsilon_r = 1 + \chi_e$。

如表6-3所示是一些常见介质的相对介电常数。

表6-3  常见介质的相对介电常数

| 介质名称 | 相对介电常数 | 介质名称 | 相对介电常数 |
|---|---|---|---|
| 水 | 81 | 冰 | 3~4 |
| 矿石 | 250 | 碳 | 6~8 |
| 湿沙 | 15~20 | 花岗岩 | 8.3 |

表 6-3（续）

| 介质名称 | 相对介电常数 | 介质名称 | 相对介电常数 |
|---|---|---|---|
| 乳胶 | 24 | 大理石 | 6.2 |
| 水泥 | 4~6 | 云母 | 7~9 |
| 沥青 | 4~5 | 食盐 | 7.5 |
| 食用油 | 2~4 | 油漆 | 3.5 |
| 石膏 | 1.8~2.5 | 乙醇 | 24.5~25.7 |
| 柴油 | 2.1 | 甲醇 | 32.7 |
| 汽油 | 1.9 | 金刚石 | 2.8 |
| 塑料 | 1.5~2.0 | 橡胶 | 2~3 |
| 空气 | 1 | 土壤和沉积物 | 4~30 |
| 聚苯乙烯颗粒 | 1.05~1.5 | PVC 材料 | 3 |
| 石蜡 | 2.0~2.1 | 空气 | 1 |
| 木头 | 2.8 | 雪 | 1~2 |
| 玻璃 | 4.1 | 混凝土 | 4~11 |

**2. 影响润滑油介电常数的因素**

纯润滑油一般不含水或酸等极性分子,但如果润滑油被污染,其介电常数就会因污染物而增加。因此,污染物的种类和数量直接关系到润滑油的变质程度。

通常情况下,不同介质的相对相对介电常数存在较大差别。合格的润滑油其相对介电常数应该在 2.0~2.8;而水的相对介电常数通常在 81 左右;酸中存在许多导电的离子,相对介电常数仅为 5 左右;金属颗粒导电力极强,介电常数非常小。因此,当润滑油受到不同类型污染物的影响时,介电常数会随着污染物含量的不同而发生不同程度的变化。因此,水、酸和金属颗粒均会对润滑油介电常数产生影响进而反映在含水量的测量中。

在众多影响介电常数的污染物中,水来源最为广泛,来自空气中的水,润滑油自身反应也会生成水,部分设备在运行中也难免让润滑油与水接触。这些途径都会对润滑油造成水污染,使介电常数发生变化。

润滑油的分解主要通过烃类碳氢化合物的氧化,最终可以得到有机酸,其酸度与润滑油的降解程度成正比。有机酸中主要有 $H^+$、$RCOO^-$ 两种离子,可导致油液的相对介电常数增加。

摩擦现象必然会出现在机械零件的相对运动过程中,如果润滑效果不好,就会导致润滑油中的金属颗粒因摩擦而增多。此时通过电容传感器可以测出油液电容量会变大,同样提高了润滑油的相对介电常数。

综上所述,我们可以看出水作为最主要污染物,其产生的可能性远大于其他污染物,同时又因为其介电常数也远大于其他污染物,所以可以认为,通过介电常数法检测的主要是润滑油含水量的变化,为后续排除其他干扰因素的精确测量打下基础。

### 6.2.2 含水传感器原理及特点

根据分析,为了将润滑油含水量的变化反映成介电常数的变化,可以将电容传感器当作含水传感器检测润滑油含水量。电容传感器是一种可变参数的电容器,它可以将被测量的变化改变为电容变化而实现测量。

**1. 含水传感器的基本原理**

根据设计,含水传感器的主体应该为电容传感器(图6-1),其测量原理也应该是电容传感器的测量原理。

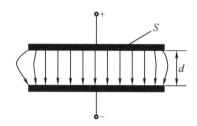

图 6-1  电容传感器基本结构

由物理学可知,当忽略电容器边缘效应时,对图示中平行极板电容器的电容量计算公式为

$$C = \frac{\varepsilon S}{d} = \frac{\varepsilon_0 \varepsilon_r S}{d} \qquad (6-1)$$

式中  $\varepsilon$——电容极板间介质的介电常数;

$\varepsilon_0$——真空的介电常数, $\varepsilon_0 = 8.854 \times 10^{-12}$ F/m;

$\varepsilon_r$——极板间介质的相对介电常数,对于空气介质, $\varepsilon_r \approx 1$;

$S$——极板间相互覆盖面积, $m^2$;

$d$——极板间距离, m。

由式(6-1)可知, 在 $S$、$d$、$\varepsilon$ 三个参量中,改变其中任意一个量,均可使电容量 $C$ 改变。也就是说,如果被检测参数(如位移、压力、液位等)的变化引起 $S$、$d$、$\varepsilon$ 三个参量之一发生变化,保持另外两个参数不变,就可以把该参数的变化转化为电容量的变化。据此,电容式传感器可分为三大类:极距变化型电容传感器;面积变化型电容传感器;介质变化型电容传感器。由于本设计主要测量介电常数的变化,所以采用介质变化型电容传感器

综上所述,将课题所需要的系统设计成由电容量可变的电容传感器来当作含水传感器本体和转换用的测量电路组成,含水传感器变量间的转换关系如图6-2所示。

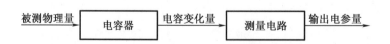

图 6-2  含水传感器变量间的转换关系

**2. 含水传感器的特点**

根据测量需要,含水传感器将被测的润滑油含水量转换成电容变化进而转换成电压变化。与其他传感器比较,含水传感器要有以下特点:

①温度稳定性好。电容值与电极材料无关,自身发热小;

②结构简单,适应性强。金属做电极,无机绝缘材料支撑,能承受大的温度变化和强辐射,能在较恶劣的环境下可靠工作。

③动态响应好,动态响应时间短,有良好的动态特性,可以工作在几兆赫兹的频率下,十分适合动态测量。

结合测量需要,可以发现虽然电容传感器具有输出阻抗高,寄生电容影响大等缺点,但是相比之下其可以满足较多测量要求,充分弥补了这一缺点。所以采用电容传感器作为含水传感器的测量主体可以满足要求。

## 6.2.3 含水传感器设计

针对油液介电常数的变化,可以设计一种新型介质变化型电容传感器作为含水传感器来测量。当油液电介质发生变化时,需要通过含水传感器将其反应在电容上,再由此建立电容值与介电常数之间的映射关系,进而得到含水量,这是设计电容式含水传感器的前提。

实际上测量介电常数是一个比较复杂的问题,因为实际上介电常数和一些干扰的因数有关,诸如频率和温度等因素。所以测量介电常数的方法和技术也会因为频段、温度的不同而有所差异。

**1. 含水传感器设计要点**

由于电容传感器干扰因素较多,且寄生电容对其影响较大,因此在设计过程中需要采取多方面的措施来屏蔽这些因素的影响。方法可以归纳为两种:从传感器的角度,要减小传感器对影响因素的灵敏度;从外界影响因素的角度,要降低其对传感器的作用。为使传感器的成本低、精度高、分辨率高、稳定可靠且具有更好的频率响应等,结合需要,所设计的润滑油含水传感器一般要注意以下几点:

①虽然可以使用边缘效应(外电场)进行测量,但是还要尽量减小和消除导线间寄生电容的影响,可通过增大传感器原始电容值以及接地、屏蔽、集成化和电路措施等手段实现。

②考虑到测量对象为液态的润滑油溶液则必须要保证电极材料在试验条件下不起变化,而且不影响被测量介质的性能,更不能与介质发生化学反应。同时为了避免液体残留影响后续测量,一般还将电极进行抛光处理。

③为了避免传感器的金属部分与溶液接触,通常使用绝缘的漆包线来避免干扰,并在接口或缝隙处进行密封。

**2. 常见的电容传感器结构**

(1)平板式电容传感器

根据电容的计算公式,一般将电容传感器设计为平板的形式。

平板式电容传感器结构如图6-3所示。

滑油流入                                              滑油流出

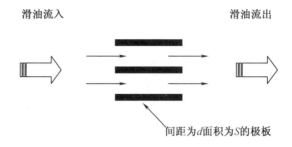

间距为$d$面积为$S$的极板

图 6 – 3　平板式电容传感器结构

中间板作为电容器的第一极,上极板和下极板作为电容器的另一极,被测介质从极板间空隙流过。平板电容传感器的电容值反映了液体介质介电常数的变化。平板电容器电容值为

$$C = \frac{\varepsilon_0 \varepsilon_r S}{d}$$

一般情况下,平板电容器两个极板之间的电场并不是完全均匀平行分布的。其主要原因是平板电容器并不是无穷大的,因此在平行板边缘会有边缘效应出现(图 6 – 4),在测量过程中会使得测量的电容比理论的电容要大。

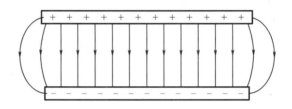

图 6 – 4　平板式电容传感器的边缘电场

这种结构看似简单,但是却存在着一个较大的缺陷,即被测物与电极之间可能存在空气缝隙,空气缝隙的存在会引起介电常数的测量误差。如图 6 – 5 所示为平板式电容传感器的空气缝隙。

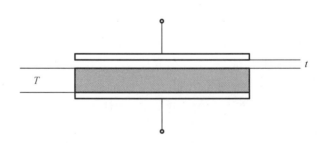

图 6 – 5　平板式电容传感器的空气缝隙

假设空间缝隙的宽度是 $t$,则有空气缝隙引入的电容是

$$C_0 = \frac{\varepsilon_0 S}{t} \tag{6 – 2}$$

而由被测量样品产生的电容是

$$C_r = \frac{\varepsilon_0 \varepsilon_r S}{T} \qquad (6-3)$$

由此,有空气缝隙和样品所产生的总电容

$$C_{err} = \frac{1}{\frac{1}{C_0} + \frac{1}{C_r}} = \frac{\varepsilon_0 \varepsilon_r S}{\varepsilon_r t + T} \qquad (6-4)$$

有空气缝隙产生的测量误差为

$$\Delta E = 1 - \frac{C_{err}}{C_r} = \frac{\varepsilon_r}{\varepsilon_r + \frac{T}{t}} \qquad (6-5)$$

由式(6-5)可知,此类测量误差不仅与空气缝隙 $t$ 的大小有关,还与所测量的材料的介电常数 $\varepsilon_r$ 有关。

(2)圆筒式电容传感器

为了便于与输油管道连接,将电容器设计成圆柱形,如图6-6所示为圆筒式电容传感器结构。

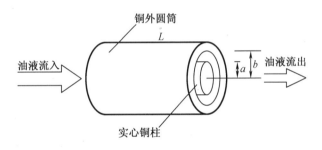

**图6-6 圆筒式电容传感器结构**

圆筒式电容器主要由外筒壁和内极柱组成,外筒壁表面涂有绝缘涂层,以减少来自外部的电磁干扰。实心金属柱作为电容器的一极,外壁的圆筒是电容器的另一极。当油液流经圆筒间隙时,圆筒式电容传感器的电容变化反映了油液介电常数的变化。

根据电磁学的相关理论可知,图6-6所示电容器的电容理论值为

$$C = \frac{2\pi \varepsilon_0 \varepsilon_r L}{\ln \frac{b}{a}} \qquad (6-6)$$

式中 $L$——电容传感器电极的长度;

$b$——外筒壁直径;

$a$——内极柱直径。

设计时要求 $L$ 远大于 $b$(近似当作理想电容)。但是,实际应用中过长的传感器会造成许多不便,例如占用过多的空间,过长的造型导致圆筒外壁相对脆弱等。另一方面,为保证测量精度,内外电极直径的比值大小要合适,过小会使测量的电容数量级变大;过大又难以

在结构上实现,并且无法和输油管道实现对接。

如图 6 - 7 所示为圆筒式电容传感器实物图。

图 6 - 7　圆筒式电容传感器实物图

综合比较,圆筒式电容传感器的不足之处有很多,如电容值数量级难以确保,内外电极的直径之比难以掌控,电极长度过长容易发生事故,传感器体积过大不易搬运等。

**3. 螺旋式电容传感器**

为了减小传感器的体积,方便测量,可以设计小体积的螺旋式电容传感器。螺旋式电容传感器的结构如图 6 - 8 所示,螺旋式电容传感器的原理如图 6 - 9 所示。

图 6 - 8　螺旋式电容传感器的结构　　　　图 6 - 9　螺旋式电容传感器的原理

将 3 条电极缠绕在载体内芯上,每两个之间形成一个电容(传感器双冗余设计),外部涂有绝缘层。被测量的介质润滑油存在于电容外侧,两极板间介质一定,利用外部电场(边缘效应)进行测量。为了屏蔽干扰还可以在外部套上钻孔的保护壳,让油液从孔中进入与传感器充分接触。虽然利用电容外电场进行微小测量的准确性不如利用内电场的其他造型,但是这种传感器结构具有以下优点:一是保护层可以隔离油液,使其不与金属直接接触;二是降低油液与外表面的亲附力,并通过油液冲洗,防止传统的电容传感器中因为附着物影响灵敏度的测量;三是因为其体积小的结构特点,极易伸入输油管道中实现在线监测。

根据测量的需要初步将传感器尺寸设计如图 6 - 10 所示。传感器总长度为 78 mm,底部测量部分直径为 15 mm,长度为 60 mm,连接部分直径为 10 mm,长度为 8 mm。螺纹部分直径为 20 mm,长度为 10 mm。传感器外壳内壁直径为 17 mm,外壁直径为 20 mm,在侧面还存在着一个直径为 5 mm 的小孔。

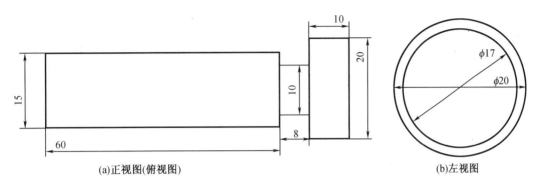

(a)正视图(俯视图)　(b)左视图

图 6 – 10　传感器尺寸(单位:mm)

使用 Solidworks 绘制出电螺旋式传感器各部分设计与示意图(图 6 – 11 ~ 图 6 – 15)。

(a)　　　　(b)

图 6 – 11　电极设计图

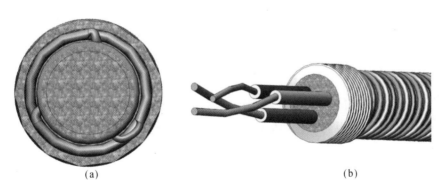

(a)　　　　(b)

图 6 – 12　顶部设计图

图 6 – 13　装配示意图

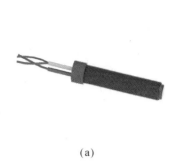

(a)

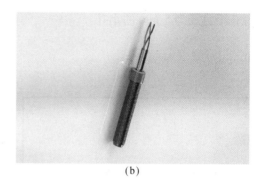

(b)

图 6 - 14　传感器内部

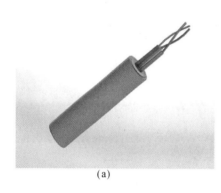

(a)

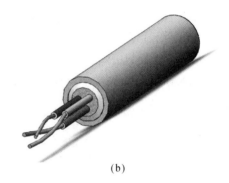

(b)

图 6 - 15　传感器外部

3 条传感器电极以 0.15 mm 的固定间距均匀缠绕在载体上,并产生冗余电容。传感器顶部处将 3 条电极经过螺纹部分伸出,并通过环氧树脂严格密封,避免油液从缝隙渗入,污染或腐蚀电极。

为了屏蔽外电场的干扰,防止其影响传感器内部的测量电场,本设计将导电性良好的金属外壳屏蔽层进行阳极化处理,后将其通过接地线与大地相连接,隔离内外两部分电力线。

### 6.2.4　含水传感器材料的选取

**1. 传感器电极材料的选取**

电容传感器的电极是含水传感器的重要组成部分,它直接关系到传感器的测量精度和灵敏度,因此,电极材料的选择是非常重要的。电容传感器的金属电极材料可以选择低温度系数的 Fe - Ni 合金,但其加工难度较大。金属铜加工工艺成熟,成本低,温度系数较低,韧性好,耐磨损,所以可以选用延展性好、易缠绕的铜作为电极材料。

**2. 传感器载体材料的选取**

螺旋式电容传感器的载体是指电极所缠绕的部分,作为内芯其必须要绝缘而且不与接触的电极反应,一般可以选绝缘的金属或者无机材料(如玻璃、陶瓷)等。但是玻璃、陶瓷等无机材料虽然不易产生电磁干扰也具有良好的绝缘性能,但其硬度过低,在使用中极容易发生破损甚至断裂,物理性能较差。通常选用具有优良的综合性能的工程塑料,其在很大的温度范围内都有着优良的机械性能,绝缘性好,耐腐蚀,可在较苛刻的化学、物理环境中长期使用。虽然其价格较贵,产量较小,但是优良的理化性能可以弥补这一缺点。金属铝在阳极化处理后,同样拥有很好的物理特性,且价格低廉,也不失为一种优良的载体。

**3. 传感器绝缘涂层材料的选取**

一般要求传感器的绝缘管壁需要具有如下特性:具有一定的机械强度和稳定的性能;温度系数小、几何尺寸稳定性好、易于加工、成本低;介质耗损小、具有高绝缘电阻和高表面电阻。

传感器绝缘涂层材料不选用有机硅、云母粉,这是因为虽然它们的物理性能很好,但其较难加工、成本高;胶类物质可能溶于润滑油或者与其发生反应;聚四氯乙烯虽然各方面都有着优良的性能但是价格相对较高;相比之下环氧树脂材料的介电常数是 3.5,接近润滑油的介电常数,凝固后不易溶解于其他有机溶剂。

环氧树脂拥有如下特性:环氧树脂的机械性质较软,易于加工,成本低;耐高、低温,对温度的影响变化不大,温域范围广,可在 150～200 ℃ 温度下长期工作;化学性能稳定,环氧树脂几乎不受任何强酸、强碱、强氧化剂、还原剂等的作用;有优异的电气性能,环氧树脂在较宽频率范围内的介电常数和介电损耗都很低,在室温下,击穿电压高可达到 35 kV/mm。

以上特性符合所研制的电容传感器绝缘涂层的要求,结合传感器的结构特点,选用环氧树脂材料作为传感器的绝缘涂料,涂抹在被电极缠绕的基体棒上。

**4. 传感器屏外壳材料的选取**

由于采用了电容式传感器,该类传感器极易受到外界干扰源的影响。为消除或抑制这种干扰,要进行电场屏蔽。其设计应遵从的原则是:屏蔽应尽可能靠近受保护的物体;屏蔽体的接地必须良好;屏蔽体的形状直接关系到屏蔽效果;最好将屏蔽体做成封闭结构,便于集成化。

在实际应用中,需要考虑静电场和交变电场这两种可能出现的情况。静电场在实际应用中并不多见,一般多采用将屏蔽体接地的做法。屏蔽交变电场需要在干扰源和敏感电路之间设置导电性能良好的金属屏蔽体,并将其接地,来进一步减少干扰。

目前比较常用的电磁屏蔽材料主要有铁磁材料和处理后的金属导体。铁磁材料适用于低频磁场(小于 100 kHz)的屏蔽,但是在实际应用中可能会发生磁化现象,产生磁性,对油中的颗粒产生吸附,影响后续的测量。而处理后的金属导体(如铝和铜等),对小于100 kHz 的低频磁段屏蔽效能较差,对大于 1MHz 的磁段屏蔽效能明显增加。因为本设计多在交流环境下试验,所以可能会产生较高的频率。考虑到铜的价格较高,所以此处使用铝材料。

综上所述,可以使用阳极化处理过的金属材料铝和工程塑料作为屏蔽体,在铝制屏蔽壳体上钻孔,使油液从其中流过,同时将外壳接地,进一步地减少干扰。经过传感器结构的设计和尺寸的优化,设计出所需的结构和尺寸,按照选取的材料,制作出所设计的含水传感器。

### 6.2.5　含水传感器的制造

含水传感器的制造流程如图 6 – 16 所示。

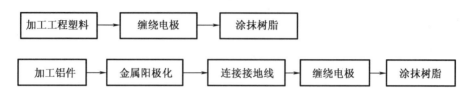

图 6 – 16　含水传感器的制造流程

**1. 工程塑料载体的传感器**

将棒状的工程塑料按设计尺寸利用金属加工工艺制造成所需的大小。将 3 条 0.8 mm 的通信漆包线用绕线机以 0.15 mm 的固定间距均匀缠绕在工程塑料载体上,并将其从载体顶部伸出。在绕有漆包线的载体外层涂抹一层环氧树脂,以避免金属材料或者工程塑料载体与润滑油接触发生劣化。

**2. 铝载体的传感器**

将铝棒车削成符合尺寸的载体内芯和屏蔽外壳,并在外壳上钻孔来便于测量用内芯与润滑油接触,在载体顶部车削出螺纹。对铝制材料进行阳极化处理,在其表面形成绝缘氧化膜。为了进一步的屏蔽干扰,可以在铝制的触感器外壳连接接地线。由于氧化保护膜的存在,先用锉刀刮去部分外壳表面的保护层,通过屏蔽双绞线连接露出部分,后用胶带缠紧,进行简易密封。将 3 条 0.8 mm 的通信漆包线用绕线机以 0.15 mm 的固定间距均匀缠绕在铝制载体上,并将其从顶部伸出。在绕有漆包线的载体外层涂抹一层环氧树脂,以避免金属材料或者工程塑料载体与润滑油接触发生劣化。等树脂凝固后,将外壳沿着螺纹安装在内芯外部。重复以上步骤,共制作两个同样规格的铝载体的传感器,分别作为参考电容传感器和测量电容传感器。最后,为了方便连接测量导线,可将伸出的漆包线末端表面打磨掉部分绝缘层,并包裹少量焊锡来避免氧化。

如图 6 – 17 所示为含水传感器实物图。

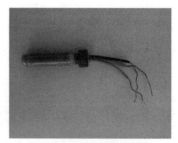

(a)工程塑料传感器　　　　　　　　(b)铝制传感器内部

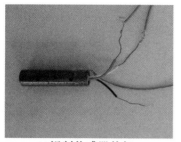 

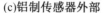

(c)铝制传感器外部　　　　　(d)参考传感器和测量传感器

**图 6 – 17　含水传感器实物图**

# 6.3　含水传感器的测量电路

含水传感器把被测量转换成电路参数,即电容 $C$,为了使信号能被更好地处理,并用得到所需的测量结果控制某些设备工作,还需要将电路参数 $C$ 进一步转换成电压、电流、频率等电量参数。

设计含水传感器采集数据遇到的主要问题是:由于被测量是仅有几十至几百皮法的微小电容,所以温度、湿度、传感器结构等无关变量与电路产生的寄生电容值就会对所要测量的电容结果造成很大的干扰,因此,检测微小电容的变化是测量的难点之一。微小电容测量电路必须满足高灵敏度、低噪声等要求。结合屏蔽手段和放大手段设计高精度、高分辨率的电容检测电路,是解决这一技术难题的可行途径。

## 6.3.1　含水传感器测量电路设计

### 1. 谐振法

谐振法的原理是使振荡频率受被测电容 $C_x$ 制约,则测量电容的问题就转化为测量振荡频率的问题。频率的测量可以通过计数器,也可以通过 F/V 转化电路实现。振荡法又分为 $RC$ 和 $LC$ 两种,一般来说,$RC$ 振荡电路对于小电容检测的灵敏度不高,测量的频率范围要小于 $LC$ 振荡电路,并且电路容易受杂散电容等的干扰影响,电路稳定性不好;$LC$ 振荡电路作为电容传感器的测量电路,测量范围宽,灵敏度也高。

$LC$ 谐振法的基本原理是被测电容 $C_x$ 与一个固定值电感 $L$ 组成并联电路,并外加一可变频率的信号,谐振法原理图如图 6 – 18 所示。

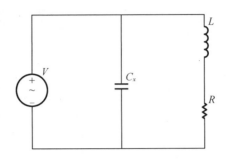

图 6 - 18　谐振法原理图

电路输入阻抗为

$$\dot{Z} = \frac{\dot{U}}{\dot{I}} = \frac{(R + jwL)\dfrac{1}{jwC_x}}{\dfrac{1}{jwC_x} + R + jwL} \tag{6-7}$$

通常 $R \ll wL$，则

$$\dot{Z} = \frac{\dfrac{L}{C_x}}{R + j(wL - \dfrac{1}{wC_x})} \tag{6-8}$$

在并联谐振频率为 $f_0$ 时，回路两端电压 $\dot{U}$ 和输入电流 $\dot{I}$ 同相，即阻抗 $\dot{Z}$ 的虚部为零

$$w_0 L - \frac{1}{w_0 C_x} = 0$$

可得到

$$w_0 = \frac{1}{\sqrt{LC_x}} \text{或} f_0 = \frac{1}{2\pi} \frac{1}{\sqrt{LC_x}}$$

当传感器电容 $C_x$ 发生变化时，谐振回路的阻抗发生相应变化，并被转化成电信号输出调整信号源的频率，使电路发生谐振，谐振时 $C$ 呈现的容抗和 $L$ 呈现的感抗相等，从而求得 $C_x$。谐振电路比较灵敏，该方法的频率范围可以从几百千赫到几百兆赫，但缺点是精度较差，工作点不易选好，需要反复调试得到谐振，变化范围也较窄，传感器连接电缆的分布电容影响也较大。

**2. 调频电路法**

调频电路法即将测量用的电容式传感器作为振荡器谐振回路的一部分（图 6 - 19），当输入量导致电容量发生变化时，振荡器的振荡频率就发生变化，频率的变化经过鉴频器变为电压变化，再经过放大后可以通过仪表测量。该方法是一种基于普通谐振法的改进。

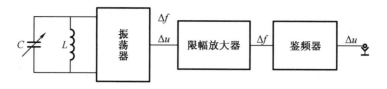

图 6 – 19　调频电路法原理图

$C$ 为振荡电路中的等效电容,它包括传感器电容、谐振电路中的固定电容和导线电容三部分。利用电压转换器,可以将频率信号转换为电压值。

当被测信号为 0 时,电容变化量也为 0,振荡器有一个固有振荡频率 $f_0$,即

$$f_0 = \frac{1}{2\pi \sqrt{L_0 C}} \tag{6-9}$$

式中　$L_0$——振荡回路的电感;

　　　$C$——振荡回路的总电容。

$C = C_1 + C_2 + C_x$(其中,$C_1$ 为振荡回路固有电容;$C_2$ 为传感器导线间形成的寄生电容;而 $C_x$ 为测量用的传感器的电容)。

当电容发生变化时,被测信号不为 0,$\Delta C \neq 0$,振荡器频率有相应变化,此时频率为

$$f = \frac{1}{2\pi \sqrt{L(C \pm \Delta C)}} = f_0 \pm \Delta f \tag{6-10}$$

这种电路受到的干扰因素较少,灵敏度高,缺点是导线之间的寄生电容影响较大,使用中对仪器要求较高。

**3. 充放电法**

充放电法原理图如图 6 – 20 所示。

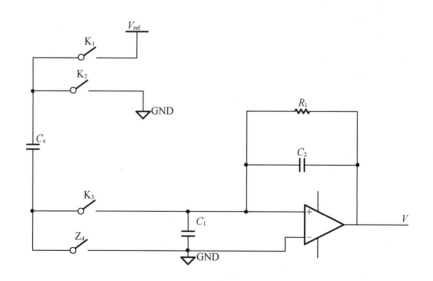

图 6 – 20　充放电法原理图

其中 $K_1$、$K_2$、$K_3$ 和 $K_4$ 为 CMOS 模拟开关,受时钟信号 CD 的控制。$K_1$ 与 $K_3$ 同相,$K_2$ 与 $K_4$ 同相且与 $K_1$、$K_3$ 反相,$C_x$ 为被测电容。如图 6 - 21 所示为充放电法开关时序图。

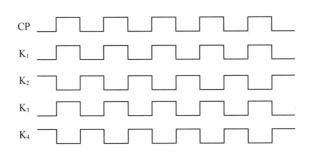

图 6 - 21　充放电法开关时序图

充放电法的工作原理:当 $K_1$ 与 $K_3$ 导通,$K_2$ 与 $K_4$ 断开时,被测电容 $C_x$ 接到电压 $V_{ref}$,$C_x$ 为充电状态。在充电期间,被测电容被充电至 $V_{ref}$,所充电量为 $Q = V_{ref}C_x$。当 $K_1$ 与 $K_3$ 断开,$K_2$ 与 $K_4$ 导通时,电容上的电荷全部泄放,为放电状态。

在时钟脉冲的控制下,充放电过程频率 $f = \dfrac{1}{T}$ 重复进行。因此,在放电期间流经电荷检测器的电流为

$$I = \frac{Q}{T} = V_{ref}C_x f \tag{6-11}$$

经负反馈后,最后得到的直流电压为

$$V = IR_f = V_{ref}C_x f R_f \tag{6-12}$$

由于 CMOS 模拟开关构成复杂,频率不易控制,同时充放电法对试验设备有较高的要求。

### 4. 运算放大器电路法

运算放大电路法即利用运算放大器组成测量电路,将电容量的变化调反映到输出电压的幅度中(图 6 - 22)。由于这种电路采用交流形式,所以可通过负反馈(可以使用瞬时极性法判断)减少漂移的影响。同时,利用了运算放大器的放大倍数非常大且输入阻抗很高这一特性,因为其高内阻特性可以忽略分布电容的影响。

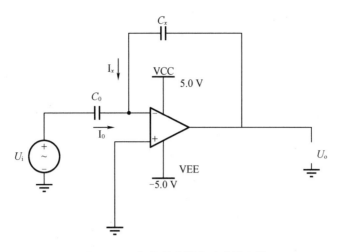

图 6 - 22　运算放大器电路法原理图

因为运放是反相输入,存在虚短、虚断、虚地,由 $U_+ = U_- = 0$, $I_+ = I_- = 0$ 可以得到

$$\begin{cases} U_i = j\dfrac{1}{\omega C_0}I_0 \\[2mm] U_o = j\dfrac{1}{\omega C_x}I_x \\[2mm] I_0 = -I_x \end{cases} \qquad (6-13)$$

解出 $U_o = -U_i\dfrac{C_0}{C_x}$。而将 $C_x = \dfrac{\varepsilon S}{d}$ 代入得

$$U_o = -U_i\dfrac{C_0}{\omega S}d \qquad (6-14)$$

由于进行微小信号测量,所受干扰较多,环境的变化容易引起电阻的变化。

**5. 交流电桥法**

交流电桥一般采用正弦交流电压作为电桥电源,有着广泛的应用。

电桥一般由四个桥臂首尾相接构成,四个桥臂可以为电阻、电容、电感或者三者任意组合起来的复阻抗,每一个复阻抗都包括实部和虚部,即电阻分量和电抗分量(图 6 - 23)。复阻抗的表达形式为 $Z_i = R_i + jX_i = |Z_i|\angle\varphi_i = |Z_i|e^{j\varphi_i}$。交流电桥输出电压为

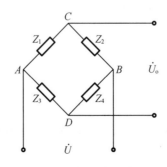

图 6 - 23　交流电桥的一般形式

$$\dot{U}_o = \frac{Z_2 Z_3 - Z_1 Z_4}{(Z_1 + Z_2)(Z_3 + Z_4)} \dot{U} \tag{6-15}$$

当电桥平衡时，$C$、$D$ 两点的电势在任一瞬间都相等，由欧姆定律得

$$Z_1 Z_4 = Z_2 Z_3$$

也可表示为

$$R_2 R_3 - X_2 X_3 = R_1 R_4 - X_1 X_4$$

$$R_2 X_3 + X_2 R_3 = R_1 X_4 + X_1 R_4 \tag{6-16}$$

用极坐标形式表示为

$$\begin{cases} |Z_2| \cdot |Z_3| = |Z_1| \cdot |Z_4| \\ \varphi_2 + \varphi_3 = \varphi_1 + \varphi_4 \end{cases} \tag{6-17}$$

实际上电容器的两极板间所充电介质并非理想介质，且存在漏电现象，在电路中要消耗一定的能量(图6-24)。

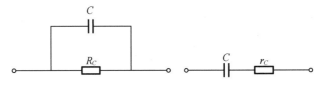

**图6-24　实际电容器电路及其等效电路**

这相当于两个极板间并联有一个大电阻，可以得到

$$Z_C = r_C + \frac{1}{j\omega C} \tag{6-18}$$

上式表明，实际电容也等于理想电容与一个阻值为 $r_C$(损耗电阻)的电阻串联
可以采用交流不平衡电桥构成的电容式传感器，其原理如图6-25所示。

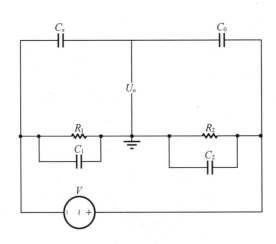

**图6-25　交流不平衡电桥测量电路**

交流不平衡电桥同样是由四个桥臂首尾相接构成的，其中两个桥臂上为电阻，为了减

小直流的干扰,在电桥电阻两端并联相同规格的电容。待测含水传感器为 $C_x$,$C_0$ 为参考含水传感器,$\dot{U} = U_{max}\cos wt$ 为交流电源,根据公式(6-15)可知。此时输出电压 $\dot{U}_o$ 与桥臂电阻及电源电压的关系为

$$\dot{U}_o = \frac{\dfrac{R_1}{jwC_x} - \dfrac{R_2}{jwC_0}}{\left(\dfrac{1}{jwC_x} + \dfrac{1}{jwC_0}\right)(R_1 + R_2)} U_{max}\cos wt \qquad (6-19)$$

化简得

$$\dot{U}_o = \frac{R_1 C_x - R_2 C_0}{(C_x + C_0)(R_1 + R_2)} U_{max}\cos wt \qquad (6-20)$$

为方便计算此处让 $R_1 = R_2 = 1\ \Omega$。

上式表明,被测电容量会改变输出交流信号的幅值,因此可以通过测量输出信号的电压幅值得到被测电容量的值。

交流电桥输出为交流信号,外界工频干扰不易被引入,同时相对电路简单,没有零漂的现象,但要求供电电源稳定性要好。最重要的是通过两个相同规格不同用处的含水传感器可以实现差分放大,提高灵敏度,排除油液自身变化引起的干扰,所以采用交流电桥来作为测量电路。

由于是微小电容的测量,这里需要附加一个放大电路,增大输出电压的幅值,便于测量和计算。此处采用通过集成运算放大器组成的构造较简单的反相比例放大电路。

反相比例放大电路原理图如图6-26所示。由于输入信号 $U_i$ 加在反相端,故输出电压 $U_o$ 和 $U_i$ 反相位。

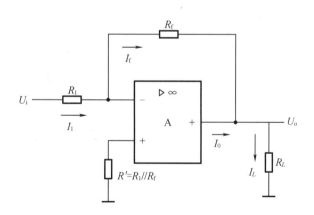

**图6-26　反相比例放大电路原理图**

由于虚短、虚断、虚地的存在,有 $I_- = I_+ = 0$,$U_- = U_+ = 0$,得到 $I_1 = I_f$,

$$U_o = \frac{-R_f}{R_1} U_i \qquad (6-21)$$

$$A_{uf} = \frac{U_o}{U_i} = \frac{-I_f R_f}{I_1 R_1} = -\frac{R_f}{R_1} \qquad (6-22)$$

采用的反相比例放大电路图如图 6 – 27 所示。

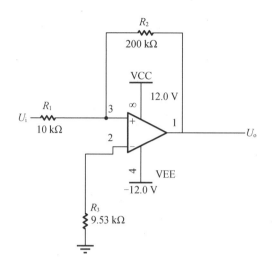

图 6 – 27　反相比例放大电路图

由公式(6 – 22)可知,采用的放大倍数 $= \dfrac{100 \text{ k}\Omega}{10 \text{ k}\Omega} = 10$

### 6.3.2　含水传感器测量电路的制造

根据选定的设计,在面包板上完成电路的焊接,并检查是否存在虚焊等问题(图 6 – 28、图 6 – 29)。

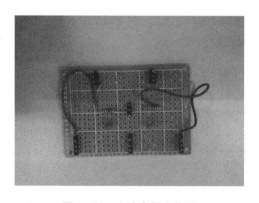

图 6 – 28　交流电桥实物图

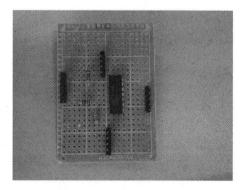

图 6 – 29　放大电路实物图

# 6.4　正弦波发生电路

为研究润滑油介电常数,通过设计电容传感器可以得到介电常数与电容的对应关系,又通过交流电桥测量电路建立电容与电压的关系。为了更好地确定对应关系,需要单独设计一种较准确的正弦波发生电路来提供信号源,满足测量要求。

### 6.4.1　正弦波发生电路设计

**1. *LC* 正弦波振荡电路**

*LC* 正弦波振荡电路主要是利用 *LC* 并联电路的谐振通过满足起振条件来产生信号。如图 6 – 30 所示为 *LC* 并联电路图。

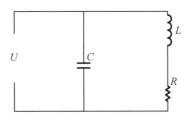

**图 6 – 30　*LC* 并联电路图**

*LC* 并联回路作为选频网络,电路输入阻抗为

$$\dot{Z} = \frac{\dot{U}}{\dot{I}} = \frac{(R + \mathrm{j}wL)\dfrac{1}{\mathrm{j}wC}}{R + \mathrm{j}wL + \dfrac{1}{\mathrm{j}wC}} \qquad (6-23)$$

通常 $R \ll wL$,则

$$\dot{Z} = \frac{\dfrac{L}{C}}{R + \mathrm{j}\left(wL - \dfrac{1}{wC}\right)} \qquad (6-24)$$

当发生谐振时,回路两端电压 $\dot{U}$ 与输入电流 $\dot{I}$ 同相,即阻抗 $\dot{Z}$ 的虚部为零,存在

$$w_0 L = \frac{1}{w_0 C} \qquad (6-25)$$

此时的谐振频率为

$$f_0 = \frac{1}{2\sqrt{LC}} \qquad (6-26)$$

*LC* 正弦波振荡电路主要用来产生高频正弦信号,通常多在 1 MHz 以上。本设计是微小电容测量,应该使用低频信号源。

**2. 石英晶体振荡器**

石英晶体振荡器是利用石英晶体的压电效应产生正弦波振荡的电路。它的主要特点是有着稳定度极高的振荡频率。如图 6 – 31 所示为石英晶体振荡器等效电路。

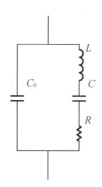

**图 6 - 31　石英晶体振荡器等效电路**

当晶振不振动的时候,等效为一个平板电容器 $C_0$,称为静态电容。它与晶体尺寸大小有关,数量级一般是皮法。$L$、$C$、$R$ 分别是晶体振动时的等效电感、等效电容以及等效电阻。

从石英晶体谐振器的等效电路可知,它有两个谐振频率,一个是串联谐振频率

$$f_s = \frac{1}{2\pi\sqrt{LC}} \qquad (6-27)$$

另一个是并联谐振频率

$$f_p = \frac{1}{2\pi\sqrt{L\dfrac{CC_0}{C+C_0}}} = f_s\sqrt{1+\frac{C}{C_0}} \approx f_s\left(1+\frac{C}{2C_0}\right) \qquad (6-28)$$

石英晶体振荡器的振荡频率是由晶体固有频率和其切割方式、形状和尺寸等固定因素决定的,所以制成的振荡器有着较好的稳定性。当谐振器工作在 $f_s$ 与 $f_p$ 之间时,晶体为等效电感;工作在其他频率时,晶体为等效电容;工作在 $f_s = f_p$ 时,等效为纯电阻。

由于难以确定石英晶体振荡器的工作状态,因此不适合采用晶振构成的信号发生器。

**3. RC 正弦波振荡电路**

常见的 RC 正弦波振荡电路是 RC 串并联网络正弦波振荡电路,又称文氏桥正弦波振荡电路,简称文氏桥。文氏电桥振荡器不仅振荡较稳定,波形良好,而且振荡频率在较宽的范围内能方便地连续调节,可以很好地提供所需要的正弦信号。如图 6 - 32 所示为 RC 正弦波振荡电路原理图。

文氏桥正弦波振荡电路由两部分组成,即放大电路 $\dot{A}$ 和选频网络 $\dot{F}$。$\dot{A}$ 是由集成运放所组成的输入电阻高、输出电阻低的电压串联负反馈放大电路。$\dot{F}$ 由 $Z_1$ 和 $Z_2$ 组成,同时兼作正反馈网络,称为 RC 串并联网络。由图可知 $Z_1$、$Z_2$ 和 $R_3$、$R_f$ 正好构成一个电桥的四个桥臂(图 6 - 33)。

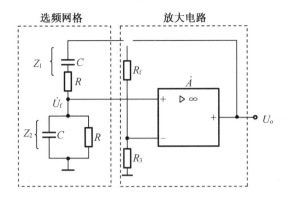

图 6 – 32　*RC* 正弦波振荡电路原理图

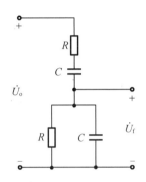

图 6 – 33　*RC* 串并联网络

一般为了便于调节振荡频率,通常令 *RC* 串并联网络中 $R = R_1 = R_2$,$C = C_1 = C_2$ 可得

$$\dot{F} = \frac{\dot{U}_{\mathrm{f}}}{\dot{U}_{\mathrm{o}}} = \frac{R /\!/ \dfrac{1}{\mathrm{j}wC}}{R + \dfrac{1}{\mathrm{j}wC} + R /\!/ \dfrac{1}{\mathrm{j}wC}} \qquad (6-29)$$

所以

$$\dot{F} = \frac{1}{3 + \mathrm{j}\left(wRC - \dfrac{1}{wRC}\right)} \qquad (6-30)$$

令振荡频率 $f_0 = \dfrac{1}{2\pi RC}$,则有

$$\dot{F} = \frac{1}{3 + \mathrm{j}\left(\dfrac{f}{f_0} - \dfrac{f_0}{f}\right)} \qquad (6-31)$$

幅频特性

$$|\dot{F}| = \frac{1}{\sqrt{3^2 + \left(\dfrac{f}{f_0} - \dfrac{f_0}{f}\right)^2}} \qquad (6-32)$$

当 $f = f_0$ 时, $|\dot{F}|$ 最大,为 1/3;

当 $f \gg f_0$ 时, $|\dot{F}| \to 0$;

当 $f \ll f_0$ 时, $|\dot{F}| \to 0$;

相频特性

$$\varphi_F = -\arctan \frac{(\frac{f}{f_0} - \frac{f_0}{f})}{3} \tag{6-33}$$

如图 6-34 所示为设计的 $RC$ 正弦波振荡电路,即文氏桥电路。

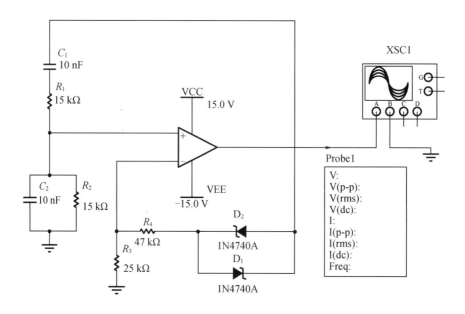

**图 6-34  $RC$ 正弦波振荡电路**

$R_3$、$R_4$ 构成正反馈网络,利用并联二极管 $D_1$、$D_2$ 构成非线性环节,运算放大器选用 LM324 集成运放中的一个运放。给集成运放提供正负双电源进行仿真,这里选用 ±15 V 电源,在集成运放的输出端接一个示波器来查看仿真波形。

因为 A 为同相输入运放, $\dot{U}_o$ 与 $\dot{U}_f$ 同相位,所以 $\varphi A = 0°$;当 $f = f_0$ 时, $\varphi F = 0°$;总之, $\varphi = \varphi A + \varphi F = 0°$,满足相位平衡条件。

由 $\dot{A}\dot{F} \geqslant 1$ 得出。因为 $|\dot{F}| \geqslant \frac{1}{3}$ ,所以 $|\dot{A}| \geqslant 3$ 。又根据稳幅环节 $R_4$ 与 $R_3$ 构成电压串联负反馈,在深度负反馈条件下, $A_{uf} \approx 1 + \frac{R_f}{R_3} \geqslant 3$ 。所以有 $R_4 \geqslant 2R_3$ ,满足幅度条件。

### 6.4.2  正弦波发生电路仿真

可以采用 Multisim 进行仿真,对于充当电源的正弦信号发生电路,仿真得到的输出波形要有符合要求的频率和幅值。如图 6-35 所示为 $RC$ 正弦波电路输出,电源模块输出一个频率(freq)大约为 1 kHz,有效电压(vrms)大约为 10 V,完全符合电路设计的原理要求(图 6-

35、图6－36）。

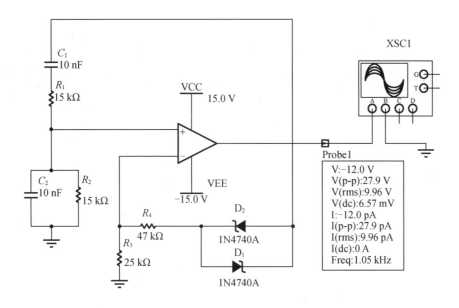

图6－35 *RC* 正弦波振荡电路输出

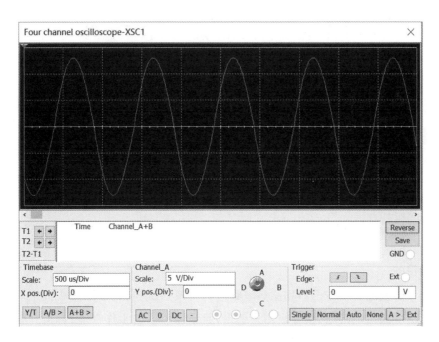

图6－36 *RC* 正弦波振荡电路仿真波形

### 6.4.3 正弦波发生电路测试

在面包板上安放元件,并完成焊接。将制作完成的 *RC* 正弦波振荡电路作为信号源,连接直流稳压电源(图 6 – 37)。并用示波器 YB4320B 检测其输出波形,用万用表可以测量其有效电压 $V_{rms}$(图 6 – 38)。

图 6 – 37  *RC* 正弦波振荡电路实物图

图 6 – 38  *RC* 正弦波振荡电路实测波形

为了方便后续的试验,此处还绘制了 PCB 图(图 6 – 39)。

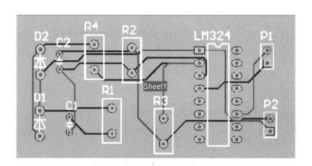

图 6 – 39  *RC* 正弦波振荡电路 PCB 设计图

# 6.5  传感器系统试验

## 6.5.1  试验系统设计

**1.试验目的**

使用上节研制的含水传感器和测量电路进行一系列试验,验证油液中的水对润滑油介电常数的影响。通过试验研究,分析测量结果,验证传感器的工作性能,标定并检验含水量和输出电压的关系曲线,确定传感器参数,并分析不足之处。

**2.试验材料及仪器仪表选取**

(1)试验材料和化学仪器

试验选用 350SN 润滑油,它是一种常用的基础油,含水量极低,不会影响测量而且闪点较高,确保了试验可以安全进行;蒸馏水用 1 MΩ 电子级纯净水;另需 500 mL 和 100 mL 烧杯、玻璃棒、20 mL 注射器、滴管、量筒。

（2）电子设备

YB2812 型数字电桥：能够比较准确的测量电感、电容、电阻，阻抗的仪器，此处使用串联模式，电容挡在较低的频率下测量。

YB1731A 型直流稳压电源：给正弦信号发生电路提供 ±15 V 的电压。

XMTD −7000 型电热恒温水浴锅：在容器内水平放置不锈钢管加热器，在水槽的内部设置铝架。其上方盖设有不同口径的组合环，可适用于不同口径的仪器。内置传感器将水温转换成电阻值，处理后输出控制信号，有效地控制加热装置，使水箱中的水保持恒温。进而让被测量的油液保持在不同温度。

Keithley（吉时利）2000 系列配有扫描功能的 $6\frac{1}{2}$ 位的数字万用万用表：利用 A/D 转换器技术快速准确地获得点评信号（图 6 −40）。

(a)YB2812型数字电桥

（b）YB1731A型直流稳压电源

（c）XMTD-7000型电热恒温水浴锅

（d）吉时利2000系列万用表

图 6 −40　传感器试验设备照片

**3. 搭建试验系统**

将参考含水传感器和测量含水传感器分别连入交流电桥差分放大电路，再把 ±15 V 的直流稳压电源连接在正弦信号发生电路的供电端口上。通过导线将正弦信号发生电路的输出和测量电路的输入连接。将测量用含水传感器两端连接 YB2812 型数字电桥和吉时利 2000 系列万用表（图 6 −41）。

图 6 - 41　传感器试验平台

### 6.5.2　配制不同含水量的标准油液

以烃类物质为主要成分的润滑油一般不溶于水,通常手段无法配制出 1% ~5% 的低含水量标准润滑油溶液。而且目前暂时没有国家标准做参考,也没有相关科研单位或者检验机构出售标准样品。为了解决配制标准油液的问题,提出采用表面活性剂来配制试验用的标准油液。

当在溶液中加入表面活性剂时,疏水基会相互靠拢,尽可能减少疏水基和水的接触,以达到稳定存在的目的,最终形成了胶团。而形成胶团所需的表面活性剂的最低浓度称为临界胶团浓度(简称为 cmc)。当表面活性剂浓度超过 cmc 时,某些难溶于水或者不溶于水的有机物可因为表面活性剂胶团的形成大大提高其溶解度,这种现象称为增溶作用。在众多表面活性剂中阴离子型表面活性剂一般都有着良好的增溶作用,其性能远远好于其他表面活性剂,应用最为广泛。

同时,表面活性剂的溶解度随温度升高而增大,当温度上升到某一数值后,溶解度急剧上升,有一个明显的突变点,这一突变点相应的温度称为 Kraft 点或者克拉夫特温度。当温度高于此点时,由于已经溶解的表面活性剂离子形成了胶团,出现的胶束效应使溶解度急剧上升(图 6 - 42)。

本设计选用阴离子型表面活性剂中的 $C_{12}H_{25}OSO_3Na$(十二烷基硫酸钠,又称 AS,简称 SDS)作为混合润滑油和水的主要成分,它属于亲水基表面活性剂,极易溶于水,碳原子数较少,溶解度高,具有 cmc 约为 0.1%,Kraft 点小(约为 9 ℃)的特点。在常温下为不含水的白色或奶油色结晶鳞片或粉末,介电常数远小于水。综上所述,十二烷基硫酸钠的性质非常适合本试验(图 6 - 43、表 6 - 4)。

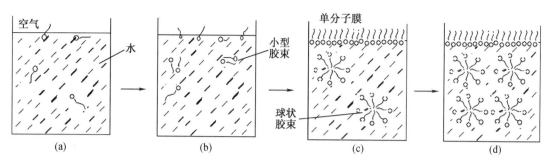

图 6 - 42　表面活性剂增溶原理

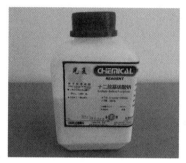

图 6 - 43　十二烷基硫酸钠

表 6 - 4　十二烷基硫酸钠的理化性质

| 化学式 | $CH_3(CH_2)_{11}OSO_3Na$ |
|---|---|
| 相对分子质量 | 288.39 |
| 密度 | 0.25 g/mL |
| 熔点 | 180 ~ 185 ℃ |
| 溶解性 | 极易溶于水、油 |
| 毒性 | 无毒 |
| 用途 | 用作乳化剂和增溶剂 |

　　首先在 100 mL 的干净烧杯中加入 95 mL 的润滑油,然后用量筒量取 5 mL 的蒸馏水,并缓慢倒入烧杯中,一边向烧杯中加入十二烷基硫酸钠粉末一边搅拌,直至油水大致混合无明显分层现象,此时得到含水量是 5% 的略显浑浊的油液。同理依次配制含水量为 4%、3%、2%、1%、1.5%、2.5%、3.5%、4.5% 的标准油液。为方便试验还准备了 1 杯同型号的纯润滑油,用于放置参考含水传感器,进行差分放大处理,来提高测量灵敏度(图 6 - 44、图 6 - 45)。

含水量1%的 含水量2%的 含水量3%的 含水量4%的 含水量5%的
标准油液 标准油液 标准油液 标准油液 标准油液

图 6 − 44 标定用的标准油液

含水量1.5%的标准油液 含水量2.5%的标准油液 含水量3.5%的标准油液 含水量4.5%的标准油液

图 6 − 45 检验用的标准油液

### 6.5.3 试验操作流程

①将装有配制了纯润滑油溶液的烧杯和含水量1%的标准油液的烧杯安放在水浴锅中,将温度设置为 20 ℃。分别将参考含水传感器和测量用的铝载体含水传感器放入其中,用数字电桥测量并记录参考含水传感器的电容。

②用数字电桥测量含水量1%的标准油液的电容大小。

③给直流稳压电源通电,用吉时利 2000 系列万用表测量并记录此时电桥电路经过放大后输出的差分放大电压。

④将测量用含水传感器从溶液中取出,用酒精对含水传感器探头进行清洗,并用热风吹干,自然冷却 10 min。

⑤依照上面(1) ~ (4)步骤,再将含水 2% 、3% 、4% 的标准油液依次放入水浴锅中,把清洗后的测量用含水传感器放入其中,得到不同油液在 20 ℃ 下的标准油液电容和输出电压。

⑥给水浴锅升温,分别让其稳定在 20 ℃ 、25 ℃ 、30 ℃。重复上述步骤得到不同温度下的标准油液电容和输出电压。

⑦为了验证传含水感器的屏蔽性能,用工程塑料为载体的含水传感器测量 20 ℃ 、25 ℃ 、30 ℃ 下含水量为 1% 、2% 、3% 、4% 和纯油的电容。

⑧测量检验用的另一组数据,将含水量为 1.5% 、2.5% 、3.5% 、4.5% 的油液中依次伸入测量用的含水传感器,保持参考用的含水传感器不变。重新测量 20 ℃ 、25 ℃ 、30 ℃ 的油

液电容和输出电压。

# 6.6　传感器的数据处理分析

## 6.6.1　传感器测量数据

依照试验操作流程,可以测得两组有外壳(铝载体)含水传感器在不同溶液、不同温度下的电容与电压和一组工程塑料载体含水传感器的电容。

经测量可以发现,工程塑料载体的含水传感器在无外壳屏蔽的情况下,由于电场线严重发散,电容值变化较小,且无明显规律,无法得到明确结论。可以看出测量微小电容时,运用屏蔽、接地等手段降低干扰的重要性。

### 1. 传感器电容值数据

将有外壳(铝载体)情况下通过测量纯油和含水量为1%、2%、3%、4%、5%的标准溶液得到的标定电容值与纯油和含水量为1.5%、2.5%、3.5%、4.5%的标准溶液得到的检验电容值进行比较(表6-5、表6-6)。

表6-5　标定电容值　　　　　　　　　　　　　　（单位:pF）

| 油液温度/℃ | 纯油 | 1%含水油液 | 2%含水油液 | 3%含水油液 | 4%含水油液 | 5%含水油液 |
|---|---|---|---|---|---|---|
| 20 | 208.7 | 209.3 | 209.9 | 210.6 | 211.1 | 211.7 |
| 25 | 210.1 | 210.6 | 211.2 | 211.6 | 212.1 | 212.6 |
| 30 | 211.6 | 212.0 | 212.4 | 212.7 | 213.2 | 213.6 |

表6-6　检验电容值　　　　　　　　　　　　　　（单位:pF）

| 油液温度/℃ | 纯油 | 1.5%含水油液 | 2.5%含水油液 | 3.5%含水油液 | 4.5%含水油液 |
|---|---|---|---|---|---|
| 20 | 208.7 | 209.6 | 210.3 | 210.8 | 211.3 |
| 25 | 210.1 | 210.9 | 211.4 | 211.8 | 212.4 |
| 30 | 211.6 | 212.2 | 212.5 | 213.0 | 213.4 |

### 2. 传感器电压值数据

将有外壳(铝载体)情况下通过测量含水量为1%、2%、3%、4%、5%的标准溶液得到的标定电压值和含水量为1.5%、2.5%、3.5%、4.5%的标准油液得到的检验电压值进行比较(表6-7、表6-8)。

表6-7　标定电压值　　　　　　　　　　　　　　　　　　　（单位:mV）

| 油液温度/℃ | 1%含水油液 | 2%含水油液 | 3%含水油液 | 4%含水油液 | 5%含水油液 |
|---|---|---|---|---|---|
| 20 | 150 | 278 | 406 | 536 | 640 |
| 25 | 102 | 203 | 298 | 398 | 502 |
| 30 | 68 | 150 | 239 | 322 | 402 |

表6-8　检验电压值　　　　　　　　　　　　　　　　　　　（单位:mV）

| 油液温度/℃ | 1.5%含水油液 | 2.5%含水油液 | 3.5%含水油液 | 4.5%含水油液 |
|---|---|---|---|---|
| 20 | 214 | 342 | 471 | 588 |
| 25 | 155 | 247 | 353 | 450 |
| 30 | 109 | 198 | 277 | 362 |

**3. 传感器含水量-电压值数据**

利用25℃时,含水量不同的标准油液的标定电压,可得到输出电压与含水量之间的关系,如表6-9所示为25℃时不同溶液的参数。

表6-9　25℃时不同溶液的参数

| 项目 | 1%含水油液 | 2%含水油液 | 3%含水油液 | 4%含水油液 | 5%含水油液 |
|---|---|---|---|---|---|
| 测量电压/mV | 102 | 203 | 298 | 399 | 502 |
| 含水量/% | 1 | 2 | 3 | 4 | 5 |
| 电容值/pF | 210.6 | 211.2 | 211.6 | 212.1 | 212.6 |
| 介电常数 | 78.36 | — | — | — | — |

## 6.6.2　传感器标定

**1. 电容与含水量的关系**

将有外壳(铝载体)情况下通过含水量为1%、2%、3%、4%、5%的标准溶液测得的标定电容值绘制在图6-46中。

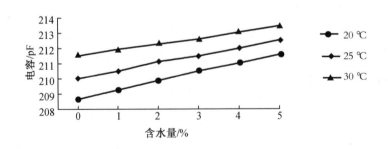

图6-46　标定电容

对比图6-46中的3条标定电容曲线,可以发现水含量是影响标定电容的主要因素,温度也会在一定程度上对标定电容造成影响。即润滑油的介电常数主要会随含水量的变化而变化。由试验数据可以得出结论:

①同一温度下,当润滑油中水含量不断增加时,测量电容值不断上升,其介电常数值不断增加。

②相同油液,当油液温度不断增加时,测量电容值不断上升,其介电常数值不断增加。

**2. 输出电压与含水量的关系**

根据表6-7绘制出25 ℃时标定电压与含水量的对应曲线(图6-47)。

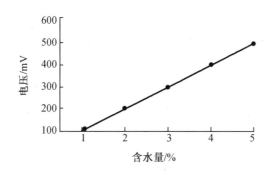

图6-47　25 ℃时标定电压与含水量

从图中可以看出系统输出电压与含水量呈现单调关系,其电压随着含水量变化,大约在100~500 mV之间变化。

**3. 温度特性**

润滑油含水传感器是将含水量转换成电压信号,温度是无关变量,所以要排除其影响。

由于使用了参考电容,油液自身随温度变化产生的影响已经被通过参考含水传感器和差分电路排除。由于水的介电常数会随温度变化而改变,虽然该影响主要作用于含水量较多的油液(实际应用中润滑油含水较少),但是仍旧不可忽略(表6-10)。

表6-10　标定电压的温度特性　　　　　　　　(单位:mV)

| 油液 | 温度/℃ | | |
|---|---|---|---|
| | 20 | 25 | 30 |
| 1%的油液 | 150 | 102 | 68 |
| 2%的油液 | 278 | 203 | 150 |
| 3%的油液 | 406 | 298 | 239 |
| 4%的油液 | 536 | 398 | 322 |
| 5%的油液 | 640 | 502 | 402 |

绘制出油液在不同温度下的电压曲线(图6-48)。

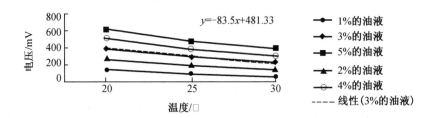

图 6-48　油液在不同温度下的电压曲线

在传感器的应用中,为使传感器的技术指标及性能不受温度变化影响而采取的一系列具体技术措施,称为温度补偿技术。

通过拟合的曲线后可以发现,温度与含水量的关系近似为线性函数,以含水量 3% 的油液为例 $y = -83.5x + 481.33$。随着温度的升高,水的介电常数逐渐下降,含水润滑油的电容值逐渐升高,但是系统输出的差分放大电压缓慢下降,实际应用中应该用硬件手段或软件编程对减小的输出电压进行温度补偿,以保证数据的正确性。

### 6.6.3　传感器检验

将标定电压 – 含水量曲线和检验电压 – 含水量曲线绘制在同一个坐标系下,观察两者的重合程度(表 6-11)。

表 6-11　标定电压和检验电压　　　　　　　　　　　(单位:mV)

| 温度/℃ | 含水量/% | | | | | | | | |
|---|---|---|---|---|---|---|---|---|---|
| | 1 | 1.5 | 2 | 2.5 | 3 | 3.5 | 4 | 4.5 | 5 |
| 20 | 150 | 214 | 278 | 342 | 406 | 471 | 536 | 588 | 640 |
| 25 | 102 | 155 | 203 | 247 | 298 | 353 | 398 | 450 | 502 |
| 30 | 68 | 109 | 150 | 198 | 239 | 277 | 322 | 362 | 402 |

以 25 ℃时的测量结果为例作图(图 6-49)。

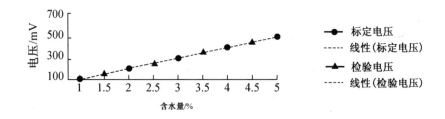

图 6-49　25 ℃时标定电压和检验电压

经过比较发现,标定电压和检验电压的曲线基本重合,检验电压的数据基本可以投影在标定电压曲线上,可以验证所设计方法的正确性和测量的准确性。

### 6.6.4　传感器性能分析

传感器性能指标是评价其性能差异、质量优劣的主要依据。传感器的特性指标主要有线性度、灵敏度、迟滞性3种。

**1. 线性度**

线性度也称非线性误差,表示传感器实际的输入 - 输出曲线与拟合曲线之间的吻合程度。通常用相对误差表示其大小,即相对应的最大偏差 $\Delta y_{max}$ 与传感器满量程输出平均值 $y_{F.S}$ 之比,表示为

$$\delta = \frac{\Delta y_{max}}{y_{F.S}} \times 100\% \tag{6-34}$$

在 25 ℃时测量电压与含水量的对应曲线,对输出电压和含水量关系曲线用最小二乘法求出它的回归直线,在这里根据表可知 $n = 5$,$\bar{x} = 3$,$\bar{y} = 300.6$,根据公式

$$\hat{y} = \hat{a} + \hat{b}\hat{x}, \quad \hat{b} = \frac{\sum\limits_{i=1}^{n} x_i y_i - n\bar{x}\bar{y}}{\sum\limits_{i=1}^{n} x_i^2 - n\bar{x}^2}, \quad \hat{a} = \bar{y} - \hat{b}\bar{x} \tag{6-35}$$

可以求得 $\hat{b} = 99.5$,$\hat{a} = 2.1$。所以回归直线的方程为 $\hat{y} = 99.5\hat{x} + 2.1$。

最小二乘估计法在测取一批数据后再进行计算,即利用全部采样点的数据直接完成估计。当获得新的数据后,要将新的数据附加到老的数据之上,重复按公式进行计算。该方法计算工作量大,同时计算时间长。为了解决该问题,可以采用递推算法,即采用新的数据来改进原来的参数估计,使估计值不断刷新,得到新的估计值,而不必重复进行计算。

当增加一个观察数据 $[\boldsymbol{u}(n+N+1), \boldsymbol{y}(n+N+1)]$ 时

$$\boldsymbol{y}(N+1) = \begin{bmatrix} \boldsymbol{y}(1) \\ \vdots \\ \boldsymbol{y}(N) \\ \boldsymbol{y}(N+1) \end{bmatrix} = \begin{bmatrix} \boldsymbol{y}(N) \\ \vdots \\ \boldsymbol{y}(N+1) \end{bmatrix}$$

$$\boldsymbol{x}(N+1) = \begin{bmatrix} \boldsymbol{x}(N) \\ \vdots \\ \boldsymbol{x}^T(N+1) \end{bmatrix} \tag{6-36}$$

式中,$\boldsymbol{x}^T(N+1) = [-\boldsymbol{y}(n+N), -\boldsymbol{y}(n+N+1), \cdots, -\boldsymbol{y}(N+1), -\boldsymbol{u}(n+N), \cdots, -\boldsymbol{u}(1+N)]$,根据 $(n+N+1)$ 个观察数据对的参数估计式为

$$\boldsymbol{P}(N) = [\boldsymbol{x}^T(N)\boldsymbol{x}(N)]^{-1}\hat{\boldsymbol{\theta}}(N+1) = [\boldsymbol{x}^T(N+1)\boldsymbol{x}(N+1)]^{-1}\boldsymbol{x}^T(N+1)\boldsymbol{y}(N+1) \tag{6-37}$$

将式(6 - 36)代入式 6 - 37,可得

$$\hat{\boldsymbol{\theta}}(N+1) = \left[ [\boldsymbol{x}^T(N)\boldsymbol{x}(N+1)] \begin{bmatrix} \boldsymbol{x}(N) \\ \boldsymbol{x}^T(N+1) \end{bmatrix} \right]^{-1} [\boldsymbol{x}^T(N)\boldsymbol{x}(N+1)] \begin{bmatrix} \boldsymbol{y}(N) \\ \boldsymbol{y}^T(N+1) \end{bmatrix}$$

$$= \left[ \boldsymbol{x}^{\mathrm{T}}(N)\boldsymbol{x}(N) + \boldsymbol{x}(N+1)\boldsymbol{x}^{\mathrm{T}}(N+1) \right]^{-1} \left[ \boldsymbol{x}^{\mathrm{T}}(N)\boldsymbol{y}(N) + \boldsymbol{x}(N+1)\boldsymbol{y}(N+1) \right]$$

$$(6-38)$$

由于上式中的 $\left[ \boldsymbol{x}^{\mathrm{T}}(N)\boldsymbol{x}(N) + \boldsymbol{x}(N+1)\boldsymbol{x}^{\mathrm{T}}(N+1) \right]$ 求逆麻烦,故希望设法省去,为此需要如下矩阵求逆定理。

设 $\boldsymbol{A}$、$\boldsymbol{C}$ 和 $\boldsymbol{A}+\boldsymbol{B}\boldsymbol{C}\boldsymbol{D}$ 均为非奇异矩阵,则

$$\left[ \boldsymbol{A}+\boldsymbol{B}\boldsymbol{C}\boldsymbol{D} \right]^{-1} = \boldsymbol{A}^{-1} - \boldsymbol{A}^{-1}\boldsymbol{B}\left[ \boldsymbol{C}^{-1}+\boldsymbol{D}\boldsymbol{A}^{-1}\boldsymbol{B} \right]^{-1}\boldsymbol{D}\boldsymbol{A}^{-1} \qquad (6-39)$$

原最小二乘估计与(6-37)分别表示了根据 $N$ 及 $(N+1)$ 组数据的最小二乘估计算式。

令

$$\boldsymbol{P}(N) = \left[ \boldsymbol{x}^{\mathrm{T}}(N)\boldsymbol{x}(N) \right]^{-1} \qquad (6-40)$$

则

$$\boldsymbol{P}(N+1) = \left[ \begin{bmatrix} & \vdots & \\ \boldsymbol{x}^{\mathrm{T}}(N) & \vdots & \boldsymbol{x}(N+1) \\ & \vdots & \end{bmatrix} \begin{bmatrix} \boldsymbol{x}(N) \\ \vdots \\ \boldsymbol{x}^{\mathrm{T}}(N+1) \end{bmatrix} \right]^{-1}$$

$$= \left[ \boldsymbol{x}^{\mathrm{T}}(N)\boldsymbol{x}(N) + \boldsymbol{x}(N+1)\boldsymbol{x}^{\mathrm{T}}(N+1) \right]^{-1}$$

$$= \left[ \boldsymbol{P}(N) + \boldsymbol{x}(N+1)\boldsymbol{x}^{\mathrm{T}}(N+1) \right]^{-1} \qquad (6-41)$$

应用矩阵求逆定理,令 $\boldsymbol{A}=\boldsymbol{P}^{-1}(N),\boldsymbol{B}=\boldsymbol{x}(N+1),\boldsymbol{C}=\boldsymbol{I},\boldsymbol{D}=\boldsymbol{x}^{\mathrm{T}}(N+1)$,则由式(6-39)可得

$$\boldsymbol{P}(N+1) = \boldsymbol{P}(N) - \boldsymbol{P}(N)\boldsymbol{x}(N+1)\left[ \boldsymbol{I}+\boldsymbol{x}^{\mathrm{T}}(N+1)\boldsymbol{P}(N)\boldsymbol{x}(N+1) \right]^{-1}\boldsymbol{x}^{\mathrm{T}}(N+1)\boldsymbol{P}(N)$$

把上式代入式(6-37),可得

$$\begin{aligned}
\hat{\boldsymbol{\theta}}(N+1) = & \left[ \boldsymbol{x}^{\mathrm{T}}(N)\boldsymbol{x}(N) \right]^{-1}\boldsymbol{x}^{\mathrm{T}}(N)\boldsymbol{y}(N) + \left[ \boldsymbol{x}^{\mathrm{T}}(N)\boldsymbol{x}(N) \right]^{-1}\boldsymbol{x}(N+1)\boldsymbol{y}(N+1) - \\
& \left[ \boldsymbol{x}^{\mathrm{T}}(N)\boldsymbol{x}(N) \right]^{-1}\boldsymbol{x}(N+1)\left[ 1+\boldsymbol{x}^{\mathrm{T}}(N+1)\left[ \boldsymbol{x}^{\mathrm{T}}(N)\boldsymbol{x}(N) \right]\boldsymbol{x}(N+1)^{-1} \right] \cdot \\
& \boldsymbol{x}^{\mathrm{T}}(N+1)\left[ \boldsymbol{x}^{\mathrm{T}}(N)\boldsymbol{x}(N) \right]^{-1}\boldsymbol{x}^{\mathrm{T}}(N)\boldsymbol{y}(N) - \left[ \boldsymbol{x}^{\mathrm{T}}(N)\boldsymbol{x}(N) \right]^{-1}\boldsymbol{x}(N+1) \cdot \\
& \left[ 1+\boldsymbol{x}^{\mathrm{T}}(N+1)\left[ \boldsymbol{x}^{\mathrm{T}}(N)\boldsymbol{x}(N) \right]^{-1}\boldsymbol{x}(N+1)^{-1}\boldsymbol{x}^{\mathrm{T}}(N+1)\left[ \boldsymbol{x}^{\mathrm{T}}(N)\boldsymbol{x}(N) \right]^{-1} \right] \cdot \\
& \boldsymbol{x}(N+1)\boldsymbol{y}(N+1) \\
= & \hat{\boldsymbol{\theta}}(N) + \left[ \boldsymbol{x}^{\mathrm{T}}(N)\boldsymbol{x}(N) \right]^{-1}\boldsymbol{x}(N+1)\left[ \boldsymbol{I}+\boldsymbol{x}^{\mathrm{T}}(N+1)\left[ \boldsymbol{x}^{\mathrm{T}}(N)\boldsymbol{x}(N) \right] \right]^{-1} \cdot \\
& \boldsymbol{x}(N+1)^{-1}\left[ \boldsymbol{y}(n+N+1) - \boldsymbol{x}^{\mathrm{T}}(N+1)\hat{\boldsymbol{\theta}}(N) \right] \\
= & \hat{\boldsymbol{\theta}}(N) + \boldsymbol{P}(N)\boldsymbol{x}(N+1)\left[ \boldsymbol{I}+\boldsymbol{x}^{\mathrm{T}}(N+1)\boldsymbol{P}(N)\boldsymbol{x}(N+1) \right]^{-1} \cdot \\
& \left[ \boldsymbol{y}(N+1) - \boldsymbol{x}^{\mathrm{T}}(N+1)\hat{\boldsymbol{\theta}}(N) \right]
\end{aligned} \qquad (6-42)$$

或写成

$$\hat{\boldsymbol{\theta}}(N+1) = \hat{\boldsymbol{\theta}}(N) + \boldsymbol{K}(N+1)\left[ \boldsymbol{y}(n+N+1) - \boldsymbol{x}^{\mathrm{T}}(N+1)\hat{\boldsymbol{\theta}}(N) \right] \qquad (6-43)$$

式中,$\boldsymbol{K}(N+1)$ 为增益矩阵,即

$$\boldsymbol{K}(N+1) = \boldsymbol{P}(N)\boldsymbol{x}(N+1)\left[ \boldsymbol{I}+\boldsymbol{x}^{\mathrm{T}}(N+1)\boldsymbol{P}(N)\boldsymbol{x}(N+1) \right]^{-1} \qquad (6-44)$$

上述式(6-43)、式(6-44)、式(6-41)为递推的最小二乘估计算式。

从递推的最小二乘估计算式可见,$(N+1)$ 组数据的参数估计 $\hat{\boldsymbol{\theta}}(N+1)$ 等于 $N$ 组数据的参数估计 $\hat{\boldsymbol{\theta}}(N)$ 加修正项 $\boldsymbol{K}(N+1)\left[ \boldsymbol{y}(n+N+1) - \boldsymbol{x}^{\mathrm{T}}(N+1)\hat{\boldsymbol{\theta}}(N) \right]$,其中 $\boldsymbol{x}^{\mathrm{T}}(N+1)\hat{\boldsymbol{\theta}}(N)$

表示基于 $\hat{\boldsymbol{\theta}}(N)$ 和 $\boldsymbol{x}^{\mathrm{T}}(N+1)$ 对输出 $\boldsymbol{y}(N+1)$ 的估计。因此,$\boldsymbol{y}(N+1) - \boldsymbol{x}^{\mathrm{T}}(N+1)\hat{\boldsymbol{\theta}}(N)$ 表示 $(N+1)$ 个即增加一个新的观察数据输出的估计误差,而 $\boldsymbol{K}(N+1)$ 为估计误差的加权矩阵。

另外,在 $\boldsymbol{P}(N+1)$ 与 $\boldsymbol{K}(N+1)$ 公式中的因子 $\boldsymbol{I} + \boldsymbol{x}^{\mathrm{T}}(N+1)\boldsymbol{P}(N)\boldsymbol{x}(N+1)$ 是一个数,所以实质上 $[\boldsymbol{I} + \boldsymbol{x}^{\mathrm{T}}(N+1)\boldsymbol{P}(N)\boldsymbol{x}(N+1)]^{-1}$ 是一个除法,从而省去了一个矩阵求逆的麻烦运算。

采用递推公式计算时,在每个采样时刻的 $\hat{\boldsymbol{\theta}}$ 和 $\boldsymbol{P}$ 值可按式(6-43)和式(6-41)计算。但其初值需先设定。

设 $\boldsymbol{P}(0) = a^2\boldsymbol{I}$,其中 $a$ 为一个数值非常大的标量,$\boldsymbol{I}$ 为单位矩阵。$\hat{\boldsymbol{\theta}}(0)$ 可设定为任何值。当无任何先验信息时,可令 $\hat{\boldsymbol{\theta}}(0)$ 为0,算法从 $\hat{\boldsymbol{\theta}}(1)$ 与 $\boldsymbol{P}(1)$ 递推。

然后根据以下公式

$$S_{xy} = \sum x_i y_i - \frac{1}{n}\left(\sum x_i\right)\left(\sum y_i\right) \tag{6-45}$$

$$S_{xx} = \sum x_i^2 - \frac{1}{n}\left(\sum x_i\right)^2 \tag{6-46}$$

$$S_{yy} = \sum y_i^2 - \frac{1}{n}\left(\sum y_i\right)^2 \tag{6-47}$$

$$R = \frac{S_{xy}}{\sqrt{S_{xx}S_{yy}}} \tag{6-48}$$

经过计算可以得到 $S_{xx} = 10, S_{xy} = 995, S_{yy} = 99\,023.2$。

将结果带入式(6-48),可得 $R = \dfrac{995}{\sqrt{10 \times 99\,023.2}} \approx \dfrac{995}{995.1} \approx 1$。

此时相关系数 $R \to 1$,$\sigma_s$ 减小,数据点多接近最优值。两变量线性相关,可以认为是线性关系,最优直线所反应的函数关系也接近两变量间的实际对应关系。

如图6-50所示为润滑油含水量和输出电压关系曲线与其回归直线对比。根据定义可知,该输入输出关系曲线与其回归直线的最大偏差 $\Delta y_{\max}$ 和满量程输出 $y_{\mathrm{F.S}}$(作为传感器的待测信号的含水量达到最大值时对应的输出电压值就是满量程输出)的比值即为线性度。

由图6-50比较可知,输入输出关系曲线与其回归直线的最大偏差出现在含水量大约为1%或者5%的时候,此时 $\Delta y_{\max} = 108\ \mathrm{mV} - 102\ \mathrm{mV} = 6\ \mathrm{mV}$,而润滑油含水传感器电路最后的满量程输出为 $502\ \mathrm{mV}$,根据公式(6-34)传感器的线性度为

$$\delta = \frac{6\ \mathrm{mV}}{502\ \mathrm{mV}} \times 100\% = 1.19\%$$

根据线性度的定义,线性度越小说明它的非线性误差越小,说明其越接近线性,可以发现,该曲线与最小二乘法拟合的直线相差较小,最小二乘法线性度较小,近似可以将输出曲线当成直线处理。

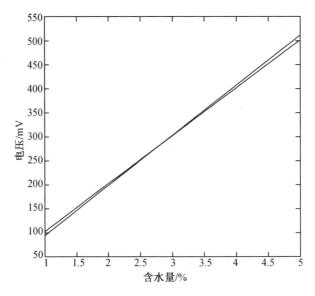

图 6 – 50　润滑油含水量和输出电压关系曲线与其回归直线对比

由表 6 – 11 中数据和图 6 – 50 可知,电路输出实现了在含水量为 1% ~ 5% 时,输出电压基本控制在 102 ~ 502 mV,实现了设计目标。

**2. 灵敏度**

灵敏度是指稳态时的单位输入变化量所引起的输出量的变化。此处的输入与输出的变化量均值是它们在两个稳态值之间的变化量。以 $\Delta x$ 表示输入量的变化,以 $\Delta y$ 表示输出量的变化,则灵敏度可表示为

$$S = \frac{\Delta y}{\Delta x} \tag{6 – 49}$$

根据表 6 – 11,取 25 ℃ 时纯水和纯油的输出电压和含水量计算可以得到灵敏度如表 6 – 12 所示。

表 6 – 12　灵敏度

| 含水量变化量/% | 对应输出电压的变化量/mV | 灵敏度/V |
|---|---|---|
| 1 | 101 | 10.1 |
| 1 | 95 | 9.5 |
| 1 | 100 | 10 |
| 1 | 104 | 10.4 |

根据公式可以算出 $\bar{S} = 10$ V。

含水量每变化 1% 其对应的输出电压的变化经过放大后都大约稳定在 10 V 左右。因为润滑油在正常情况下含水量一般不会超过 5% ,由于存在放大电路,所以该传感器灵敏度较大,可以实现该微小测量。

## 3. 迟滞性

迟滞性也称为变差，表明传感器在全量程范围内，正（输入增大）反（输入减小）行程之间输入－输出曲线的不重合度。一般表示为

$$e_h = \frac{\Delta_{max}}{y_{F.S}} \times 100\% \qquad (6-50)$$

式中　$\Delta_{max}$——输出值在正反行程间的最大差值；

　　　　$y_{F.S}$——满量程输出。

如表6－13所示为25 ℃时的正反两次测量输出电压。

表6－13　25 ℃时的正反两次测量输出电压　　　　　　　（单位：V）

| 测量方向 | 含水量/% | | | | |
|---|---|---|---|---|---|
| | 1 | 2 | 3 | 4 | 5 |
| 正向 | 102 | 203 | 298 | 398 | 502 |
| 反向 | 99 | 201 | 302 | 401 | 500 |

经过对比可以发现，正反两次测量曲线基本重合（图6－51）。

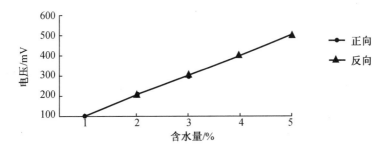

图6－51　25 ℃时的变差曲线

由于没有吸收能量的元件，所以系统几乎不存在迟滞性。微小电容测量时，$e_h$受到误差的影响较大。电容器在测量时，部分旧油液残留在外壳和内芯之间的缝隙处，污染了油液，同时影响了测量结果；传感器没有完全没入油液之中，空气电容和油液电容发生了并联；导线之间产生了寄生电容；水浴锅是间接加热，并不能准确地反映被加热溶液的温度；润滑油在空气中，自身氧化变质等因素都会使测量结果存在一些误差。以上试验实现了测量润滑油中的含水量，若要实现其他杂质的测量需要对相关工艺进行进一步的改良和完善。

# 第 7 章　基于 LabVIEW 的传感器数据监测

在传统的传感器数据采集和分析工作中,数据采集工作由专有仪器完成,数据分析工作则需要将采集的数据传送给计算机,然后由专用软件完成。数据处理的专用软件一般只能对配套的传感器数据进行采集和分析,虽然其具有通用软件不可比拟的专业性,但对很多非专业的学习者和使用者却是非常昂贵且不必要的。

基于虚拟仪器技术进行传感器数据的接收和处理,这种方法相较于专业软件具有功能扩展性强、可用于多种类型传感器、可自主编程、性价比高等特点,适用于对传感器数据分析精度要求不是非常精确的场合使用。

本章将介绍如何基于 LabVIEW 软件和数据采集卡,设计能够实现对多路传感器数据进行实时采集、显示、分析和记录功能的虚拟传感器数据监测系统,并以酒精气体浓度的实时监测系统的设计与试验为例,给出具体的设计过程和验证方案。

## 7.1　基于 LabVIEW 的传感器数据监测系统的应用背景

### 7.1.1　虚拟仪器技术研究的现状与发展

美国国家仪器(NI)公司最早提出了虚拟仪器的概念及理论,此后,国内外关于虚拟仪器的研究步伐就从未停止,各国研究者进行了大量的科学研究及技术尝试,包括改进传统意义上的仪器、开发虚拟仪器软件、对硬件进行技术革新等,这些工作使得虚拟仪器技术不断向前发展,一大批新的基于虚拟仪器的系统被不断地开发并广泛应用到测试、测量的各个领域中。继 NI 公司后,世界上其他公司也陆续推出了虚拟仪器的软件平台与标准硬件。目前,在国内外许多大学中,虚拟仪器技术已经开始在试验教学中应用,并专门设立了相关的试验课程以提升学生们的虚拟仪器技术操作能力。除此之外,虚拟仪器技术已逐步走进了人们的日常生活中,极大地提升了民众的生活品质,比如广播站可以应用虚拟仪器技术建立一套高质量的声信号传播与控制的广播系统等。

自 20 世纪 90 年代以来,我国也开始对虚拟仪器技术进行研究和开发,国内许多科研院所和高校在虚拟仪器技术研究领域进行了大量的尝试和努力,如西安交通大学自主研制出功能强大的虚拟仪器开发平台,实现了整个监测系统的可视化操作。此外,虚拟仪器技术还被广泛应用到工业及农业的具体项目开发中,如北京航空航天大学和中国农业大学成功研制出较传统设备更加精确的工业测试仪器及农用机械;中国科学院也设计了一款基于虚拟仪器的大望远镜直线位移传感器系统,并进行了传感器的测量标定,其可以为大型望远镜的主镜位置提供基础数据。与此同时,国内很多软件企业和厂商也在如火如荼地进行虚拟仪器的开发。总之,虚拟仪器技术已被大量用户接受,并越来越广泛的被应用到生产生活的方方面面。

综上可见,虚拟仪器技术是伴随着新型的测试、测量原理和日新月异的计算机技术而诞生的,它在诞生时就集合了二者的优势,成了现代工业技术进步的重要标志,成为电子仪器技术与自动测试技术的一座里程碑,是仪器发展史上的一场革命。随着一系列新型传感器技术、测试测量技术的不断出现,虚拟仪器技术必将与它们相互融合,共同发展,指引仪器技术发展的新方向,促进测量仪器领域产生新的技术革新与进步。

### 7.1.2　数据采集技术的研究现状与发展

实现数据监测,最重要的因素是实现有效的数据采集。早在20世纪中叶,美国就开发出了数据采集系统并将其应用到国防科技领域,该数据采集系统高速灵活、方便有效,得到了广大用户的认可。60年代后期到70年代末,国外市场相继出现了更加专业的数据采集系统,数据采集系统依据应用场合的不同逐步发展为工业现场应用和实验室应用两类。80年代起,微型计算机的飞速发展使得数据采集系统的性能大幅提高。80年代后期到90年代末,数据采集技术与集成电路技术、单片机技术等硬件技术的有机融合使数据采集系统的功能大幅度增强,运算和分析数据能力得到显著提高。如今,数据采集技术已经成为更加专业的工业技术,其通过应用模块化思想,使用系统应用软件灵活编写了能修改数据的采集程序,以实现系统功能的改变或者扩充,来快速地搭建一个满足多种需求的新系统。总之,数据采集技术一直朝着先进化、复合化的方向发展。

随着我国与国际交流合作日益频繁,数据采集技术迎来了有史以来最大的发展机遇。国内企业及科研机构克服重重阻力,突破一道道技术难关,相继推出了各种类型的数据采集系统,且基本上达到了国外采集技术的中期水平。但值得注意的是,与国外公司在研发、专利、资金上相比,国内公司生产的数据采集系统几乎不存在任何优势。因此,研究数据采集技术以及研制高性能的数据采集系统具有重大的科研和工程价值。

## 7.2　虚拟数据采集系统的设计

### 7.2.1　虚拟仪器技术

虚拟仪器,即VI,它是仪器技术、信息技术、软件技术及其他技术互相交织融合的结果,是结合计算机硬件、仪器固件(包含对应的驱动程序)与应用软件的一种新兴仪器技术。它以计算机作为控制中心,用软件完成仪器测量和显示功能,其发展迅猛,功能强大,不仅打破了传统仪器的框架,还为广大用户提供了一种新型的仪器形式,已成为测控技术发展的一个重要方向。

虚拟仪器是基于计算机这个核心硬件平台工作的,其集成于包括自动控制系统在内的多种控制系统之中,利用硬件接口设备实现信号数据采集,利用计算机强大的计算功能及虚拟仪器开发平台强大的分析处理功能完成信号数据的有效监测,从而能够自由地组建各种专有仪器系统的虚拟测量系统,可广泛应用于各种领域来部分替代传统测量仪器的功能,多、快、好、省地完成繁复的测试、测量任务。

虚拟仪器的核心思想是"软件就是仪器"。它把仪器分为三个部分,包括计算机、仪器硬件和应用软件。虚拟仪器将计算机与测量仪器相互连接,使计算机与测量仪器的丰富软硬件资源得到充分的利用。虚拟仪器并没有标准仪器的实体面板,而是利用虚拟仪器开发软件的强大功能来模拟实体测试测量仪器,从而制作出功能完备的仿真前面板,实现数据采集、数据处理和结果显示的功能,实现"将仪器装入计算机"的目的。

虚拟仪器不仅具有良好的人机交互界面,具备方便灵活的互联,还有高度模块化、扩展性强、可靠性高、功能灵活、软件开发简单、开发周期及上市时间短、技术升级快速、维护维修方便等特点,极大地提升了测试测量产品的质量,降低了仪器的设计使用成本。

虚拟仪器大体可分为 PCI 总线 – 插卡型虚拟仪器、并行口式虚拟仪器、GPIB 总线方式的虚拟仪器、VXI 总线方式的虚拟仪器、PXI 总线方式的虚拟仪器五种类型。

PCI 总线 – 插卡型虚拟仪器:它是充分利用计算机硬件及软件将数据采集卡连接到与其配套的虚拟仪器开发平台软件如 LabVIEW 以完成相关测试任务的。A/D 转换技术是保证这类仪器顺利工作的核心技术。由于受计算机机箱的组成、外部环境、总线类型和数目的限制,其也存在着诸多缺点,如机箱内部噪声很大且没有屏蔽,插槽尺寸无法满足要求且数目很少等。不过由于插卡式仪器经济性好,能够经济有效地满足广大用户庞大的需求,所以其应用十分广泛,特别适合教学及科研部门使用。

并行口式虚拟仪器:它是新型的可直接与计算机相连的测试测量装置,通过把硬件安装在采集盒内部或探头表面,软件安装在计算机上的方式完成相关测试任务。这种仪器最大的优势是能够直接同笔记本电脑的并行接口相连,方便外出工作。

GPIB 总线方式的虚拟仪器:它的出现使测试方式由低效率的手工操作向自动化、智能化、高效化的测试转变,典型的 GPIB 系统是由计算机连接仪器接口卡并配合 GPIB 总线方式的仪器构成的,不同于传统的人工操作,其能通过应用计算机实现对仪器的自动操作和控制。GPIB 测量系统造价较低,结构和操作命令相对简单,能够满足相关试验作业的高精度需求。

VXI 总线方式的虚拟仪器:它具有灵活开放、结构紧密、定时和同步准确、模块恢复性好等优点,被广泛应用于诸多领域。随着虚拟仪器技术的不断发展,VXI 系统的组建和使用愈加便捷高效,尤其是在大型自动化测量领域以及对数据采集精度要求极高的场合,有其他仪器无可匹敌的优势。

PXI 总线方式的虚拟仪器:随着 PCI 总线内核技术逐渐成熟,PXI 总线方式的虚拟仪器应运而生。台式的 PCI 系统的扩展槽很少,不过通过应用 PCI 总线的桥接技术,可以将其扩展槽扩展到原来的几十倍之多,这种虚拟仪器具有同台式 PCI 系统一样的极高的性价比及仪器系统的扩展优势,是未来虚拟仪器发展的排头兵。

虚拟仪器技术功能多样,操作灵活,应用极其广泛。它的出现顺应了全球"硬件软件化"及"软件即仪器"的发展趋势,同时也为世界仪器变革指明了方向。与传统仪器相比,虚拟仪器优势明显且突出,如表 7 – 1 所示为虚拟仪器与传统仪器的优势比较。

表7-1　虚拟仪器与传统仪器的优势比较

| 比较项目 | 虚拟仪器 | 传统仪器 |
| --- | --- | --- |
| 技术关键 | 软件 | 硬件 |
| 技术特点 | 功能强大、智能方便 | 功能单一、操作不便 |
| 技术更新周期 | 短而快 | 长而慢 |
| 技术配套 | 互联各种仪器 | 连接有限设备 |
| 开发价格 | 低 | 高 |
| 开发形式 | 开放灵活 | 固定 |

虽然在某些专业测试领域,独立仪器不可替代,但在相对广泛的中低档测试以及一些野外复杂环境下的自动化测试领域中,虚拟仪器的优势就会极大地显现出来,这是传统的仪器难以匹敌的。虚拟仪器的优势总结如下:

①虚拟仪器功能灵活开放,可与多种设备互联。

②虚拟仪器性价比极高,系统开发维护经济实惠。

③虚拟仪器是以计算机为核心的,虚拟仪器技术使得数据处理的过程不必像传统仪器那样由测试仪器本身来完成,而是依托计算机及相关软件并利用其强大的数据运算、分析及处理能力来完成。

④虚拟仪器交换测试数据简单方便,存储高效快捷。

⑤虚拟仪器的功能完全可取决于用户自己编写的程序,其相关功能的改进和扩展不受传统硬件限制。

⑥传统仪器的面板上分布着繁多且复杂的执行及显示元件,由于它们的排列过于紧凑,这给工程人员的识读和操作带来不小的困扰。而虚拟仪器使得用户可以通过切换多个分面板进行操作来实现数据监测的不同功能,有效地提高了操作的准确性和便利性,极大地提升了操作人员的工作效率。

⑦虚拟仪器在面板上的操作和显示是虚拟的,它们的使用不受现实中的工艺及尺寸限制,设计者可通过程序编写自由调整,根据实际需要设计仪器面板。

可见,虚拟仪器具有前所未有的巨大优势,目前已为广大用户认可并使用,本书将在后续章节中对使用虚拟仪器进行传感器数据监测功能详细描述,包括完成数据采集、处理、波形显示及数据分析和存储等功能。

## 7.2.2　系统软件开发平台——LabVIEW

LabVIEW是一款功能强大且操作灵活的图形化设计平台,是由美国国家仪器(NI)公司基于图形化的编辑语言开发的,被广泛应用于工业制造及科学研究领域,是一种新型的数据采集和仪器控制软件。

使用图形化编程语言进行编程时,并不需要传统意义上的文本编写,而是使用数据流程图代替,设计者可以在先进的内置图形化函数库和功能扩展工具箱的帮助下,利用用户熟悉的专业概念和与传统仪器类似的控件进行虚拟仪器平台的设计,因此能够更好地满足用户的实际需求。与传统语言相比,它省略了烦琐的语法和规则,使用户能够在短时间内掌握全部编程知识,这不仅有效提升了用户在进行数据采集、显示、分析、存储以及实现仪器其他功能时的工作效率,而且大大降低了用户的受挫感。与此同时,图形化的编程语言也极大地将科学研究人员和工程师们从繁重的程序编写中解放了出来,使他们有更多的时间去专注于他们所擅长的工程科研领域。

LabVIEW 的特点如下:

①采用图形化编辑语言,编程简单。应用图形可视化技术建立了良好友善的人机交互界面,软件不仅提供了大量的仪器控制面板上所必需的操作显示对象,如按键、开关、数字显示仪表、示波器等,而且可以对现有控件进行自定义设计,根据需要随时做出更改,方便、简单、直接、易用。

②化繁为简,可用性高。LabVIEW 编程可将一个复杂任务划分成多个分任务模块,再分别编写相应的子虚拟仪器(VI),然后将其封装成子模块以进行不同的组合,最后通过反复修改完成复杂的任务。

③查错、调试能力强大。当用户编写程序时,LabVIEW 可以即时进行编译,因此,当用户编写的程序语法不合理时,LabVIEW 软件可以立即报错。除此之外,该软件允许用户在图形化程序中设置断点来显示程序逐步执行的动态过程,并且可以自由地使用数据探针来观察数据的传输过程,便于程序的查错、调试。

④函数功能强大,可支持多种仪器和数据采集硬件的驱动以及多种操作系统。LabVIEW 自带大量函数及功能模块,用户在编程时可以直接使用这些模块用于数据分析和处理。LabVIEW 软件可以应用于多种操作系统中,基本能适配任何硬件接口,实现各式各样的复杂仪器功能。

综上所述,用 LabVIEW 编写程序应用了可视化的开发技术,在 LabVIEW 中开发的应用程序,即 VI 是由前面板(front panel)、程序框图(block diagram)和图标(icon)三部分组成的。如果将 VI 与传统仪器相比,其前面板等同于仪器的操作、控制、显示面板,程序框图就等同于仪器内部的各种配件及连接电路。

(1)前面板

前面板是 VI 的人机交互界面,其上包括有输入和输出两类控件。输入控件表现为开关、按键等各种输入设备;输出控件也叫显示控件,包括示波器、量表等其他显示输出对象。在前面板上选择合适的输入输出控件后,程序并不能够运行,还需要与之对应的程序框图。

(2)程序框图

程序框图是为 VI 提供强大逻辑运算功能的图形化语言程序集,通过对 VI 进行编程以定义在前面板上控件的逻辑运算功能。程序框图中的编程元素包括连线端子、函数、子 VI、常量等。

(3)图标

图标的设计体现了模块化程序设计的思想。当用户在进行一个复杂的系统设计时,可以将这个复杂的系统依据要实现的不同功能划分为对应的不同的简单子系统进行设计,化繁为简,提升设计效率。

除此之外,用户可选择不同的选板工具以高效地创建 VI 的前面板和程序框图,其中工具选板包括控件选板(controls palette)、函数选板(functions palette)、工具选板(tools palette)三大类。

(1)控件选板

控件选板只能在 LabVIEW 软件的前面板中使用,它包含了各式各样的功能控件。右击鼠标,调出控件选板,根据美观设计的需求选择不同风格的控件,根据实际的用途需要选择控件的类型。

(2)函数选板

函数选板是编写图形化程序的重要工具,与控件选板的工作方式类似,调用函数选板,然后在其上选择编程所需的函数对象及常用的 VI。

(3)工具选板

工具选板操作灵活自由,用户可以根据自己的编程需要选择当前合适的工具以对前面板及程序框图中的对象及程序进行编辑修饰、添加修改,并且可以通过工具选版中的断点和探针的设置对程序进行调试。

应用 LabVIEW 进行编程需要运用到多种技术,包括 NI – DAQmx 技术、模块化设计技术、多线程技术等。

(1)NI – DAQmx 技术

NI – DAQmx 技术可以完成数据监测的仿真与编程,NI – DAQmx 是 LabVIEW 自带的重要 DAQ 软件,可以支持大量仪器设备的驱动,并提供与之对应的 VI 函数。除此之外,NI – DAQmx 支持各种数据采集工具的使用,包括 NI MAX 及数据采集助手,使用这些工具可以极大地节省系统配置和开发的时间。

(2)模块化设计技术

任何一个庞大系统的设计都需要友好的程序开发方法来实现,系统模块化的设计方法因其易于理解、实施方便,被开发人员广泛应用于各种复杂系统的设计中。模块化设计的基本原则包括自上而下逐步求精、依据逻辑功能划分模块、各个模块的作用范围可控等。采用模块化思想编写程序,能够极大地提高工作效率,改善系统性能,本章传感器数据监测系统功能模块设计图如图 7 – 1 所示。

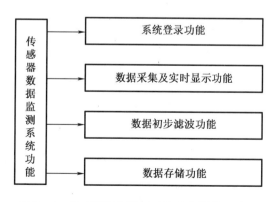

图 7 – 1 传感器数据监测系统功能模块设计图

（3）多线程技术

多线程技术就是单独的应用程序将其内部的多个任务分为多个独立的线程以使其并发执行。在本章的后续设计中，多通道数据监测系统需要实现传感器数据的采集、显示、处理以及存储功能，这些功能看似是同时进行并实现的，但实际上却是利用多线程技术将不同的功能模块放在不同的线程中，保证其正常稳定的独立运行。

（4）Measurement & Automation Explorer（MAX）

通过 MAX 能够有效地识别并管理连接到计算机上的所有硬件采集设备，其主要应用就是对硬件进行快速检测和配置，除此之外，使用 MAX 自带的测试面板也可以事先检验硬件的运行状态并进行相关的采集仿真，从而实现稳定可靠的人机交互式的测量。

（5）DAQ Assistant

使用 DAQ Assistant 可以对测量任务高效地进行配置及测试，并且在 Express VI 的帮助下，利用其可以快速创建、编辑和运行 NI – DAQ 虚拟通道及任务，为专业的数据采集系统的搭建打下良好的基础。

多线程技术可以为系统设计带来很多好处，包括极大地提升 CPU 的利用率，提高程序在多处理计算机上的执行速度，提高系统的可靠性等。

（1）提升 CPU 的利用率

采用多线程技术，可使不同的线程实现不同的功能，避免了等待仪器响应时造成的 CPU 资源浪费。应该注意的是，多线程技术是通过利用 CPU 的空闲时间，而不是通过提高 CPU 处理速度来提升 CPU 的利用率，以提升系统性能的，所以，线程越多并不代表运行越快。

（2）提高程序在多处理计算机上的执行速度

多线程技术是通过利用计算机丰富的仪器功能及 LabVIEW 软件强大的运算处理能力来提高多线程的程序运行速度的。

（3）提高系统的可靠性

将不同任务给到不同的线程进行运行，可以最大限度避免其中一个任务的失败对其他任务的影响，不过也不是线程越多系统就越可靠，大量的应用线程同样会增加程序的出错率，降低系统可靠性。使用 LabVIEW 编写完整程序，实现复杂的虚拟仪器系统设计的一般流程如图 7 – 2 所示。

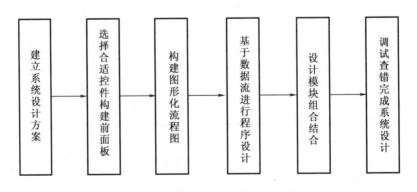

图 7 – 2　虚拟仪器系统设计的一般流程

### 7.2.3 数据采集技术

在进行传感器数据采集前,了解采集信号的特点是数据采集准备的必要工作,由于不同信号不仅在测量方式上有差别,其所应用的采集设备也不尽相同,只有对被测信号有了充分的了解,才能对其做出正确的选择。工程实践中常将输入信号分为模拟信号和数字信号。

**1. 模拟信号**

模拟信号是指用时间上连续的物理量所表达的信号,如温度、浓度、电压等,并且模拟信号的幅值、频率、相位会随时间连续变化。一般来说,模拟信号可分为模拟直流信号、模拟时域信号、模拟频域模拟信号三类。

模拟直流信号的最重要信息是信号的幅度,它是在一定程度上不发生任何变化的模拟信号。数据采集系统在采集模拟直流信号时,为了正确测量出信号的水平幅值,需要测量采集信号的精度,确保其满足各项指标的要求。

模拟时域信号携带的有效信息包括信号的电平及电平随时间的不断变化。在测量模拟时域信号时,波形形状的相关特性是信号的重要指标,并且为了准确地测量时域信号,必须要采取有效措施以采集到信号的有用部分。现实中存在大量的时域信号,比如脉搏信号、视频信号等。

模拟频域信号的有效信息既不是跟随时间变化的特性曲线,也不是波形的形状,而是信号的频域内容。现实中的模拟频域信号有声音信号,地质勘探信号等。

**2. 数字信号**

数字信号是指在幅度取值上不连续的信号,其幅值存在限制性且具有离散化的特点,数字信号可分为开关信号和脉冲信号两类。

开关信号的变化不连续,其包含的有用信息只与信号的当前时刻状态相关。

脉冲信号是依据时间及幅值的相关规律连续发出的信号,其运载的信息就包含在状态转换的数目、速率及时间间隔里。

输入信号的连接方式主要有接地和浮动两种,对应的信号类型为接地信号和浮动信号。接地信号是与数据采集设备共地的信号,常见的接地信号源包括信号发生器和电源等。与接地信号不同,浮动信号不与任何地相连接,常见的浮动信号源有热电偶、变压器等。

测量系统可以分为差分测量系统(DEF)、参考地单端测量系统(RSE)、无参考地单端测量系统(NRSE)三种类型。

(1)差分测量系统

数据采集卡等测量设备采集模拟信号,并结合相关试验电路组建成差分测量系统。理想的差分测量系统能够对正负两个电极输入端口间电位的差值做出准确测量,并滤除掉共模电压的影响,不过需要注意的是,当输入的共模电压不在其可控范围内时,系统的共模抑制比将会急剧减小,因此,为了减小测量误差,需要对数据采集设备地与信号地之间的电压进行控制。

（2）参考地单端测量系统

在参考地单端测量系统中，所有信号的参考电压是一致的，输入信号是通过连接在模拟输入通道和系统地之间的方式完成测量的。

（3）无参考地单端测量系统

在无参考地单端测量系统中，所有信号的测量都有公共的参考电压，不过这个参考电压并不是一成不变的，当测量系统地变化时，它也随之变化。使用单通道的无参考地单端测量系统进行测量和使用单通道的差分测量系统测量的效果是相同的。测量系统是否合适决定着数据采集能否准确有效地进行，在实际应用中，常常根据输入信号的类型对系统进行选择。

测量接地信号时，可以选择差分或无参考地单端测量系统进行测量，采用参考地单端测量系统一般会产生较大的测量误差。不过当连接信号源和数据采集设备间的阻抗较小时，也可以考虑采用参考地单端测量系统。因为，在该类情况下，回路电压对信号源电压的影响可以忽略不计。

浮动信号可以采用以上三种系统进行测量，不过，应该注意的是，当采用差分测量系统进行测量时，必须能够保证信号对地的共模电压可控。除此之外，当采用差分或无参考地单端测量系统测量浮动信号时，偏置电流会使信号电压产生较大的偏离，这时就需要通过设置偏置电阻的方法使信号电压稳定，消除误差。

依据不同的输入信号对测量系统进行选择（表 7 - 2）。

表 7 - 2　测量系统的选择

| 输入信号 | 差分测量系统 | 参考地单端测量系统 | 无参考地单端测量系统 |
|---|---|---|---|
| 接地信号 | √ | — | √ |
| 浮动信号 | √ | √ | √ |

由于传感器输出的信号并不全是直接可用的信号，大多数信号中都夹杂着噪声，所以需要对其进行处理，即所谓的信号调理。信号调理就是提取信号中的有用信息并加以变换处理的过程，它的主要作用是抑制信号中的多余内容对有用信息的影响，即滤除噪声干扰。信号调理功能包括放大、衰减、滤波、隔离、激励、线性化、数字信号处理、多路复用等，除此之外，还可根据工程的实际情况来设计符合相应功能要求的信号调理功能，典型的信号调理功能如下：

（1）放大

传感器传输出的信号可能会由于其过于微弱而无法分辨，也可能会由于噪声干扰无法识别，解决这些问题最行之有效的方法就是对信号进行放大，以提高其分辨率，削弱噪声干扰。当对信号进行放大操作时，最好在近传感器端进行处理，这样，信号就能避免环境噪声的巨大干扰，使其信噪比得到明显的改善。

（2）衰减

当原始信号的电平超过采集设备能够检测的最大值时，就必须将信号的电平降低到设备的可测范围内,这就是衰减。工程上衰减处理的常用方法是在信号电路里串联一个分压电阻,通过分压的方式使电压衰减降低。

(3)滤波

滤波就是最大程度上滤除测量信号中多余无用的成分。如果测量信号既要对干扰噪声进行有效抑制,又要保留有用信号,则可以通过建立选择性的电路对特定频率的信号进行选择。

(4)隔离

隔离是指使用光、电、磁一类的耦合器件或感应器件对信号进行变换传递,然后再将变换的信号解调为原来的信号,避免了直接的电连接,保证了信号、电源、地之间是相互独立的。

(5)激励

各式各样的传感器需要相关的激励信号才能达到正常的信号调理功能,比如热敏探头、电阻应变计等。

(6)线性化

一般说来,传感器的输出特性具有非线性,为了输出信号便于运算分析,就需要对其进行线性化调理,常用拟合的直线对其输出特性进行近似描述来补偿传感器带来的非线性误差。非线性误差是传感器实际的响应曲线偏离其拟合直线的最大误差。

(7)数字信号处理

将传感器输出的数字信号进行必要的处理以保证信号能够顺利进入数据采集卡,比如实际应用中,数字形式输出的电压信号必须经过数字信号处理才能在数据采集卡上使用。

(8)多路复用

应用多路复用技术可以连续的把多路信号传递给数字仪器,最大限度地扩充系统的通道数量,极大地降低系统的使用成本,因而这种技术广泛应用于多通道数复杂系统的设计之中。

### 7.2.4 系统硬件开发平台——数据采集卡

数据采集卡是虚拟仪器硬件设备的关键,是计算机与外部互联的接口,它的主要作用是实现数据信号的采集,是将计算机不可识别和处理的信号进行转换的重要设备。

依据不同的分类标准可以将数据采集卡进行归类,数据采集卡的分类如表7-3所示。

表7-3 数据采集卡的分类

| 分类标准 | 数据采集卡分类 |
| --- | --- |
| 信号类型 | 模拟量输入、模拟量输出、数字量输入、数字量输出、定时、计数 |
| 采样速度 | 高速、低速 |
| 总线方式 | 无线、以太网、ISA、SCC、SCXI、PCI、PXI、USB |
| 隔离方式 | 不隔离、通道间隔离、阻隔离、通道-接地隔离 |
| 通道数量 | 同步采集卡、多路复用采集卡 |

数据采集卡将模拟输入通道、信号调理器、采样/保持器、A/D 转换器、D/A 转换器以及总线接口等集于一身,它与市面上普通的数据采集系统的功能一致,本章后续的系统设计中,就是利用类似设备实现数据监测系统的硬件部分的设计的。

数据采集卡的具体组成及功能介绍如下:

(1)模拟输入通道

模拟开关控制模拟输入通道,当模拟输入通道打开时,数据采集卡能够顺利工作,实现数据的单通道或多通道传输;当模拟输入通道闭合时,数据采集卡终止工作。

(2)信号调理器

数据采集卡上携带有信号调理电路,并集成了各种功能的调理模块,包括放大、隔离、滤波等功能模块。模拟信号经过调理后变成标准信号,然后再进入采样/保持器。

(3)采样/保持器

采样/保持器是对输入的连续的模拟信号进行离散化处理以得到采样信号的器件。

(4)A/D 转换器

A/D 转换器的核心功能是将采样时间内的模拟信号依据规律转换成用 0 和 1 来表示的数字信号。

(5)D/A 转换器

D/A 转换器能将处理得到的数字信号转换成模拟信号,并送入相应的操作机构中完成调节与处理。

(6)总线接口方式

总线接口方式是计算机与数据采集设备的连接方式,包括 PCI、PXI 以及 USB 等方式。

一般的虚拟平台是将数据采集板卡作为数据采集端,所以选择合适的数据采集卡对于系统设计就显得尤为重要。数据采集卡选择依据的指标如下:

①总线类型;

②采集信号的类型;

③模拟、数字量的输入输出通道数;

④模拟信号的输入类型及是否需要特殊调理;

⑤分辨率及采样精度;

⑥各通道的采样速率;

⑦是否隔离;

⑧是否需要计数或定时信号;

⑨软件操作系统。

为了使数据采集卡能够顺利工作,完成数据采集任务,就必须合理地对数据采集的各项参数进行设置,需要设置的参数主要包括采集信号输入方式的配置、采样的最小值及最大值、采样频率、每通道采样数、采样的缓冲区大小,采样通道配置等。

本章在后续的系统设计及试验中,采用的数据采集卡是 NI 公司的 USB-6009 数据采集卡,它能够进行基本的数据采集,实现的功能包括简单的数据记录、方便快捷的测量等。其广泛应用于各种领域,尤其在非高精度信号采集的工程应用中,具备功能优、价格低、实践性强等优势(图7-3)。

**图7-3 NI USB-6009 数据采集卡**

如图7-3所示,该采集卡的两侧分布有8条模拟输入通道、7个GND接口、2条模拟输出通道、+2.5 V和5 V电源接口、12条数字I/O线。除此之外,USB-6009数据采集卡可以支持多种仪器驱动软件包括Mac OS X、Linux、Pocket PC、NI-DAQmx和数据记录软件NI LabVIEW Signal Express等。

### 7.2.5 数据监测系统的组成

一般工程及实验室研究中,多采用多通道数据监测系统进行工作,一般由传感器、信号调理模块、数据采集卡、计算机和数据采集处理平台五大部分组成。

系统的工作流程如下:当传感器感知到相应物理量并将其转换成电信号进行传递后,应有相应部件对其实施调理;之后,当获得符合采集要求的信号时需要利用数据采集卡进行信号采集并通过数据总线传输到计算机;最后,通过软件LabVIEW设计的虚拟平台实现采集数据的显示、处理、分析、存储等功能。

## 7.3 虚拟数据采集系统的软件设计与实现

### 7.3.1 系统软件具体实现

对于数据采集人员来说,确保测试、测量系统安全稳定的运行是十分重要的,为了有效地提升系统的安全性,本节设计的软件设置了系统登录功能。只有同时输入正确的"用户名称"及"登录密码",并点击"登录"按钮才能成功登录系统,否则,将无法登录,且出现"信息错误,请重新输入"的提示框,点击提示框中的"确定"按钮,已输入信息将自动清空,点击"取消登录"按钮也能同样达到自动清空的效果。系统登录功能自带的权限属性不仅可以避免其他无关人员对系统进行随意改动,而且能够有效地保证系统数据的安全,系统登录功能的前面板设计如图7-4所示。

图 7 - 4　系统登录前面板设计

　　系统登录程序的设计,应用了程序编写常用的两种结构:事件结构和条件结构,并运用"与"的操作达成输入信息错一不可的效果,系统登陆程序框图如图 7 - 5 所示。

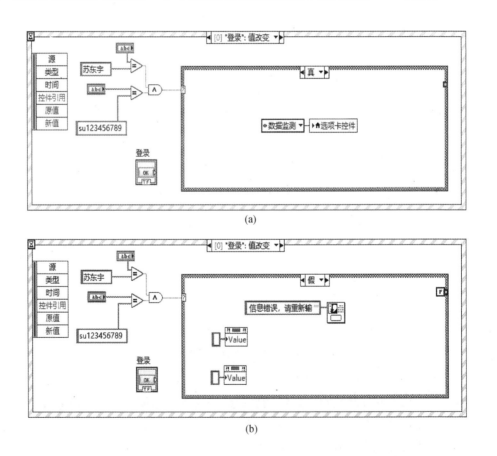

(a)

(b)

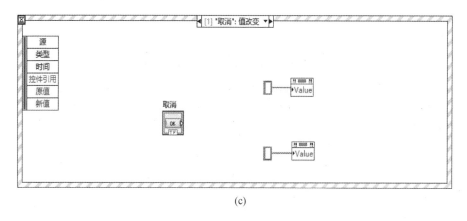

(c)

**图 7 - 5 系统登录程序框图**

本设计是利用 NI USB – 6009 数据采集卡对传感器数据进行采集的,所以,数据采集及实时显示模块是围绕其进行设计的。该模块前面板主要由三部分构成,包括通道参数配置、数据波形实时显示、数据实时显示界面,根据实际需求,设置好通道参数,然后点击"开始"按钮,数据开始采集并显示,如图 7 – 6 所示为数据采集并实时显示前面板。

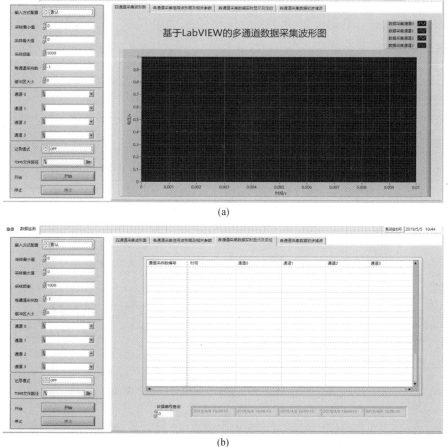

(a)

(b)

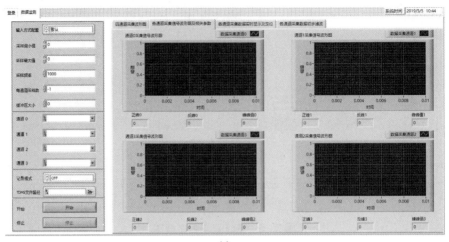

(c)

图 7-6　数据采集并实时显示前面板

本设计使用的 NI 数据采集卡能够支持 DAQmx 驱动程序,所以数据采集程序是直接使用 DAQmx 开发的,在数据采集部分,通道参数配置主要包括输入方式配置、采样最小值、最大值、采样频率、每通道采样数、缓冲区大小以及通道的选择。数据采集编程主要是利用 DAQmx 函数,其基本思路是先创建多通道的采集任务,为系统提供时钟源,配置输入缓冲区,开始采集任务,进行数据读取,最后停止采集任务,如图 7-7 所示为数据波形采集及实时显示程序框图。

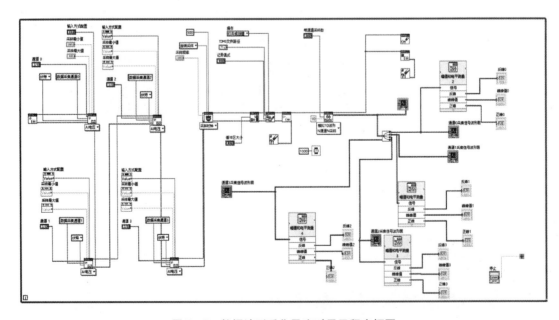

图 7-7　数据波形采集及实时显示程序框图

数据实时显示包括波形实时显示及数据实时显示,波形实时显示主要是依靠 LabVIEW 提供的丰富图形控件进行设计的,可以实现数据实时显示。数据实时显示程序运用了条件结构、循环结构,这两种结构使用 While 循环和 For 循环进行设计。除此之外,应用数组的相关函数不仅实现了采集数据的实时显示,而且通过查询通道编号对数据进行了精准定位,如图7-8所示为数据实时显示程序框图。

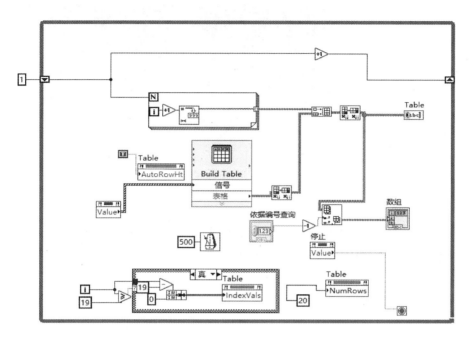

图7-8 数据实时显示程序框图

### 7.3.2 数据初步滤波的实现

通过传感器采集的数据信号一般都携带有一定的噪声,这些噪声对数据监测系统的精度会造成或多或少的影响,所以需对采集的数据波形进行滤波处理,这样,不仅可以极大地降低数据波形的失真度,而且能够很好地抑制噪声对采集数据信号的干扰。实现数据初步滤波功能的前面板的设计,如图7-9所示为数据初步滤波前面板。

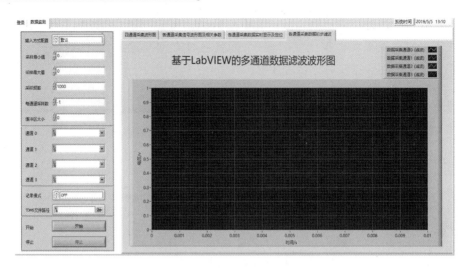

图 7 – 9　数据初步滤波前面板

数据初步滤波程序是通过应用 LabVIEW 中的大量滤波函数进行设计的,这些函数包括高通滤波器、低通滤波器、贝塞尔滤波器、Butterworth 滤波器、FIR 滤波器等,可根据实际需要选择。本书的设计采用 IIR 型的三阶的 Butterworth 滤波器进行滤波处理,如图 7 – 10 所示为数据初步滤波程序框图。

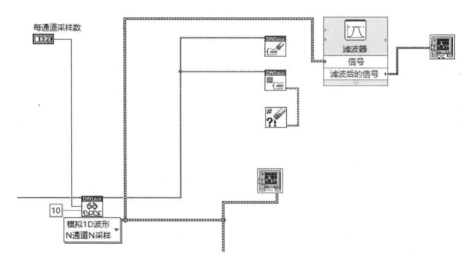

图 7 – 10　数据初步滤波程序框图

### 7.3.3　数据存储的实现

任何一个数据监测系统如果没有存储功能,那么其采集的数据将随着系统关闭无法得到保留,存储功能的设计使得系统具备了回放性并能够对采集的数据进行后续处理。本书设计中,实现数据存储功能应用的是高速数据流文件(TDMS 文件),在数据监测的前面板上的记录模式框中选择"记录并读取",并指定一个文件存储路径。当进行数据采集时,各通道采集数据会被自动保存到 TDMS 文件中,TDMS 文件可以通过 Excel 打开查看并处理,也可以结合其他数据处理软件如 MATLAB 对数据进行运算、分析、处理,如图 7 - 11 所示为用 Excel 打开 TDMS 文件。

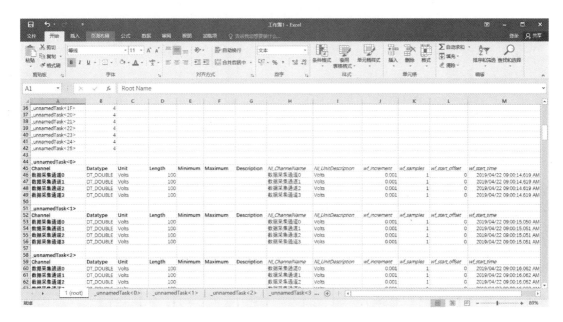

**图 7 - 11　用 Excel 打开 TDMS 文件**

数据存储程序只需加在采集程序的输入缓冲区后面,利用"DAQmx 配置记录(TDMS)"函数进行设计,程序设计简便、有效,如图 7 - 12 所示为数据存储程序框图。

### 7.3.4　系统软件功能实现流程图

系统软件功能实现流程图如图 7 - 13 所示。

本书基于虚拟仪器开发了数据的监测平台,在 LabVIEW 上进行编程设计以实现系统要求的各项功能。系统要求的功能分为四部分,包括系统登录、数据采集及实时显示、数据初步滤波、数据存储功能,不同的功能对应不同的程序及前面板,即通过编写程序实现了系统的功能性要求,通过前面板设计实现了系统实用性、美观性要求。

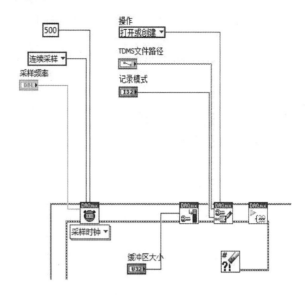

图 7 – 12　数据存储程序框图

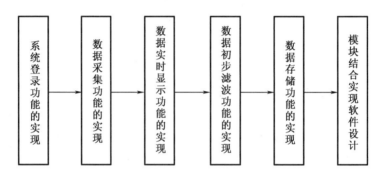

图 7 – 13　系统软件功能实现流程图

# 7.4　虚拟数据采集系统的仿真对比验证

通过系统的仿真对比试验,可以很好地验证所设计的系统软件各项功能的优劣,是系统设计中不可缺少的一环。本书将利用 LabVIEW 软件自带的 MAX 完成系统数据采集的仿真,并与设计的系统软件进行比较,逐一验证系统软件的各项功能。

## 7.4.1　仿真对比验证试验工具

①准备好各项仿真试验工具,开始仿真对比验证试验。

②打开 MAX,在"设备和接口选项"上新建一个"仿真 NI – DAQmx 设备或模块化仪器",点击"完成"后在跳出的仿真设备选项中选择"USB – 6009",点击"确定"就完成了仿真设备的创建,如图 7 – 14 所示为仿真 NI – DAQmx 设备或模块化仪器的创建。

③点击"创建任务",对即将进行的任务进行配置,点击"采集信号"下的"模拟输入"选择"电压"选项,并为采集电压任务配置 4 路物理通道,包括 ai0、ai1、ai2、ai3,完成电压任务的创建。

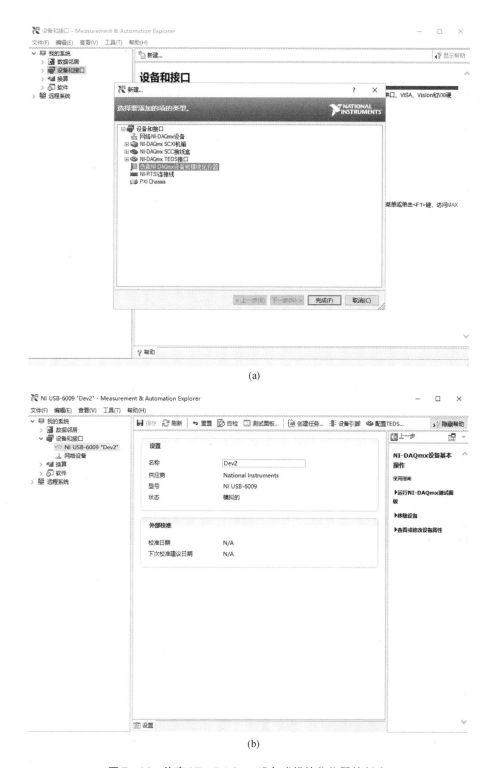

(a)

(b)

**图 7 – 14   仿真 NI – DAQmx 设备或模块化仪器的创建**

④在"我的电压任务"的界面上对采集电压信号的各项参数进行设置,选择 4 路物理通

道同时采集,信号输入范围为" – 10 ~ 10 V",换算后的单位为"伏特",接线端配置为"差分",采集模式为"N 采样",待读取采样和采样率均设置为"1 K",完成采集电压任务的各项参数设置,如图 7 – 15 所示。

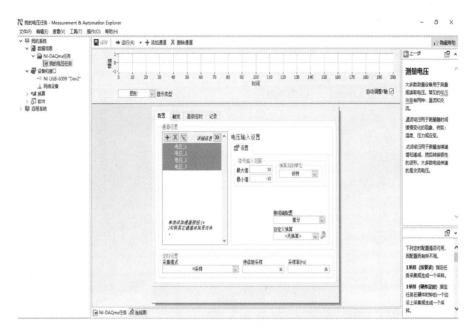

图 7 – 15　采集电压任务的各项参数设置

⑤点击"运行"得到四路同时采集电压任务的仿真波形图,并将四路通道采集数据分别导出到 Excel 文件,将仿真波形图和 Excel 文件进行保存,以完成设计系统软件各项功能的对比验证。

⑥在计算机上打开已经设计好的传感器数据监测系统软件,运行软件,输入正确的"用户名称"和"登录密码",点击"登录",登录系统,设定同仿真试验一致的各项采集参数,配置仿真 NI – DAQmx 设备的数据采集通道,选择记录模式,指定 TDMS 文件路径,点击"开始",数据成功采集进而实现对数据的有效监测。

⑦使用截图工具对系统软件的不同功能界面进行截图保存, 点击"停止"。

数据采集结束,TDMS 文件自动完成存储,将系统达成的各项功能图表与仿真图表进行对比,验证系统软件的设计是否符合功能要求。

## 7.4.2　数据波形实时显示仿真对比验证

数据波形实时显示是系统软件实现的关键功能,依据试验步骤进行试验,得到如图 7 – 16 所示的数据波形的实时显示仿真图。

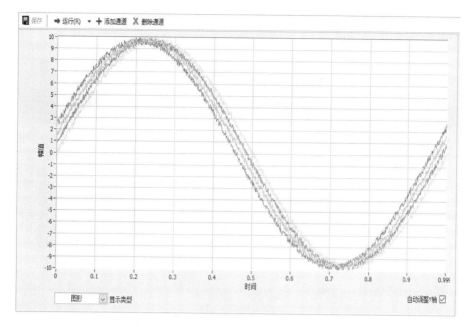

图 7-16　数据波形实时显示仿真图

与图 7-17 所示的系统数据波形实时显示图进行对比,验证系统数据波形实时显示功能。经过比较,数据波形实时显示仿真图和系统数据实时显示波形图中的 4 路波形吻合,因此,可以得出系统数据波形实时显示功能正常良好的结论。

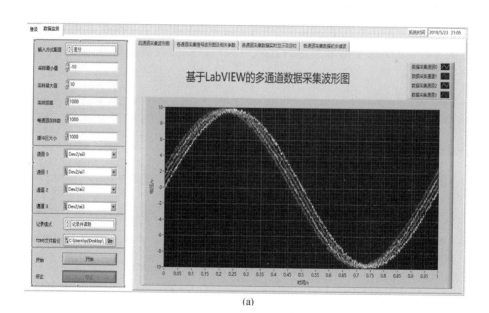

(a)

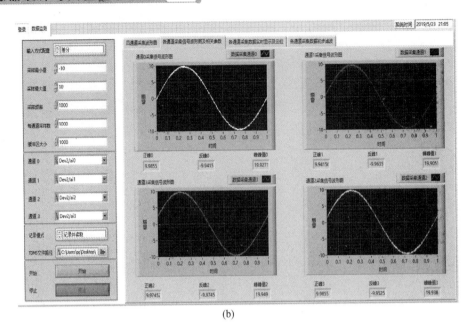

(b)

图 7 – 17　系统数据波形实时显示图

### 7.4.3　数据实时显示仿真对比验证

数据实时显示仿真对比不同于数据波形实时显示仿真对比,依据试验步骤,分别导出 4 路仿真波形数据到 Excel 文件中,并将 4 个 Excel 文件中存储的不同通道的数据合并到 1 个 Excel 文件里,4 路仿真波形数据如图 7 – 18 所示,并将其与图 7 – 19 所示的系统软件前面板上的数据实时显示界面中的数据进行比较以验证数据实时显示功能是否能够满足设计要求。

图 7 – 18　4 路仿真波形数据

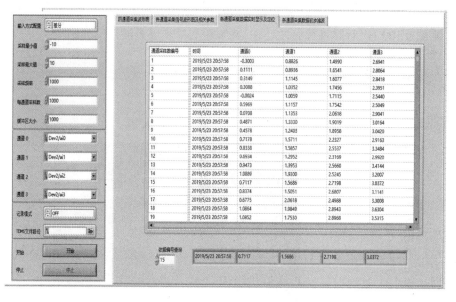

**图7-19 系统数据实时显示**

　　将4路仿真波形数据图与系统数据实时显示图中的数据进行对比,发现这两幅图中各通道采集数据一致,可以得出设计的系统软件满足数据实时显示功能要求,并且能够高效良好地对采集数据进行实时显示。

### 7.4.4 数据初步滤波功能对比验证

　　依据试验步骤进行试验,发现数据实时显示波形并不是平缓的曲线,存在一定的噪声干扰,如图7-20所示为系统数据波形实时显示图。

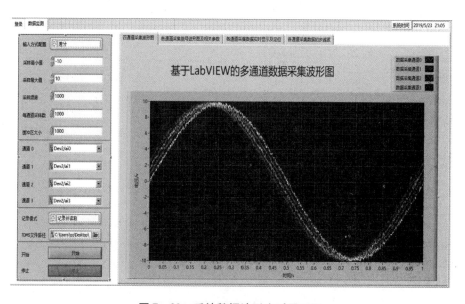

**图7-20 系统数据波形实时显示图**

这就要求对采集的数据进行初步滤波以降低噪声干扰对其影响。通过对比滤波前后的数据波形,完成数据初步滤波功能的验证,设计采用的是 IIR 型的三阶的 Butterworth 滤波器,截止频率为 100 Hz 对其进行滤波处理,系统数据初步滤波波形图如图 7 – 21 所示。

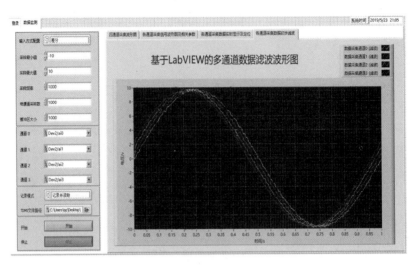

**图 7 – 21  系统数据初步滤波波形图**

将滤波前后的波形图进行对比,可发现噪声幅度明显下降,经滤波之后的数据波形更加平缓,有效地抑制了噪声干扰,系统软件初步滤波功能良好,符合设计要求。

### 7.4.5  数据存储仿真对比验证

当系统数据采集结束后,数据被存储到指定的 TDMS 文件中,用 Excel 打开文件对存储的数据进行查看。验证系统存储功能的关键在于存储的数据是否与仿真波形导出的存储数据大致相同。仿真波形存储的数据如图 7 – 22 所示,系统存储的数据如图 7 – 23 所示。

| | A | B | C | D | E | F |
|---|---|---|---|---|---|---|
| 1 | 时间 - 电压 - 电压_0 | 幅值 - 电压 - 电压_0 | 幅值 - 电压 - 电压_1 | 幅值 - 电压 - 电压_2 | 幅值 - 电压 - 电压_3 | |
| 2 | 0 -300.3m | | 882.6m | 1.499 | 2.694 | |
| 3 | 0.001 111.1m | | 893.6m | 1.654 | 2.806 | |
| 4 | 0.002 314.9m | | 1.115 | 1.608 | 2.842 | |
| 5 | 0.003 308.8m | | 1.035 | 1.746 | 2.395 | |
| 6 | 0.004 -2.441m | | 1.006 | 1.711 | 2.544 | |
| 7 | 0.005 596.9m | | 1.116 | 1.754 | 2.505 | |
| 8 | 0.006 70.8m | | 1.135 | 2.062 | 2.904 | |
| 9 | 0.007 487.1m | | 1.333 | 1.902 | 3.016 | |
| 10 | 0.008 457.8m | | 1.24 | 1.896 | 3.042 | |
| 11 | 0.009 717.8m | | 1.571 | 2.233 | 2.916 | |
| 12 | 0.01 833.8m | | 1.586 | 2.554 | 3.348 | |
| 13 | 0.011 693.4m | | 1.295 | 2.317 | 2.992 | |
| 14 | 0.012 947.3m | | 1.566 | 2.566 | 3.414 | |
| 15 | 0.013 | 1.089 | 1.93 | 2.524 | 3.201 | |
| 16 | 0.014 711.7m | | 1.569 | 2.72 | 3.037 | |
| 17 | 0.015 837.4m | | 1.505 | 2.681 | 3.114 | |
| 18 | 0.016 677.5m | | 2.062 | 2.499 | 3.301 | |
| 19 | 0.017 | 1.086 | 1.985 | 2.894 | 3.63 | |
| 20 | 0.018 | 1.085 | 1.753 | 2.897 | 3.532 | |
| 21 | 0.019 | 1.129 | 2.258 | 2.955 | 3.373 | |
| 22 | 0.02 | 1.274 | 1.98 | 3.008 | 3.729 | |
| 23 | 0.021 | 1.318 | 2.025 | 2.716 | 3.556 | |
| 24 | 0.022 | 1.29 | 2.35 | 2.993 | 4.07 | |
| 25 | 0.023 | 1.547 | 2.135 | 2.843 | 3.927 | |
| 26 | 0.024 | 1.451 | 2.025 | 3.219 | 3.892 | |
| 27 | 0.025 | 1.305 | 2.616 | 2.942 | 4.187 | |

**图 7 – 22  仿真波形存储的数据**

| | A | B | C | D | E | F | G | H | I | J |
|---|---|---|---|---|---|---|---|---|---|---|
| 1 | 数据采集通道0 | 数据采集通道1 | 数据采集通道2 | 数据采集通道3 | | | | | | |
| 2 | -0.300297551 | 0.882581827 | 1.499046311 | 2.694132906 | | | | | | |
| 3 | 0.111085679 | 0.893568322 | 1.654077974 | 2.806439307 | | | | | | |
| 4 | 0.314946212 | 1.114518959 | 1.607690547 | 2.841840238 | | | | | | |
| 5 | 0.308842603 | 1.035172045 | 1.745632105 | 2.395056077 | | | | | | |
| 6 | -0.002441444 | 1.005874723 | 1.711451896 | 2.543984131 | | | | | | |
| 7 | 0.596932937 | 1.115739681 | 1.754177157 | 2.504921035 | | | | | | |
| 8 | 0.070801862 | 1.135271229 | 2.061799039 | 2.904097047 | | | | | | |
| 9 | 0.487067979 | 1.333028153 | 1.901884489 | 3.016403449 | | | | | | |
| 10 | 0.457770657 | 1.2402533 | 1.89578088 | 3.042038605 | | | | | | |
| 11 | 0.71778439 | 1.571068894 | 2.232700084 | 2.916304265 | | | | | | |
| 12 | 0.833752956 | 1.585717556 | 2.553749905 | 3.348439765 | | | | | | |
| 13 | 0.693369955 | 1.295185779 | 2.316929885 | 2.991989014 | | | | | | |
| 14 | 0.947280079 | 1.395284962 | 2.565957122 | 3.41435874 | | | | | | |
| 15 | 1.088883803 | 1.929961089 | 2.524452583 | 3.200732433 | | | | | | |
| 16 | 0.711680781 | 1.568627451 | 2.719768063 | 3.037155718 | | | | | | |
| 17 | 0.837415122 | 1.50514992 | 2.680704967 | 3.114061189 | | | | | | |
| 18 | 0.677500572 | 2.061799039 | 2.498817426 | 3.300831617 | | | | | | |
| 19 | 1.086442359 | 1.984893568 | 2.894331273 | 3.63042649 | | | | | | |
| 20 | 1.085221637 | 1.752956435 | 2.896772717 | 3.531548028 | | | | | | |
| 21 | 1.12916762 | 2.258335241 | 2.955367361 | 3.3728542 | | | | | | |
| 22 | 1.274433509 | 1.980010681 | 3.007858396 | 3.729304952 | | | | | | |
| 23 | 1.318379492 | 2.025177386 | 2.716105898 | 3.555962463 | | | | | | |
| 24 | 1.290302892 | 2.349889372 | 2.993209735 | 4.06988632 | | | | | | |

图7-23 系统存储的数据

通过系统存储的数据与仿真波形存储的数据对比可知,系统软件可以正确完成采集数据的存储功能。

# 7.5 虚拟数据采集系统的应用验证试验

为有效地解决酒后驾驶问题,在机动车内安装酒精气体浓度监测装置来提醒驾驶员是否即将酒驾,并且该监测装置可以与机动车的行进系统互联以控制汽车是否可以行驶。从技术层面来说,此类系统可以从根本上杜绝酒后驾驶行为的发生,而车载的酒精气体浓度监测装置可以为其提供有效的技术保障。车载酒精气体浓度监测装置的使用将极大地减少酒后驾驶行为的发生,保障驾驶人员及行人的安全,进而有效地降低道路交通安全事故的出现。本系统就是根据以上的现实背景及研究意义进行设计的,对机动车内酒精气体浓度进行有效监测,并验证所设计虚拟数据采集系统的有效性。

## 7.5.1 试验原理

本试验将已经设计完成的基于 LabVIEW 的传感器数据监测系统,连接相关的试验电路及 MQ-3 酒精气体传感器,以达到对酒精气体浓度监测的目的。使用 1 个传感器监测酒精气体浓度并不能及时准确地触发汽车驾驶控制装置,因此,本试验采用 3 个 MQ-3 酒精气体传感器同时对酒精浓度进行监测以满足模拟车载酒精气体浓度监测试验的合理性。

MQ-3 酒精气体传感器的内部组成包括氧化铝陶瓷管、二氧化锡敏感层、测量电极和加热器。MQ-3 酒精气体传感器所使用的气体敏感材料是电导率很低的二氧化锡,当其所处环境存在一定浓度的酒精气体时,二氧化锡敏感层能够快速识别并做出反应,传感器的电导率会随着空气中酒精气体浓度的增大而增大,通过简单的电路即可将浓度变化量转化为输出的电信号。

MQ-3 酒精气体传感器的结构如图7-24所示。封装完成的传感器有6个管脚,其中4个管脚用于输出信号,分别是 A-A 管脚,B-B 管脚,另外2个管脚用于提供加热电流,它们是 f-f 管脚。

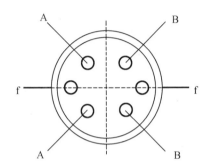

图 7-24 MQ-3 酒精气体传感器的结构

MQ-3 酒精气体传感器的特点如下:

①对酒精气体的灵敏度极高,选择性良好;

②响应迅速,恢复快速;

③稳定性好,寿命长,驱动回路简单。

MQ-3 酒精气体传感器的工作原理图如图7-25所示。为了使酒精气体传感器顺利工作,需要为其提供两类5 V 的电压,分别是加热电压 $V_H$ 和串联电路电压 $V_C$,当空气中存在酒精气体时,传感器对敏感气体做出及时响应,即当酒精气体浓度升高时,酒精传感器表面的电阻值减小,而与其串联的电阻 $R_L = 2\ k\Omega$ 分得的电压增加。因此,MQ-3 酒精气体传感器输出的电压信号 $V_{RO}$ 的变化可以很好地表征空气中酒精气体浓度的变化。

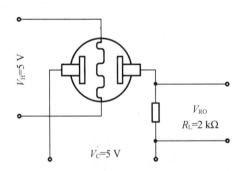

图 7-25 MQ-3 酒精气体传感器工作的原理图

本次采用的是 MQ-3 酒精气体传感器模块器件,如图7-26所示为 MQ-3 酒精气体传感器模块器件实物图,如图7-27所示为 MQ-3 酒精气体传感器模块器件工作原理图。用该模块测量空气中酒精气体浓度时,酒精气体的体积分数每升高 0.002‰,输出电压大约增加0.1 V,根据这个趋于线性的正比关系就能将测得的模拟电压转换成浓度值。

图7-26 MQ-3酒精气体传感器模块器件实物图

## 7.5.2 试验方案

### 1.试验器材及条件

试验器材包括1台计算机、1块NI USB-6009数据采集卡、3个MQ-3酒精气体传感器模块器件、1个半封闭的玻璃箱、一定浓度的酒精溶液、若干烧杯和导线。

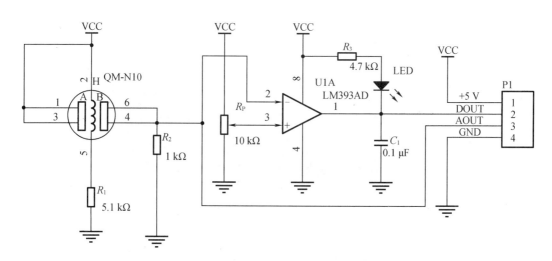

图7-27 MQ-3酒精气体传感器模块器件工作原理图

计算机、数据采集卡等仪器对试验条件要求并不高,但MQ-3酒精气体传感器模块器件需要满足大量的试验条件才能正常工作,如表7.4所示为MQ-3酒精气体传感器试验条件。

表7－4　MQ－3酒精气体传感器试验条件

| 试验条件 | 参数名称 | 技术条件 |
|---|---|---|
| 标准工作条件 | 回路电压 | ≤15 V |
| | 加热电压 | $(5.0 \pm 0.2)$ V |
| | 负载电阻 | 可调 |
| | 加热电阻 | $(31 \pm 3)\Omega$ |
| | 加热功耗 | ≤900 mW |
| 环境条件 | 使用温度 | －10～50 ℃ |
| | 储存温度 | －20～70 ℃ |
| | 相对湿度 | <95％RH |
| | 氧气浓度 | 21％（标准条件） |
| | 预热时间 | 通电预热20 s |

**2. 试验环境搭建**

本次试验是以实现机动车内酒精气体浓度监测这一现实应用为依据进行设计的,用半封闭的玻璃箱构建一个相对密闭的空间来模拟机动车,在烧杯中装有一定浓度的酒精溶液营造酒精气体环境。将酒精气体传感器模块器件连接数据采集卡,再连接到计算机上,实现试验系统的完整搭建,试验搭建实物图如图7－28所示。

**图7－28　试验搭建实物图**

**3. 试验步骤**

①准备好各项试验器材,测定各项试验条件满足要求,将一定浓度的酒精溶液装入烧杯中,并将其放置在玻璃箱中,营造试验的酒精气体环境。

②根据试验搭建方案进行接线,通过导线将3个MQ－3酒精气体传感器模块器件分别连接在USB－6009数据采集卡的 $A_0$、$A_1$、$A_2$、$A_3$ 接口上,并且给3个传感器提供5 V的电压,将连接好传感器的数据采集卡与计算机相连,完成试验系统搭建。

③将 MQ－3 酒精气体传感器模块器件放入玻璃箱中,为了数据采集快速可靠,将其放置在与盛有酒精的烧杯对应的位置,根据不同试验要求做出适应性调整,准备开始传感器数据采集。

④在计算机上打开已经设计好的传感器数据监测系统软件,运行软件,输入正确的"用户名称"和"登录密码",点击"登录",登录系统,设定各项采集参数,配置数据采集通道,选择记录模式,指定 TDMS 文件路径,点击"开始",数据成功采集进而实现对数据的有效监测。

⑤点击"停止",数据采集结束,用 Excel 打开保存数据的 TDMS 文件进行数据查看,通过 Excel 及 MATLAB 等软件对数据进行后续处理。

⑥重复以上步骤进行不同的验证试验,包括验证酒精气体监测浓度系统工作是否正常的试验、检测酒精气体浓度变化试验及测定酒精气体浓度试验,从而有效地验证传感器数据监测系统是否达到设计要求。

### 7.5.3 试验实施及分析

**1. 验证系统工作正常的试验**

验证酒精气体浓度监测系统工作是否正常的关键在于观察搭建完好的系统计算机软件的显示面板上能否对采集的数据进行正确显示,本验证试验不需要营造酒精气体环境,因此,本试验显示的数据是 MQ－3 酒精气体传感器模块未感应酒精气体浓度的模拟电压初始值。

通过本试验验证系统设计是否满足各项功能要求,包括数据采集、数据实时显示及处理、数据存储等,其中最重要的技术指标就是数据波形的实时显示,按照试验步骤进行操作,得到如图 7－29 所示的数据实时显示波形图。

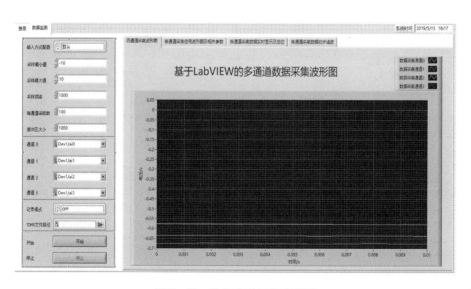

**图 7－29　数据实时显示波形图**

然后利用数据采集助手,即 DAQ Assistant 对数据采集进行仿真,设置与试验相同的各项采集参数,运行程序得到如图 7-30 所示的使用数据采集助手采集波形仿真图。

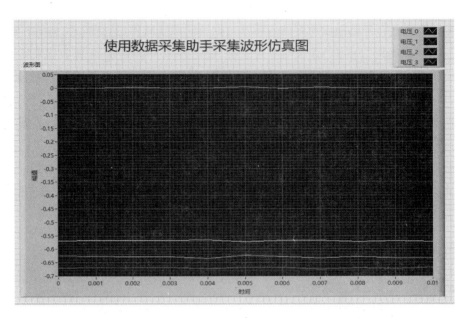

图 7-30　使用数据采集助手采集波形仿真图

将两个波形图进行对比分析可知,设计完成系统的数据波形与仿真的波形基本一致,数据采集显示功能满足设计要求。除此之外,根据数据实时显示波形图及如图 7-31 所示的数据实时显示表格,可以得到各通道 MQ-3 酒精气体传感器模块未感应酒精气体浓度的模拟电压初始值,通道 0 采集的模拟电压初始值为 -0.57 V,通道 1 为 -0.67 V,通道 2 为 -0.63 V。

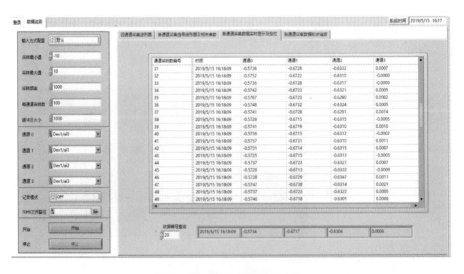

图 7-31　数据实时显示表格

**2. 检测酒精气体浓度变化试验**

检测酒精气体浓度变化试验是验证系统监测功能是否正常的有力支撑。进行本试验，只需在原有试验的基础上，保持酒精源静止，即装有酒精溶液的烧杯位置不发生改变，通过改变 MQ-3 酒精气体传感器模块距离酒精源的远近，即酒精气体浓度的高低，以检测到表征气体浓度的电压的变化趋势。采用两个传感器模块同时进行试验，一个由近及远，一个由远及近，控制移动速度，使电压数据均匀变化，在计算机软件的显示面板上观察变化，如图 7-32 所示是传感器"由近及远"电压信号前后变化图，图 7-33 是传感器"由远及近"电压信号前后变化图。

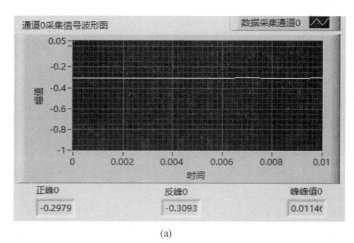

(a)

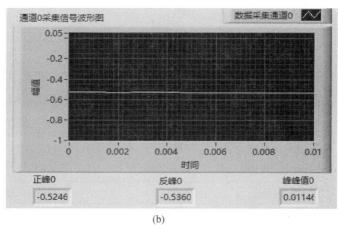

(b)

**图 7-32 传感器"由近及远"电压信号前后变化图**

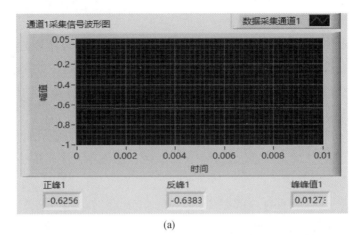

(a)

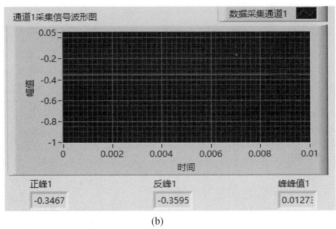

(b)

**图 7 - 33　传感器"由远及近"电压信号前后变化图**

对两个传感器采集的数据进行存储,并利用相关的数据处理分析软件对其变化趋势进行描述,图 7 - 34 和图 7 - 35 分别示出了传感器随酒精气体浓度变化引起的电压变化趋势图。

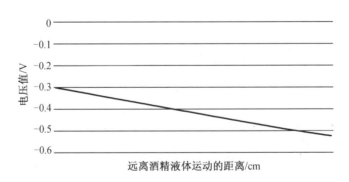

**图 7 - 34　传感器"由近及远"电压信号变化趋势图**

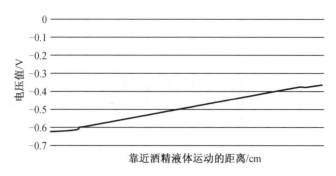

图 7 – 35　传感器"由远及近"电压信号变化趋势图

　　由以上试验得到的各图可知,当酒精气体浓度发生变化时,该系统能够快速有效地识别并检测到数据,系统精度准确、效率极高。由于试验操作需要控制移动速度使得电压均匀变化,因而得到近似直线的变化趋势图。通过对两个电压信号变化趋势图进行分析,可以得到两个试验参数是负相关的,并且由于酒精气体浓度值与电压正相关,因此酒精气体浓度同传感器距酒精源的距离正相关。该结论与理论相符,试验正确合理。

**3. 测定酒精气体浓度试验**

　　使用三个传感器放置在不同位置对驾驶员呼出气体中的酒精浓度进行监测,并给它们设置不同的酒精浓度检测报警值,这样设置是为了提高车载酒精浓度检测的准确性及有效性。将通道 0 到 2 的传感器模块距离酒精源由近及远放置,等待约 5 min,得到各路采集的模拟电压信号值,并将其依据酒精气体的体积分数每升高 0.02‰,输出电压大约增加 0.1 V 的近似线性变换关系计算还原成不同传感器测定的酒精气体浓度。计算机软件采集到的四路电压信号显示波形图如图 7 – 36 所示。各路模拟电压信号波动很小,趋于一条稳定的直线,基本不需要进行任何滤波处理就可读取各路电压信号值。有 MQ – 3 酒精传感器模块器件的通道 0 到 3 的电压值分别为 – 0.45 V、– 0.59 V、– 0.60 V。根据已知的初始值分别为 – 0.57 V、– 0.67 V、– 0.63 V,依据浓度与电压的线性关系计算得到酒精气体的体积分数大约为 0.024‰、0.016‰、0.007‰。连接通道 0 的传感器距酒精源的距离小于连接通道 1 的传感器据酒精源的距离,且它们又都小于连接通道 2 的传感器距酒精源的距离。综合上面运算得到的数据关系可知传感器测得的酒精气体浓度值与其距酒精源的距离负相关,该结论与检测酒精气体浓度变化得到的试验结论一致,符合实际理论,因此,试验测得的数据合理有效。

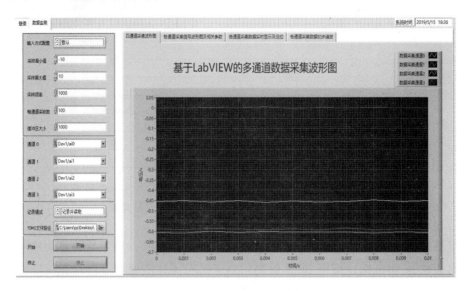

图7-36 四路电压信号显示波形图

### 7.5.4 试验结论

选取车载酒精气体浓度监测这一实际应用背景开展试验,制定了试验方案,包括试验器材的准备、试验条件的选择、试验系统的搭建及试验步骤的确定。设计了验证系统功能的试验方法,采用气体传感器检测酒精气体浓度变化,完成了试验验证系统功能。通过对比试验分析结果和理论分析结果,验证了设计的虚拟数据采集、分析、运算、处理等功能的实用性和正确性。

本章使用 LabVIEW 以及数据采集卡实现了酒精传感器数据采集分析系统的设计,实现了用于测定酒精气体浓度的试验。本章给出了使用 LabVIEW 软件设计数据监测系统的设计方案和使用方法,其目的是使那些不能得到高精度的传统测试设备或对传统测试设备的功能感到不足的人员,具备自己动手完成相应测试系统的设计能力。

# 参 考 文 献

[ 1 ]　陈安宇. 医用传感器[M]. 2 版. 北京:科学出版社,2008.

[ 2 ]　张自嘉. 光纤光栅理论基础与传感技术[M]. 北京:科学出版社,2009.

[ 3 ]　FENG D Y,ZHOU W J,QIAO X G,et al. High resolution fiber optic surface plasmon resonance sensors with single-sided gold coatings[J]. Optics Express,2016,15(2):16456 – 16464.

[ 4 ]　ZHOU X,DAI Y T,ZOU M,et al. FBG hydrogen sensor based on spiral microstructure ablated by femtosecond laser[J]. Sensors and Actuators B:Chemical,2016,3(29):392 – 398.

[ 5 ]　KAM W,MOHAMMED W,LEEN G,et al. All plastic optical fiber-based respiration monitoring sensor[J]. IEEE SENSORS,2017,1(2):312 – 315.

[ 6 ]　闫妍, 佟倜, 孙媛媛,等. 人体肺呼吸非线性动力学模型的构建及求解[J]. 东北师大学报:自然科学版, 2018, 50(3):94 – 99.

[ 7 ]　李可. 光纤传感结构在人体心肺生理参数测量中的应用研究[D]. 武汉:华中科技大学,2019.

[ 8 ]　李建国. 高性能七电极电导率传感器技术研究[J]. 海洋技术, 2009,28(2): 4 – 10.

[ 9 ]　FARAJ Y,WANG M , JIA J. Automated horizontal slurry flow regime recognition using statistical analysis of the ert signal[J]. Procedia Engineering, 2015,102: 821 – 830.

[10]　BALLEZA-ORDAZ M,PEREZ-ALDAY E,VARGAS-LUNA M, et al. Tidal volume monitoring by electrical impedance tomography ( EIT ) using different regions of interest ( ROI ):Calibration equations[J]. Biomedical Signal Processing and Control, 2015,18: 102 – 109.

[11]　胡杨. 基于七电极电导率传感器的自容式采集系统设计[D]. 北京:华北电力大学, 2014.

[12]　沈思言,郭天太,张偲敏,等. 开发瓦斯气体浓度检测装置[J]. 中国科技信息,2015(11):118 – 119.

[13]　谢清俊,罗犟,程爽. 接触式测温技术综述[J]. 中国仪器仪表,2017(8):48 – 53.

[14]　申茂良,张岩. 基于压电纳米发电机的柔性传感与能量存储器件[J]. 物理学报,2020,69(17):28 – 45.

[15]　WANG Y,TONG M M,ZHANG D,et al. Improving the performance of catalytic combustion type methane gas sensors using nanostructure elements doped with rare earth cocatalysts[J]. Sensors,2011,11(1):19 – 31.

[16]　于震,张正勇. 热催化瓦斯传感器的特性及其补偿方法[J]. 传感器与微系统,2010,29(1):42 – 44.

[17]　哈里德,瑞斯尼克,沃克. 哈里德大学物理学:下册[M]. 张慧,李椿,滕小瑛,等译. 北京:机械工业出版社,2009.

［18］ 张早春,马以武,高理升.厚膜电容微位移传感器的非线性误差分析［J］.仪表技术与传感器,2009(6):8－10,13.

［19］ 田裕鹏,姚恩涛,李开宇.传感器原理［M］.3版.北京:科学出版社,2007.

［20］ 曾光宇,杨湖,李博,等.现代传感器技术与应用基础［M］.北京:北京理工大学出版社,2006.

［21］ 胡敏,李晓莹,常洪龙,等.基于 ASIC 芯片的微小电容测量电路研究［J］.计量学报,2007,28(4):379－380.

［22］ 李翰如.电介质物理导论［M］.成都:成都科技大学出版社,1990.

［23］ 王先会.工业润滑油选用指南［M］.北京:中国石化出版社,2014.

［24］ 徐鹏,孙玲,程小亮.船用滑油在线检测传感器选型研究［J］.中国水运,2014,14(9):154－156.

［25］ 费业泰.误差理论与数据处理［M］.北京:机械工业出版社,2010.

［26］ 王资路.机械设备各用油液多参数在线监测系统的研制［D］.北京:中国地质大学,2013.

［27］ 陈锡辉,张银鸿.LabVIEW 8.20 程序设计从入门到精通［M］.北京:清华大学出版社,2007.

［28］ 曲文声,郑鹏,薛兵.基于单片机的车载酒精测控系统设计［J］.数字技术与应用,2015(5):3－4.

［29］ 张天佑,李全英.基于数据采集卡的数据采集与监控系统［J］.电子设计工程,2017,25(15):117－121.

［30］ 肖丰霞,闫廷光.基于 LabVIEW 的数据采集与信号处理系统［J］.信息技术与信息化,2014(12):112－113.